DR. MIRCEA PFLEIDERER | BIRGIT RÖDDER

Was Katzen wirklich
wollen

Vorwort 8

Der Weg zur Hauskatze

Was ist eine Katze? 12

Körper und Sinne der Katze – Rüstzeug eines perfekten Jägers 13
Die Schaltzentrale: Gehirn und Nerven 13
Die Sinnesorgane, wahre Hochleistungsinstrumente 13
Die weitere Ausstattung zur Jagd 17

Exotische Schönheiten – die wilde Verwandtschaft 19
So verschieden und doch so ähnlich 19

Die wilde Stammform – ein fast unbekanntes Wesen 20

Ahnenforschung im Geschlecht der Hauskatzen 21
Wer war es? 21

Vom Wildtier zum Haustier 24
Die Katze ist das einzige Tier, das sich selbst domestiziert hat 25
Die ältesten Hauskatzen 25
Warum gerade die Falbkatze? 26

Die Katze im Auf und Ab der Geschichte .. 28
Der Siegeszug in die Welt 28

Die Katze als Hexenwesen 28
Erfolgreiches Comeback in der Neuzeit 29
Konkurrenz aus den Reihen der Katzen ... 31

Domestikationsbedingte Veränderungen der Hauskatze 32
Veränderungen in der äußeren Erscheinung 32
Veränderungen der Gehirn- und Sinnesleistungen 37
Domestikationstypische Verhaltensanpassungen 37

Katzen lassen sich nicht über einen Kamm scheren 40
Jede Katze ist einzigartig 40

Die besondere Beziehung zwischen Katze und Mensch 42
Mit den Augen einer Katze: Was die Katze im Menschen sieht 43
Der Mensch als »Überkatze« 43

Vom Nutztier bis zum Statussymbol: Was der Mensch in der Katze sieht 46
Ein Tier und viele Rollen 46

Das Verhalten von Hauskatzen

Das Wildtier in unserer Hauskatze 52
Die Katze, ein Wildling mit Anschlussbedürfnis 53
Das wilde Erbe 53
Jagen und Fressen 54
Geschickt und lautlos – Katzen sind perfekte Jägerinnen 55
Die geborene Jägerin 55
Die Jägerin in der Wohnung 60
Von der Maus bis zum Filetsteak – das schmeckt einer Katze 62
Von den »Tischmanieren« unserer Katzen .. 62
Das Beutespektrum der Hauskatze 64
Die Nahrungsbedürfnisse der Wohnungskatze 65
Auch der Durst will gelöscht sein: Trinkbedürfnisse und Trinkgewohnheiten 68
Was Katzen trinken (sollen) 68
Komfortverhalten – Wellness für Katzen .. 70
Was eine Katze tut, wenn sie sich so richtig wohlfühlt 71
Die hohe Kunst der Reinlichkeit 71
Weiteres Komfortverhalten 75
Der Rhythmus eines Katzenalltags 78
Wachsein und Schlafen – alles zu seiner Zeit 79
Anpassung an den Rhythmus der Menschen 79
Weltmeister im Schlafen 79
Ruhen und beobachten 82
Stundenplan und Terminkalender von Katzen 83

Auch Katzen müssen mal müssen 84
Über das Ausscheidungsverhalten unserer Stubentiger 85
Katzen sind stubenrein – ganz von selbst 85
Die Katze, ein geselliger Einzelgänger 88
Wie Katzen sich mit ihresgleichen verständigen 89
»Kätzisch«, eine Sprache mit komplizierter Grammatik 89
Das ausdrucksvolle Gesicht 89
Körpersignale oder Gestik 92
Die Lautsprache der Katzen 94
Mitteilungen per Geruch 96
Sichtmarkierungen 99
Verhaltensdolmetscher 100
Grundherren und ihre Nachbarn – die Reviere der Katzen 102
Wie sich Katzen ihren Lebensraum aufteilen 102
Rang und Revier 103
Erkundungsverhalten – Katzen wollen sich auskennen 106
Katzen sind neugierig 106
Liebe und ihre Folgen – Werbung, Sex und Nachwuchs 108
Was Katze und Kater unterscheidet – geschlechtstypisches Verhalten 109
Der kleine Unterschied 109
Mieze hat Nachwuchs – Geburt und Aufzucht der Jungen 112
Das freudige Ereignis 112

Die Entwicklung der Kätzchen 112	Katzen, Tiere mit Köpfchen – Lernen und Intelligenz 133
Die Katzengesellschaft 114	Was Katzen lernen können 133
Eine vielseitige Gesellschaft – Katzen und ihre Mitkatzen 115	Prägung – wichtige Lernerlebnisse in den ersten Lebenswochen 134
Katzengruppen 115	Frühe Erfahrungen, die ein für alle Mal »sitzen« 134
Das Aneinandergewöhnen zweier Katzen .. 117	
Freundschaft auf sechs Beinen – Katze und Mensch 122	Gewöhnung – so lernt Mieze, gelassen zu bleiben 136
Häufige Irrtümer 122	Häufig und harmlos 136
Streicheln will gelernt sein 123	Wissen, was kommen wird – Signale lernen 138
Menschliche »Eindringlinge« 124	Signale und Erwartungen 138
Neue Partner und Kinder 125	So geht's! Lernen am Erfolg (und Misserfolg) 140
Über die Artgrenzen hinweg – Katzen und andere Tiere 128	Versuch und Irrtum 140
Katzen und Hunde 128	Was Katzen sonst noch draufhaben – weitere Lernformen 143
Katzen und andere Heimtiere 130	
Katzen sind lernfähig – fast ihr ganzes Leben lang 132	Jede lernt auf ihre Weise 143

Unerwünschtes Verhalten

Schatten im Paradies 146	Schnell verschwunden und selten zu sehen – die ängstliche und scheue Katze 153
Gestörte oder störende Katze? – Wenn Mieze sich danebenbenimmt 147	Erfolgreiche Strategien 153
Ist Mieze nicht mehr normal? 147	Resolut mit Krallen und Zähnen – die aggressive Katze 155
Warum denn nur? – Gründe für abweichendes Verhalten 148	Warum Mieze angreift 155
Auch eine Katze hat ihre Grenzen 148	Immer am Rockzipfel – die anhängliche Katze 158
Wehret den Anfängen – erste Anzeichen für gestörtes Verhalten 150	Was zu viel ist, ist zu viel 158
Gefahr erkannt, Gefahr gebannt 150	»Geschäfte« außerhalb des Katzenklos – Unsauberkeit und Markieren 160
Verhaltensauffälligkeiten 152	

Hilfe, Mieze ist unsauber! Was nun? 160

Mit spitzer Kralle – Kratzen an Tapeten und Möbeln 164

Katzen müssen kratzen dürfen 164

Kätzische Quasselstrippen – übermäßiges Maunzen 166

Angeborene Lautgebung 166

Die Naschkatze – Betteln und Essenstehlen 168

Allzu viel ist ungesund 168

Heikles Fressverhalten – auch unter Katzen gibt es Suppenkasper 170

Wenn Mäkeligkeit besorgniserregend wird 170

Wecker auf vier Pfoten – nächtliche und morgendliche Unruhe 172

Wenn der Tagesablauf nicht zum Katzenrhythmus passt 172

Alles andere als samtpfotig – Vandalismus bei Katzen 174

Richtig gedacht und falsch gehandelt 174

Verhaltensstörungen 176

Hilfe, meine Katze tickt nicht mehr richtig! 177

Hier ist professionelle Hilfe nötig 177

Der Beginn einer Freundschaft

Der optimale Start 182

Welche Katze passt zu uns? Die Wahl der richtigen Katze 183

Eine gute Partnerschaft will wohlüberlegt sein 183

TABELLE: Welche Katze passt zu mir? 184

Die ersten Tage – Miezes Eingewöhnung in ihr neues Zuhause 185

Hilfe! Plötzlich ist alles anders 185

Alltag und Erziehung 188

Transport, Pflegehandgriffe und andere notwendige Übel 189

Üben, üben, üben 189

Ein bisschen Erziehung kann nicht schaden 191

Katzen zu erziehen ist gar nicht so schwer 191

Werden Sie Spielemanager 194

Anhang

Die Autorinnen 196

Nachwort 197

Danksagung 197

Glossar 198

Register 201

Adressen und Literatur 204

Wichtiger Hinweis 206

Bildnachweis/Impressum 208

Was Katzen wirklich wollen

Vor ein paar Jahrzehnten noch machte man sich bei der Katzenhaltung nicht viele Umstände. Zum Essen servierte man mehr oder weniger geeignete Tischreste, für gegenteilige Zwecke verließ man sich einfach auf Mutter Natur. Wenn's hochkam, stellte man eine Holzkiste mit Torf, Sand, Sägemehl oder Zeitungspapier im Flur auf. Reine Wohnungshaltungen gab es wenige – wozu auch? Selbst in größeren Städten hatten Katzen Dächer, ausgedehnte Kellergewölbe und stille Hinterhöfe zur Verfügung. Die Konkurrenz von Artgenossen war klein, und es gab nur einen Bruchteil des heutigen Motorverkehrs.

Die Frage, was Katzen eigentlich wirklich wollen, stellte sich kaum, nicht etwa aus Gleichgültigkeit, sondern weil Miez in weit höherem Maße als heute die Möglichkeit hatte, sich selbst zu besorgen, was sie brauchte.

Es hat sich viel geändert seit damals – für Menschen und ihre Haustiere. Katzen haben spezielle Tierärzte, Physiotherapeuten und sogar Psychiater. Im Handel gibt es eine Unzahl von industriell gefertigten Nahrungsprodukten (einschließlich Katzenkonfekt), von denen stets behauptet wird, dass sie Katzen rundum gesund und glücklich machen. Raffiniertes Spielzeug, Katzenmöbel mit Kuschelhöhlen, Kratzgelegenheiten, eigens entworfenes Geschirr mit Mäusedekoration kann man ebenso erstehen wie das unverzichtbare Katzengras im Blumentopf oder die supersaugfähige, ultimativ geruchsbindende Katzenstreu. Einsamen, gelangweilten Katzen kann man eigens für sie komponierte Entspannungsmusik und DVDs mit Fischen, Kleinvögeln und lustig herumkrabbelnden Nagetieren vorspielen. Zum vollkommenen Katzenglück gibt es noch Wohlfühldüfte aus der Steckdose.

Fragten wir hingegen die Katzen selbst nach ihren Wünschen, so wäre die Antwort – zumindest aus der Katzenperspektive – ziemlich einfach:

»Lieber Mensch, hänge alle Türen in deiner Wohnung aus und stelle die Heizung auf angenehme 25 bis 30 Grad ein. Zum Essen wünsche ich mir täglich ein frischtotes Tier, aber schneide es mir freundlicherweise an mehreren Stellen an. Zwischendurch nehme ich auch gern etwas Lachs, Kaviar oder auch ein Stückchen Filetsteak. Mach bitte, dass es draußen nicht kalt ist, regnet oder schneit, wenn ich durch die freie Natur spazieren will. Und vor allem kündige gefälligst diesen sinnlosen Zeitvertreib, den du deine Arbeit nennst, damit du mir jederzeit zur Verfügung stehen kannst.«

Damit wären die meisten Katzenbesitzer wohl etwas überfordert, um es milde auszudrücken, und wahrscheinlich wäre eine Katze, der kein Wunsch mehr offen bleibt, nicht ganz so glücklich, wie man meinen könnte.

Das vor Ihnen liegende Buch soll dazu beitragen, die wilde wie die gezähmte Natur Ihrer Katze besser zu verstehen. Die Gründe für die wechselhaften Schicksale der Katze durch die Jahrtausende werden darin ebenso enträtselt wie das Geheimnis, was Menschen und Katzen so tief miteinander verbinden kann. Sie erfahren, was für ein mitunter raffinierter, hoch entwickelter Jäger unser Stubentiger eigentlich ist, obwohl er dies bisweilen hinter seinem Bedürfnis nach Bequemlichkeit (sprich: Faulheit) wohl zu verbergen weiß.

Dazu wird verraten, wie Sie dem kleinen, intelligenten und eigenwilligen Raubtier im engen Zusammenleben mit Menschen am ehesten gerecht werden und wie Sie seine Bedürfnisse erfüllen. Nicht zuletzt lernen Sie, was die Katze mit dieser oder jener Geste, Lautäußerung oder Mimik meint, sodass Missverständnisse gar nicht erst aufkommen. Zahllose praktische Tipps helfen Ihnen bei der Vorbeugung oder Lösung von Verhaltensproblemen. Damit sind die besten Voraussetzungen gegeben für eine harmonische Beziehung zwischen Ihnen und Ihrer Katze.

Ihre

Dr. Mircea Pfleiderer

Birgit Rödder

Der Weg zur Hauskatze

Kapitel 1 WIE DIE HAUSKATZE ZU DEM WURDE, WAS SIE HEUTE IST: EIN FREUND DES MENSCHEN MIT EINER GUTEN PORTION UNABHÄNGIGKEIT.

Was ist eine Katze?

Der eine oder andere Leser wird über diese Frage vielleicht lachen. Katzen kennt doch schließlich jeder. Sie sind heute die bevorzugten Fellnasen in den Wohnstätten des deutschen Sprachraums und auch in manch anderem Land. Trotzdem halten sich viele Irrtümer hartnäckig.
Was also ist eine Katze? Das Spektrum der Antworten reicht vom sogenannten »pflegeleichten Heimtier« bis zum hoch spezialisierten Räuber. Als Heimtier schont die Katze (mit seltenen Ausnahmen) die Wohnungseinrichtung, verlangt keine Spaziergänge, verströmt keine üblen Körpergerüche und stört nicht durch Bellen. Sie kann sich selbst sauber halten, benötigt kein Aquarium oder Terrarium und ist zudem überaus anschmiegsam. Sehr oft kommt der Mensch aus solchen Überlegungen heraus auf die Katze. Zufrieden mit seinem Entschluss geht er zum Züchter oder zum Bauern, vielleicht auch ins nächste Tierheim und – was holt er sich ins Haus? Ein Abenteuer!

Körper und Sinne der Katze – Rüstzeug eines perfekten Jägers

Biologisch gesehen ist die Katze ohne Zweifel ein Raubtier, heute politisch korrekt »Beutegreifer« genannt. Und sie ist nicht nur irgendein Raubtier, sondern das höchstentwickelte und das »typischste« Raubtier unserer Erde.
Lassen Sie sich dieses Wunderwerk der Natur mit ein paar Zahlen und Fakten weiter vorstellen.

Die Schaltzentrale: Gehirn und Nerven

Nicht anders als bei uns selbst ist auch bei der Katze das Gehirn das Informationsspeicher- und Verarbeitungssystem, sozusagen die Kommandozentrale des Körpers. Das Rückenmark stellt eine Art Datenautobahn dar für die Übermittlung all der Informationen, die die Sinnesorgane empfangen und die über das Nervensystem weitergeleitet werden.
Mittels der Nervenbahnen gelangen so auch Befehle an die Muskeln – und zwar blitzartig. Bei einer frei lebenden Hauskatze rasen solche Botschaften mit knapp 400 Stundenkilometern durch Gehirn und Rückenmark.

Die Sinnesorgane, wahre Hochleistungsinstrumente

Die Leistungen der Sinnesorgane von Katzen sind Legende. Auch heute noch, da wir in einer Hightech-Gesellschaft leben und von Präzisionsinstrumenten umgeben sind, bringen sie uns immer wieder erneut zum Staunen.

Die Augen

Beim Betrachten eines Katzengesichts fallen als erstes Sinnesorgan die großen Augen und die veränderbare Pupillengröße auf.
Dämmerungssehen: Katzenaugen verfügen über 400.000 Sehzellen pro Quadratmillimeter Netzhaut, wir Menschen nur über ein knappes Viertel davon. Darüber hinaus ist ein großer Teil des Augenhintergrunds mit dem sogenannten *Tapetum lucidum* (→ Glossar, Seite 200) ausgekleidet, einem Gewebe aus großen, flachen Zellen, die wie Spiegel wirken und die Lichtempfindlichkeit des Auges um etwa das 1,7-Fache weiter verstärken. Allerdings – in völliger Dunkelheit sieht auch eine Katze nichts.
Räumliches Sehen: Beide Augen der Katze sind nach vorne gerichtet, ein Umstand, der entscheidend ist für die Treffsicherheit beim Springen und Greifen. Die Gesichtsfelder beider Augen überschneiden sich dadurch nämlich sehr weit, eine Voraussetzung, um Entfernungen gut abschätzen zu können. (Ganz anders zum Beispiel bei den Huftieren, bei denen die Augen an den Seiten des Kopfes liegen und die deswegen zwei fast völlig getrennte Bilder wahrnehmen, eines mit dem rechten und eines mit dem linken Auge, dadurch insgesamt aber ein ungemein weites Gesichtsfeld haben. Huftiere, die auf die Flucht angewiesen sind, brauchen eben »auch hinten« Augen.)
Farbsehen: Früher hielt man die Katzen für völlig farbenblind. Mittlerweile haben aber physiologische Untersuchungen eindeutig ergeben, dass sie durchaus Farben erkennen können, ihnen jedoch wenig Bedeutung beimessen.

Das Gehör

Katzen sind im wahrsten Sinne des Wortes hellhörige Tiere. Ihre Ohren nehmen noch Töne wahr, die wir Menschen längst nicht mehr hören. Vor allem reagieren sie sensibel auf hohe Töne, etwa das leise Fiepen einer Maus. Und noch schwächste Geräusche erregen die Aufmerksamkeit der Katze. Sie vermag sie auch präzise zu orten, denn die beiden Ohrmuscheln lassen sich unabhängig voneinander auf eine Geräuschquelle ausrichten.

Die Geräuschempfindlichkeit der Katzen hängt auch von der Leistungsfähigkeit des Gehirns bei der Verarbeitung der Sinneseindrücke ab, worauf die Domestikation, aber auch bereits die Art der Haltung einen Einfluss hat. Doch davon später (→ Seite 37).

Keinen Einfluss auf das Hörvermögen oder die Ortung des Schalls haben hingegen die manchmal auffälligen Haarbüschel an den Ohren mancher Katzenarten (Luchs, Karakal, Rohrkatze usw.). Noch in den Siebzigerjahren behauptete man, dass die Ohrpinsel des Luchses wie Antennen wirkten. Würde man die Pinsel abschneiden, so sei das Hörvermögen deutlich herabgesetzt. Dies ist reiner Aberglaube. Tatsächlich sind die Ohrpinsel, die übrigens bei Karakal und Luchs ganz verschieden aufgebaut sind, nichts weiter als »Aufputz«, wenn auch ein wichtiger zur Unterstreichung der Ohrenmimik. Dieser kommt bei beiden Arten für die Mitteilung von Stimmungen eine besondere Bedeutung zu, da sowohl Karakal wie Luchs kurzschwänzig sind und dadurch ihre Ausdrucksmöglichkeiten mittels Schwanz zu einem Gutteil eingebüßt haben.

Der Geruchssinn

Der Geruchssinn ist zwar nicht der wichtigste, aber immerhin der erste Sinn, der bei einer Katze voll entwickelt ist. Ein neugeborenes Kätzchen, das noch blind und taub ist, vermag sich doch bereits an Gerüchen zu orientieren. Erst 14 Tage später sind auch das Sehen und Hören ausgebildet. Wilde Katzen kann man zwar gelegentlich mit erhobenem Kopf wittern sehen, auch beriechen sie Objekte ausführlich, sie verfolgen jedoch normalerweise keine Geruchsspur. Bei ihnen liegt die wesentliche Bedeutung des Geruchssinns im sozialen Bereich (Markier-, Sexualverhalten) und in der Beurteilung der Fleischqualität. Alle vernünftigen Katzen beriechen gewöhnlich ihr Mahl ausführlich, bevor sie mit dem Verzehr beginnen. Damit vermeiden sie beispielsweise in Notsituationen, in denen fast alle Katzen zu Aasfressern werden können, dass sie zu alte und damit unbekömmliche Nahrung aufnehmen. Vergammeltes Fleisch beriechen sie zwar, rühren es aber nicht an. Beutetiere, die nach scharfen, möglicherweise auch schädlichen Drüsensekreten riechen, werden ebenso liegen gelassen wie sehr kranke oder stark verschmutzte Tiere.

Das Jacobson'sche Organ: Bei diesem Organ handelt es sich um ein spezielles Hilfsorgan des Geruchssinns, eigentlich um ein zweites Geruchsorgan. Es liegt in der Mundhöhle am Gaumendach und kann wasserlösliche Duftstoffe wahrnehmen. Man findet es verbreitet bei den Reptilien, ebenso bei vielen Huftieren, bei Nagetieren und Mangusten – und eben bei Katzen.

Flehmen: Alle Säugetiere mit einem Jacobson'schen Organ flehmen, ein Verhalten, bei dem die Oberlippe meist recht auffällig zurückgezogen wird, um den Geruchsstoffen den Zugang zum Organ zu erleichtern. Wenn die Katze bestimmte Gerüche mit der Nase wahrnimmt und noch genauer prüfen möchte, flehmt sie: Sie hebt den Kopf, zieht die Mundwinkel mehr oder weniger stark zurück und hält kurz den Atem an. Unsere Hauskatzen öffnen dabei den Mund nur ganz wenig. Deshalb wird diese Geste oft übersehen. Manchmal bemerkt man nur, dass die Katze in ihren olfaktorischen Untersuchungen innehält und mit leicht erhobenem Kopf und etwas »abwesend« wirkendem Gesichtsausdruck einige

DIE SINNESORGANE DER KATZE

1 Augen: Im Dämmerlicht und in Mondnächten sehen Katzen um ein Vielfaches besser als wir Menschen, nämlich fast so gut wie am Tag. Bei hellem Lichteinfall sind ihre Pupillen schlitzförmig schmal, bei abnehmendem Licht erweitern sie sich stark, werden schließlich kreisrund und lassen so noch möglichst viel Licht ins Auge. Katzenaugen reagieren auch auf kleinste Bewegungen, während ruhende Objekte oft nicht wahrgenommen werden.

2 Ohren: Das Gehör der Katzen reicht weit über die für uns wahrnehmbaren hohen Töne hinaus. Sie reagieren noch auf Tonhöhen von 45 Kilohertz (Menschen nur bis 20 Kilohertz). Damit können Katzen das feine Piepsen von Mäusen viel besser hören als wir.

3 Nase: Der Geruchssinn ist bei den Katzen zwar gut ausgebildet, tritt aber in seiner Bedeutung stark hinter Sehen und Hören zurück. Verglichen mit anderen Fleischfressern, fällt Miezes Nase kurz und die Riechschleimhaut entsprechend klein aus.

4 Zunge und Gaumen: Katzen sind in der Lage, die Geschmacksrichtungen salzig, sauer und bitter eindeutig zu unterscheiden, ebenso »umami«, den herzhaften Geschmack von Fleisch. Der Nachweis, dass auf Zunge oder Gaumen auch Rezeptoren für Süßes vorhanden sind, steht noch aus.

Sekunden reglos verharrt. Zum Abschluss des Vorgangs schlucken die Katzen und lecken sich ein-, zweimal über den Nasenspiegel.

Die großen Katzenarten flehmen viel auffälliger, weil sie dabei die Nase deutlich rümpfen, die Kiefer weit aufsperren und oft auch die Zunge vorstrecken. Meist sind es Duftstoffe aus der Sexualsphäre, die das Flehmen auslösen, doch führen es die Katzen auch an zahlreichen anderen (für sie ähnlich riechenden?) Gegenständen und Stoffen aus, etwa gewissen Pflanzen, Parfüms, alkoholischen Getränken, frisch gegerbtem Leder und anderen geruchsintensiven Dingen.

Der Tastsinn

Ganz generell ist der Tastsinn der Katze auf der gesamten Körperoberfläche gut entwickelt. Die weiche, unbehaarte Haut der Vorderpfotenballen ist aber besonders reich mit Empfindungsnerven versehen. Vor allem Jungkatzen benützen häufig die Vorderpfoten beim Erkunden ihrer Umgebung, die sie im buchstäblichen Sinne zu »begreifen« trachten.

Sinneshaare: Ein ganz besonderes Wahrnehmungssystem stellen die Sinneshaare dar, mit denen die Katzen reichlich ausgestattet sind. Die ziemlich steifen Haare selbst spüren gar nichts, aber die Haarwurzeln sind in ein sehr empfindliches Gewebe eingebettet. Dieses spricht auf Ablenkungen der Haare von der Normalstellung an und gibt die Erregungsdaten an das Gehirn weiter, das die Reize dann auswertet.

Schnurrhaare: Sie wachsen links und rechts des Nasenspiegels und stellen den auffälligsten Teil des Tastsystems dar. Mit dem Schnurren haben sie freilich nichts zu tun, sie unterstützen vielmehr den Tastsinn. Man nahm bereits früher an, dass die Katzen damit die Weite enger Durchschlupflöcher »ausmessen«, doch erst der bekannte »Katzenprofessor« Leyhausen fand durch Beobachtungen und zahlreiche Experimente heraus, dass sie den Tieren auch noch zu einem anderen Zweck dienen: Vor dem Verzehren der Beute stellen die Katzen deren Haar- oder Federstrich fest, indem sie mit den Schnurrhaaren darüberfahren. Dies ist vor allem für die kleineren Katzenarten von Bedeutung, weil sich die Nahrungsbrocken »gegen den Strich« nur schlecht abbeißen und herunterschlucken lassen. Nicht selten sind die Schnurrhaare auffällig und farblich vom übrigen Fell abgesetzt und werden damit nicht zuletzt auch zum Ausdrucksorgan: Zurückgelegt unterstreichen sie die Mimik des Zähnebleckens beim Fauchen. Eine angreifende Katze, die bereit ist zuzubeißen, streckt ihre Schnurrhaare hingegen vor, desgleichen bei der bloßen Drohung.

Weitere Sinneshaare: Als Hilfe bei der Orientierung in völliger Dunkelheit haben die Felidae (→ Seite 19, 198) auch noch Sinneshaare über den Augen und an der Rückseite der Vorderpfotengelenke. Mit diesem Tastsystem ist die Katze

Die langen, spitzen Fangzähne sind gefürchtete Waffen, während die kleinen Schneidezähne auch dem »Strählen«, dem Kämmen des Fells, dienen.

in der Lage, Grad, Richtung, Geschwindigkeit, Dauer und gegebenenfalls auch den Rhythmus eines entsprechenden Reizes zu »erfühlen«.

Die weitere Ausstattung zur Jagd

Scharfe Sinne sind für einen Jäger ohne Zweifel wichtig, doch zu einer erfolgreichen Jagd sind auch noch andere Werkzeuge und Waffen vonnöten.

Die Zähne

Eine Katze verfügt über 28 oder manchmal 30 Zähne. Wie wir haben auch junge Kätzchen zunächst ein Milchgebiss. Im Alter von etwa einem halben Jahr bekommen sie dann ihre bleibenden Zähne. Das Gebiss der Katzen stellt ein hoch entwickeltes Vielzweckwerkzeug dar. Sie benutzen es nicht nur zum Essen, sondern auch beim Beutefang, zum Kämpfen, bei der Liebe und auch zum Transport der Nachkommenschaft.
Sämtliche Katzenarten sind normalerweise reine Fleischfresser, das heißt, sie essen das frische Fleisch selbst getöteter Tiere. Das Katzengebiss ist, ebenso wie ihr Verdauungsapparat, in hohem Maße an Fleischnahrung angepasst. Die geringe Menge pflanzlicher Nahrung, die Katzen etwa zusammen mit dem Verdauungstrakt ihrer Beutetiere oder in Form von Gräserspitzen aufnehmen, ist zwar ernährungsphysiologisch wichtig, doch anteilsmäßig vernachlässigbar.
Mit den langen Eckzähnen, den sogenannten Canini oder Fangzähnen, lassen sich die Beutetiere sicher festhalten und präzise töten (→ Seite 55). Die Reißzähne hingegen, die aus dem hinteren Vorbackenzahn des Oberkiefers und dem Backenzahn des Unterkiefers bestehen, bilden eine scharfe Brechschere, mit deren Hilfe die Katze Fleischstücke von der Beute abschneidet (→ Seite 64).

Die Pfoten

Nach dem Gebiss sind die Pfoten das wichtigste Jagdwerkzeug der Feliden. Die Vorderpfoten haben fünf, die Hinterpfoten vier Zehen. Da aber die nur vorne voll entwickelten Daumen den Boden nicht berühren, erscheinen alle Katzenfußspuren vierzehig.

> **WIE KATZEN DIE WELT WAHRNEHMEN**
>
> Immer wieder kommt es vor, dass wir die Reaktionen unserer Katzen nicht nachvollziehen können. Viele dieser Missverständnisse entstehen, wenn wir unsere Wahrnehmungen allzu unbedarft auf die Katze übertragen. Schon allein durch ihre »Froschperspektive« hat sie eine andere Sicht auf die Welt, außerdem reagieren Katzen auf Geräusche und Gerüche, die wir schlichtweg nicht wahrnehmen können. So sind nicht alle unsere Handcremes oder Parfüms auch bei Katzen beliebt und können dazu führen, dass sich Mieze »beleidigt« von uns abwendet.

Doch anders als etwa Hundepfoten sind die vorderen Katzenpfoten nicht nur Laufinstrumente, sondern auch Greifwerkzeuge und daher weicher, beweglicher und vielseitiger verwendbar als jene – fast wie Hände.
Krallen: Dass Katzen scharfe Krallen haben, weiß wohl jedermann aus schmerzlicher Erfahrung; dass sie sich zurückziehen lassen, genauer gesagt im Ruhezustand eingezogen sind, zeigt das sprichwörtliche »samtweiche Katzenpfötchen«. Die sichelförmigen, bei einem Angriff vorgestreckten Katzenkrallen eignen sich hervorragend, Beutetiere festzuhalten. Sie wachsen stän-

dig schichtweise nach und sind in besonderen Krallenscheiden vor dem Stumpfwerden geschützt.

Die Muskulatur

Katzen haben kräftigere Muskeln als Hunde. So hat zum Beispiel auch ein gut trainierter Hund beim Überwinden höherer Hindernisse große Mühe, sich mit den Vorderbeinen hochzuziehen – was jeder Katze ohne Anstrengung gelingt. Die Oberschenkel der Hinterbeine verraten eine große Sprungkraft. Ganz allgemein erweisen sich Katzen als erstaunlich stark, ermüden aber schnell, denn ihre Muskeln sowie auch das Herz-Kreislauf-System sind nicht auf Dauerleistung eingerichtet. Dieser Umstand erklärt nicht nur das große Ruhe- und Erholungsbedürfnis der Katzen, sondern auch ihre Jagd-, Angriffs- und Fluchtweise.

Gestützt werden die Muskeln durch ein überaus bewegliches Skelett. Nicht nur das Rückgrat ist besonders flexibel, auch Schulter- und Beckengürtel erlauben der Katze eine bemerkenswerte Bewegungsfreiheit. Manchmal hört man, dass die Katzen kein Schlüsselbein hätten. Das stimmt aber nicht. Dieser für den Spielraum der Armbewegungen so wichtige Knochen ist bei der Katze nur unauffällig, weil er teilweise nur verknorpelt ist.

WILDKATZEN – GROSSE UND KLEINE JÄGER AUF LEISEN PFOTEN

Bis auf wenige Ausnahmen gehen Katzen alleine auf die Jagd. Sowohl Karakal als auch Schwarzfußkatze vermögen Tiere zu erbeuten, die mehr als doppelt so schwer sind wie sie selbst. Durch ihre enorme Sprungkraft sind die Vertreter beider Arten außerdem exquisite Vogeljäger.

1 Karakal: Der bis zu 25 Kilogramm schwere Karakal oder Wüstenluchs ist in vielen Gebieten Afrikas und Asiens heimisch und kann auch ausgewachsene Schafe und Ziegen überwältigen.

2 Schwarzfußkatze: Trotz ihres geringen Gewichts von weniger als zwei Kilogramm legt die strikt nachtaktive Schwarzfußkatze in einer Nacht oft mehr als 10 Kilometer zurück – auch in einem Gehege. Den Tag verbringt sie in »ausgemusterten« Höhlen von Erdferkeln oder in hohlen Termitenhügeln.

So verschieden und doch so ähnlich

Exotische Schönheiten – die wilde Verwandtschaft

Die Tierfamilie, zu der unsere Hauskatze gehört, heißt in der Sprache der Biologen Felidae, zu deutsch: Katzenartige. Weltweit zählen etwa 40 Katzenarten dazu. Zu den bekanntesten gehören der sozial lebende Löwe und seine kleineren, einzelgängerischen Vettern, Leopard und Jaguar. Auch Luchs und Tiger, Puma und Gepard sind wohl jedermann ein Begriff. Doch wer kennt schon die Iriomotekatze aus Japan, den Manul aus den Höhen des Himalaja, die Marmorkatze, den Nebelparder, die Sicheldünenkatze, den Jaguarundi, die Kleinfleckkatze und so weiter?

So verschieden und doch so ähnlich

Trotz gewaltiger Größenunterschiede sind alle Mitglieder dieser Familie mühelos als Katzen erkennbar, der »Sprint-Spezialist« Gepard ebenso wie der »Berufskämpfer« Mähnenlöwe oder die kleine, wasserliebende Flachkopfkatze. Mit 300 Kilogramm Körpergewicht und einem Kopf-Schwanz-Maß von gut drei Metern ist der Tiger das größte Katzentier. Die kleinste Katzenart ist die Schwarzfußkatze aus Südafrika: Sie misst vom Kopf bis zur Schwanzspitze kaum 35 Zentimeter und wiegt nicht mehr als ein bis zwei Kilogramm.

Das Wilde im Sofatiger

Was hat diese ganze wilde Vetternschaft mit unserer Hauskatze zu tun? Erstaunlich viel, denn unsere Hauskatze weist eine Menge Eigenschaften auf, die wir auch in Löwe, Luchs, Puma & Co. finden. Umgekehrt zeigen die wilden Verwandten Eigenschaften, die auch in der Hauskatze stecken. Die Beobachtung des Dschungeltigers hilft also, den Haustiger besser zu verstehen.

Der Grund dafür liegt darin, dass die genetische Distanz zu den gemeinsamen Urahnen bei allen heutigen Katzen etwa gleich weit ist. Das bedeutet, dass, bildlich gesprochen, in jeder Hauskatze neben der Falbkatze auch ein kleines Stückchen Löwe, Karakal, Serval, Gepard oder Fischkatze steckt. In Menschenobhut kann die Hauskatze dieses wilde Erbe ebenso entfalten wie beispielsweise verschiedene Farbschläge, Fellmuster, Haarformen oder Augenfarben.

KATZEN SIND KEINE MARATHONLÄUFER

Katzen haben ein relativ kleines Herz, und auch ihre Lunge ist nicht gerade groß. Der Katzenkörper ist nicht auf Dauerleistungen ausgelegt, sondern für kurzzeitige, explosionsartige Kraftausbrüche geschaffen, denn sämtliche Katzen sind Ansitz-, niemals aber Hetzjäger. Selbst die für ihre hohen Laufgeschwindigkeiten berühmten Geparden sind nach einer Strecke von nur 500 Metern so erschöpft, dass sie die Jagd abbrechen müssen beziehungsweise – falls sie Erfolg hatten – mit dem Verzehr der Beute warten müssen, bis sie wieder zu Atem gekommen sind und sich der rasende Puls beruhigt hat.

Die wilde Stammform – ein fast unbekanntes Wesen

Das Verhalten unserer Stubentiger war noch vor 70 Jahren ein Buch mit sieben Siegeln. Inzwischen hat man es mit viel Aufwand, Fleiß und Liebe studiert. Arbeiten über die wilde Stammmutter, die Falbkatze, haben dagegen nach wie vor Raritätscharakter, obwohl deren natürliches Verbreitungsgebiet riesig ist. Die heimliche Lebensweise dieser Katzenart ist daran nur zum Teil schuld. Zunächst gab es nämlich Zweifel an der Abstammung der Hauskatze von der Falbkatze. Wie konnte ein so unscheinbarer Graurock all die farbigen Varianten mit kurzen und langen Haaren, Streifen- und Tüpfelmustern, spitzen und rundlichen Ohren hervorbringen? Wie kommt es, dass manche Haustiger wie Waldwildkatzen aussehen? Weshalb gibt es Hauskatzen, die gerne schwimmen? Warum klettert Kater Miro kopfabwärts den Baum hinunter wie ein Baumozelot, während Minz und Wutz den sicheren Weg im Krebsgang wählen?

Ahnenforschung
im Geschlecht der Hauskatzen

Die Verschiedenheit von Hauskatzen im Aussehen wie in ihren Verhaltensweisen ist auffallend. Die ganze Palette ist so groß und so bunt, dass die Vermutung naheliegt, in unserer Hausmieze steckten die Eigenschaften verschiedener Felidenarten.

Wer war es?

Auf der Suche nach den Katzenahnen wurden zum Teil abenteuerliche Theorien aufgestellt. So nahm man an, dass die Rohrkatze, auch Sumpfluchs genannt, an der Entstehung der Hauskatze beteiligt sein musste, weil man in den ägyptischen Grabstätten neben Falbkatzenmumien auch Rohrkatzenmumien gefunden hatte. In einer anderen Hypothese wurde dem langhaarigen Manul eine Beteiligung an der Hauskatze nachgesagt. Woher sollten sonst die Perser- oder Angorakatzen kommen? Haben unsere rundlichen deutschen Hausmiezen mit dem dicken Winterfell nicht doch einen Einschlag von der europäischen Wildkatze, kommen die Ohrpinsel mancher Katzenrassen nicht doch vom Luchs?

Nichts von all dem! Inzwischen können wir nämlich beweisen, dass die Falbkatze, und zwar die Unterart, die in Ägypten heimisch ist, und niemand anders die Ahnfrau unserer Hauskatzen ist (→ Seite 34).

Die Falbkatze – die geheimnisvolle Unbekannte

Nachdem wir nun wissen, dass die Falbkatze die Ururgroßmutter all unserer Stubentiger ist, wird es Zeit, dieses rätselhafte Wesen näher vorzustellen:

Die Falbkatze hat ein sehr großes Verbreitungsgebiet, das sich von der Südspitze Afrikas bis nach Vorderasien erstreckt. Nur in der Westsahara und in der westafrikanischen Regenwaldzone kommt sie nicht vor.

Auf den ersten Blick sieht sie wie eine sehr unscheinbare Hauskatze aus. Erst bei genauerer Betrachtung entfaltet sich die besondere Schönheit dieser Katzenart.

- Die Falbkatze ist vergleichsweise groß und schlank, muskulös, hat einen langen Rücken, einen langen, spitzen Schwanz sowie auffallend hohe Beine. Selbst schlanke Hauskatzen wirken im Vergleich zur Falbkatze gedrungen. Bedingt durch die Länge der Beine, sieht eine sitzende Falbkatze sehr aufrecht aus, ihre Haltung erinnert dabei in der Tat an die Form altägyptischer Statuetten, die ja diesem »Urmodell« einer Katze nachempfunden sind.
- Die Kopfform dieser Katzenart ist schmal und wirkt bei den Katern männlich-kantig. Hauskater haben fast stets viel rundere und dickere Wangen. Das harmonisch geschwungene Falbkatzenprofil ist weder übertrieben lang und gerade, noch ist es gedrungen und kurz.
- Das auffälligste Merkmal sind die großen, an der Rückseite leuchtend orangefarbenen Ohren, die mit kleinen, farblich nicht abgesetzten Ohrbüscheln geschmückt sind.
- Die Fellgrundfärbung variiert von grau über beigebraun bis zu rötlich gelben Tönen. Alle Unterarten sind an den Flanken mehr oder weniger blassbraun gefleckt oder gestreift. Außer im hellen Licht kann man die Streifen aber kaum sehen, das Tier wirkt fast einfarbig graubeige, an

STECKBRIEF DER FALBKATZE

Körperbau: Schlank, »großrahmig«, Schulterhöhe bis etwa 40 Zentimeter; maximale Länge vom Kopf bis zur Schwanzspitze bis zu 90 Zentimeter; Gewicht schwankt zwischen drei und sechs Kilogramm.

Färbung: Grau bis beige, mit schwacher, bräunlicher Flanken- und Gesichtszeichnung; schwarze Bänder an den Gliedmaßen und am Schwanzende, schwarze Sohlen und Pfotenunterseiten; Mundregion, Tasthaare und Kinn weiß, Brust und Bauch gelb, Ohrenrückseiten orange.

Augen: Groß und rund, gelb bis grünlich.

Nasenspiegel: Kräftig ziegelrot.

Wurfzahl und -größe: Einmal, seltener zweimal im Jahr zwei bis fünf Junge.

Lebensdauer: Acht bis zehn Jahre in freier Wildbahn, in Gefangenschaft bis etwa 15 Jahre.

Bauch und Brust gelblich. Die einzige Ausnahme: Am Ansatz der Vorderbeine und an den Außenseiten der Hinterschenkel finden sich vier bis fünf kräftige, tiefschwarze Querstreifen, und die Fußsohlen sind schwarz. Auch das hellgraue Schwanzende zieren drei schwarze Streifen, die Schwanzspitze ist schwarz. Die grau getönten Jungen tragen schwarze Querstreifen, die sich bis zum Alter von zwölf Wochen allmählich verlieren.

Das Verhalten der Falbkatze

Sie ist eine fürsorgliche Mutter, die ihren Nachwuchs noch länger versorgt als die Hauskatze. Bis zu neun Monate lang lässt sie sich von ihren Kätzchen die Beute abnehmen, putzt, erzieht und versorgt sie, spielt mit ihnen und lässt sie sogar nach der Säugeperiode ab und zu nuckeln. Manche Kater unterstützen die Katzenmutter nicht nur bei der Nahrungsbeschaffung, sondern auch bei der Aufsicht, Pflege und der spielerischen Unterhaltung der Halbwüchsigen. Ich beobachtete einmal einen Falbkater, der sich von einem Jungen ab dem Alter von zwölf Wochen regelmäßig bei seinen Revierausflügen begleiten ließ.

Anders als die übrigen Wüsten- und Savannenkatzenarten hält sich die Falbkatze gern im dichten Buschwerk auf, klettert gut und liebt erhöhte Ruheplätze. Darin erinnert sie stark an unsere Mieze, wenn sie ein Bücherregal zu ihrem Lieblingsruheplatz erkoren hat. Und wie ihre domestizierten Verwandten finden auch junge Falbkätzchen schwierige Kletterexpeditionen besonders interessant. Sie verbringen Stunden im Geäst. Falls der Baum nicht zu hoch ist, lassen sie sich einfach wie reifes Obst aus den Ästen fallen, wenn es etwas zu essen gibt, also besondere Eile geboten ist.

Der kleine Unterschied

Falbkatzen sind schneller und stärker, sie springen höher und sind gewandter als Hauskatzen. Sie verfangen sich beispielsweise selbst beim wildesten Spiel nie ernsthaft in einem Strick. Ein hoher Sprung, eine geschickte Wendung des Körpers, und sie sind die lästige Fessel los.

Die Kindheit der Falbkatzen dauert durchschnittlich länger als die der Hauskatzen. Sie verlieren die Milchzähne mit sechs Monaten (Hauskätzchen schon mit vier bis fünf Monaten). Geschlechtsreif werden die Weibchen erst mit neun bis zwölf Monaten, die Kater brauchen oft noch länger. Ich beobachtete mehrmals, dass Kater erst im Alter von zwei Jahren einen Reifeschub erlebten, nämlich, wenn sie eine passende Partnerin bekamen. Erst dann entwickelten sich die Hoden zur vollen Größe, und der Harn, den sie unversehens eifrig zu verspritzen begannen, bekam den katertypisch strengen Geruch.

Auch wenn sie mit ihren Mitkatzen alle möglichen sozialen Kontakte unterhält, pirscht und jagt die Falbkatze allein. Selbst ihre Lieblingsbeute ist ähnlich, nämlich kleine Nagetiere. Allerdings nutzt sie ihre größere Kraft und Gewandtheit, um sich auch an Beute zu wagen, die für eine normale Hauskatze zu groß ist. So leben auf unserer Forschungsstation in Südafrika Hauskatzen und Hühner in friedlicher Gemeinschaft, und auch die Kaninchen bleiben unbehelligt. In der Nähe einer Falbkatze indes überleben die Vertreter beider Tiergruppen keine zehn Sekunden.

Alles in allem sind die genetischen wie auch die Verhaltensunterschiede zwischen der Falbkatze und ihrer domestizierten Form nicht groß. Sie sind in den meisten Fällen mehr graduell als grundsätzlich. So kommt es auch immer wieder vor, dass Haus- und Falbkatzen miteinander Nachkommen erzeugen. Diese Mischlinge sind genauso überlebensfähig wie die reine Wildform und auch fortpflanzungsfähig. Das ist zwar einerseits ein Kompliment für die Schlauheit und Zähigkeit der Hauskatze, andererseits oft ein Ärgernis für die Naturschützer, die die Existenz der Falbkatzen bedroht sehen.

Wild bleibt wild

Der einzige durchschlagende Unterschied zwischen Falb- und Hauskatze liegt in der Zahmheit. Eine Hauskatze bedarf lediglich einer kurzen Phase der Sozialisierung (→ Seite 134) zum rechten Zeitpunkt, und sie wird ihr Leben lang den Menschen als freundliches oder zumindest harmloses Wesen betrachten. Ein liebevoller, geschickter Mensch kann mit etwas Glück, Geduld und Spucke sogar eine verwilderte Bauernkatze zu einem vertrauten Hausgenossen ummodeln (→ Seite 153).

Falbkatzen, die von der Mutter großgezogen werden, bleiben dagegen wild, auch wenn man sie täglich füttert, mit ihnen spielt und sie mit besonderen Leckerbissen versorgt. Selbst gegenüber einem an und für sich vertrauten Menschen bleiben sie schreckhaft und halten meist einen gewissen Sicherheitsabstand ein. Fremde meiden sie wie die Pest.

Wirklich handzahm werden nur handaufgezogene Tiere. Aber selbst diese entwickeln gelegentlich eine Neigung zur Bissigkeit, manchmal aus Übermut, manchmal auch aus Angriffslust. Beides trifft vor allem auf die Kater zu. Handaufgezogene Falbkatzen vertrauen grundsätzlich nur Menschen, die sie gut kennen. Sie müssen auch nach der Geschlechtsreife in einem Gehege wohnen, denn sonst gehen sie fort, um sich ein eigenes Revier zu suchen.

Eine interessante Beobachtung am Rande: Ich erlebte Freundschaften unserer südafrikanischen Hauskatzen mit Karakals und auch mit unserem sonst ziemlich rabaukigen, wilden Servalkater. Eine »Verbrüderung« zwischen den Haus- und Falbkatzen hingegen fand niemals statt.

Falbkatzen sind gute Mütter, die ihre Jungen vorbildlich versorgen und lange Zeit soziale Kontakte mit ihnen pflegen.

Vom Wildtier zum Haustier

Viele Besucher, die meine zahmen Falbkatzen Gerrie und Ilse sehen und für ein Erinnerungsbild sogar auf den Arm nehmen können, sagen: »Oh, diese beiden sind aber gut domestiziert.«

Das sind sie ganz und gar nicht. Der Begriff der Domestikation wird oft missverstanden, weil er mit »Zähmung« oder »Gewöhnen ans Haus« gleichgesetzt wird. Domestikation bedeutet aber etwas ganz anderes: Menschen »erschaffen« durch gezielte Zucht aus Wildtieren Haustiere. Sie suchen sich Tiere aus, die erwünschte Eigenschaften haben, und verpaaren sie über viele Generationen hinweg miteinander. Dadurch verändern sich allmählich die Eigenschaften des Wildtiers. Aus dem Überlebenskünstler in der freien Natur wird ein Haus- und Nutztier, das wirtschaftliche Leistungskriterien oder auch ästhetische Erwartungen erfüllt.

So ist es jedenfalls normalerweise. Bei unserer Hauskatze freilich verhielt es sich ganz anders. Sie ist ja auch für ihre Eigenwilligkeit bekannt …

Die ältesten Hauskatzen

Die Katze ist das einzige Tier,
das sich selbst domestiziert hat

Vor 20.000 Jahren, als wir im kalten Mitteleuropa noch in Höhlen hausten, hatten wir zwar eine schützende Unterkunft, und Hunde hatten wir auch, wie Knochenfunde beweisen, aber noch keine Katze. Auch später, als wir bereits den Auerochsen zum Hausrind gemacht hatten, als Schwein, Schaf und Ziege aus dem Osten zu uns gefunden hatten und sich als Letztes auch das Pferd zu den Haustieren gesellt hatte, war noch weit und breit keine Hauskatze zu finden. Als Mäusefänger in Haus und Hof dienten andere kleine Raubtiere, nämlich der bekanntermaßen etwas streng riechende Iltis beziehungsweise dessen Haustierform, das Frettchen. Erst sehr viel später, in der Epoche der Karolinger, erscheint die Hauskatze ganz unvermittelt bei uns, freilich zunächst nur an Königs- und Fürstenhöfen, in Form überaus kostbarer Geschenke aus den Mittelmeerländern. Dort kannte man die Hauskatze schon etwas länger – die alten Römer hatten sie, ebenso wie einen Teil des Götterkults, von ihren Kriegszügen aus Ägypten mitgebracht.

Die ältesten Hauskatzen

Wann genau die Katze zum Haustier wurde, lässt sich bis heute schwer sagen, denn die sonst so hilfreichen Knochenfunde nützen in diesem Falle überhaupt nichts. Die Skelette von Falb- und Hauskatzen sind einander jahrtausendelang ziemlich ähnlich geblieben, und die Archäologen verfügen über nur wenige Funde.
Die mit etwa 7000 Jahren älteste Darstellung einer vornehmen Dame, die eine Katze auf dem Schoß hat, stammt aus dem Vorderen Orient, genauer gesagt aus Jericho. Es ist jedoch stark anzunehmen, dass es sich hierbei nicht um eine domestizierte Hauskatze, sondern um eine gezähmte Wildkatze handelt. In einem etwa 4500 Jahre alten ägyptischen Grabmal findet man das Bild einer Katze mit prächtigem Halsschmuck. Auch sie war vermutlich eine zahme Falbkatze, denn der damals schon alte Katzenkult bezog sich auf diese Katzenart. Die frühesten Nachweise von unzweifelhaften Hauskatzen sind nur etwa 3500 Jahre alt. Sowohl Mumienfunde als auch die Bilder jener Epoche zeigen den hauskatzentypischen runden Schädel und – manchmal – auch Streifenmuster.

> Ihre Vorliebe, sich von Mäusen zu ernähren, machte die Katze zu einem gern gesehenen Kulturfolger.

In den späteren Epochen der langen Kulturgeschichte Ägyptens sind Katzendarstellungen häufig zu finden: Katzen bei der Jagd, Katzen auf dem Schoß vornehmer Damen, als Mittelpunkt des Haushalts und natürlich als weitverbreitete Kultfigur. Sie zierten Tempel und Gräber, Hausrat und Mumienschreine. Vor allem die Tempelkatzen erhielten feierliche Begräbnisse einschließlich der königlichen Würde, einbalsamiert zu werden. Man gab ihnen sogar einen Satz präparierter Mäuse mit ins Grab, damit sie auf dem langen Weg ins Jenseits keinen Hunger leiden sollten. Die Archäologen des vorletzten Jahrhunderts entdeckten in den unterirdischen Grabkammern eines Katzenfriedhofs mehr als eine Viertelmillion liebevoll präparierter und geschmückter Katzenmumien. Aus heutiger Sicht unverständlich: Fast diese gesamte wertvolle Hinterlassenschaft wurde nach Großbritannien verschifft, um dort zermahlen die Felder zu düngen.

Warum gerade die Falbkatze?

Wieso ausgerechnet die unscheinbare, grau-beige Falbkatze als einzige Felidenart den Weg in die Domestikation gefunden hat, lässt sich nicht ohne Weiteres erklären. Sicherlich hängt es nicht mit dem früher allgemein angenommenen Umstand zusammen, dass die Falbkatzen sich leichter zähmen ließen als andere kleine Wildkatzenarten. Die scheuen Tiere fassen (ausgenommen natürlich bei Handaufzucht) mindestens so schwer Zutrauen zum Menschen wie andere Katzenarten.

Warum liegt das Entstehungsgebiet einer domestizierten Form überhaupt in Nordafrika? Nachweislich sind die klassischen Zentren der Domestikation in Europa und Vorderasien zu finden, wo auch eine ganze Reihe mehr oder weniger geeigneter katzenartiger Kandidaten vorhanden waren.

Die Antwort liegt im Wie. Die Eigenwilligkeit der Katze verknüpfte sich günstig mit der ägyptischen Hochkultur. Dies ergab für die Katze eine von allen anderen Haustieren abweichende Domestikationsgeschichte. Darin spielt eine weit fortgeschrittene Art der Vorratshaltung eine Rolle, die damals in anderen Kulturen noch weitgehend unbekannt war, nämlich die Aufbewahrung mehrerer Ernten in großen Getreidekammern. Die Falbkatzen suchten selbstständig solche Zentren der Vorratswirtschaft auf, angezogen durch das massenweise Vorkommen von Mäusen und Ratten, ihren bevorzugten Beutetieren.

Der Mensch erkannte bald den Nutzen dieser Katzen, die seine Vorräte ziemlich wirksam vor allzu großen Verlusten durch die Nager bewahrten. So duldete er die kleinen Räuber nicht nur, sondern begann bald, sie mittels kleiner Leckerbissen anzulocken. Als sesshafte Reviertiere blieben die Falbkatzen am Ort und gewöhnten sich an die Anwesenheit der Menschen, die sie mit der Zeit als ungefährliche, ja freundliche Mitlebewesen betrachteten.

Eigenwillig von Anfang an

Trotzdem blieb die Katze lange Zeit unbeeinflusst von den Folgen nachdrücklicher Domestikation. Die Katzenmumien, die man daraufhin untersucht hat, wiesen kaum oder gar keine der typischen Merkmale wie Schädelverkürzung, Veränderungen an Extremitäten oder Fellstrukturen auf (→ Seite 32).

Nun gibt es zwar auch bei der Katze einen Teil der Mutationen, die bei anderen Haustieren bald eine große Vielfalt an Farben und Formen hervorbrachten. Doch hat sie sich bei aller Anhänglichkeit lange Zeit der Zuchtwahl durch den Men-

◆ Die Ägyptische Mau stammt wie die ersten Hauskatzen aus Ägypten, wird aber erst seit Kurzem als Rasse gezüchtet.

schen widersetzt, der ihr seinerseits auch lange den Bewegungsraum und die freie Partnerwahl überließ. Fast alle der heute anerkannten, weil gezielt herangezüchteten Katzenrassen sind, ungeachtet ihrer oft in die graue Vorzeit reichenden Entstehungslegenden, kaum älter als ein Jahrhundert. Schon Darwin schilderte 1859 seine Vorstellungen über die mangelnden Voraussetzungen für eine erfolgreiche Katzenzucht: »Katzen lassen sich hingegen wegen ihrer nächtlichen Streifzüge nur schwer verpaaren; man sieht daher auch, so beliebt sie auch bei Frauen und Kindern sein mögen, kaum eine neue Rasse entstehen …« An anderer Stelle schrieb er weiter: »… ich meine, die Seltenheit oder das Fehlen unterschiedlicher Rassen bei Katzen (…) hauptsächlich auf die Tatsache zurückführen zu können, dass bei ihnen keine Zuchtwahl zur Anwendung kam.«

Die planmäßige Katzenzucht dient außerdem lediglich der Liebhaberei. Sie hat daher kaum einen Einfluss auf die weit überwiegende Zahl der »gewöhnlichen« Hauskatzen mit nach wie vor freier Wahl des Geschlechtspartners, deren Lebensweise und Funktion in den agrarwirtschaftlich dominierten Bereichen aller Kontinente sich nur unwesentlich von derjenigen des alten Ägyptens unterscheidet. So führt die Katze als unabhängiges Haustier bis heute gewissermaßen ein Doppelleben.

Freiwillig zum Haustier geworden

Sie ist ein wahrer Sonderfall der Domestikation: Die Falbkatze war wohl das einzige Haustier, das nicht vom Menschen frühzeitig eingefangen, gezüchtet und so zum Haustier »umgemodelt« worden ist. Vielmehr hat sie sich über den »Vermittler Maus« freiwillig uns Menschen angeschlossen, sich aber stets ihre Unabhängigkeit und damit auch einen gewissen Grad an Wildheit zu wahren gewusst. Leyhausen war der Erste, der hier von einer »Selbstdomestikation« sprach. Inzwischen ist

WAS SICH DURCH HAUSTIERWERDUNG ÄNDERT

Das gewinnt ein Tier durch die Domestikation:
- Schutz vor einer feindlichen Umgebung (Raubfeinde, Klima …)
- Zuteilung von Wasser und Nahrung durch den Menschen, ebenso des Sexualpartners, des Lebensraums. Damit entfallen die Mühen und Gefahren, die mit Suchstrategien verbunden sind.
- Eine höhere Dichtetoleranz, das heißt, Haustiere konkurrieren untereinander weniger hart und vertragen sich besser.
- Eine größere Variationsbreite in Körperbau, Fellfarbe und Fellstruktur
- Eine größere Toleranz im Umgang mit Menschen

Das verliert ein Tier durch die Domestikation:
- Freiheit, zum einen durch die Haltung in einem eingeschränkten Bereich, zum andern, weil es nicht mehr frei um Rang, Nahrung und Revier konkurrieren kann.
- Die uneingeschränkte Wahl seines Paarungspartners
- Einen Teil seiner Überlebensfähigkeit in der freien Natur

diese naheliegende Vorstellung Allgemeingut geworden; wohl kaum ein Katzenkenner wird sie heute noch ernsthaft anzweifeln.

Leyhausen sagte, eingedenk eines bekannten Buchtitels von Konrad Lorenz (»So kam der Mensch auf den Hund«): »Die Katze kam nicht auf den Menschen, sondern auf den Geschmack häuslichen Komforts.«

Die Katze im Auf und Ab der Geschichte

Im Wandel der Zeiten spielte die Katze in den Augen der Menschen die unterschiedlichsten Rollen. Sie wurde wahlweise verehrt, verfolgt oder verwöhnt, galt als Sinnbild des Guten wie des Bösen.

Der Siegeszug in die Welt

Die alten Ägypter waren nicht so naiv, ihre Katzen für Götter zu halten. Wohl aber erschien es ihnen naheliegend, dass sich ihre Götter gelegentlich ein so schönes und eigenwilliges Tier, das darüber hinaus auch noch durch das große, helle Augenpaar einen »ansprechenden« Blick hat, als Sitz für ihre Verkörperung aussuchten. Wie dem auch sei, die Ägypter liebten und verehrten ihre »Mau«, wie sie ihr nützliches Haustier nannten. Die Göttin, der die Mau geweiht war und die auch zuweilen mit einem Katzenkopf dargestellt ist, hieß Pasht, Bast oder Bastet. Die Katze war den Ägyptern so viel wert, dass sie jede Ausfuhr untersagten und diesem Verbot mit drastischen Strafen Nachdruck verliehen. So dauerte es ziemlich lange, bis die Katze (um 550 v. Chr.) über Griechenland ihren Weg nach Europa fand. Vor allem die phönizischen Seefahrer trugen weiter zur Verbreitung der Hauskatze bei. Sie hielten sie als Rattenfänger auf ihren Schiffen und verkauften den »Geburtenüberschuss« als Kuriosum aus dem Süden. Erst ein halbes Jahrhundert n. Chr. brachten ägyptische Getreidehändler die ersten Katzen nach Thailand oder Siam, wie dieses Land früher hieß.

Noch in der Römerzeit war die Hauskatze in Mitteleuropa völlig unbekannt. Erst im 9. Jahrhundert tauchte die Katze im westlichen Europa auf, wo sie ein begehrtes und vor allem bei Schlossherrinnen beliebtes Nutz- und Hätscheltier war. Von dort rückte sie bald immer weiter zur Mitte Europas vor. Das vielfach (eigentlich fälschlicherweise) verfemte Mittelalter war dabei längst nicht so »finster« wie sein Ruf, auch nicht, was die Katze betraf. In Dokumenten aus jener Zeit finden wir sie als kostbares Inventarstück in den Übergabelisten großer Güter oder Höfe.

Die Katze als Hexenwesen

Gegen Ende des Mittelalters allerdings machte die bisher so huldvolle Einstellung gegenüber der Katze eine drastische Kehrtwendung. Neue Krankheiten schürten Aberglauben und Intoleranz der Menschen, die vordem freie Gerichtsbarkeit musste sich der Kirche unterwerfen. Bespitzelung und Inquisition traten in den Lebensmittelpunkt – und damit auch der Hexenwahn. Dieselben Eigenschaften, die den Katzen Götterstatus verliehen hatten, machten sie nun zum Inbegriff des Bösen. Die Nachtaktivität, die auf schlichte Gemüter lasziv wirkenden geschmeidigen Bewegungen, das manchmal durch elektrostatische Aufladung knisternde Fell und natürlich wieder die Augen, diesmal »teuflisch« glühend, regten die finstere Seite der menschlichen Fantasie an. Dazu kam die Ächtung jeglicher Überlieferung aus unserem germanischen Götterkult, der beispielsweise der Göttin Freia die Waldwildkatze geweiht und zugesellt hatte.

Mit zunehmendem Fanatismus wandte sich die christliche Kirche gegen die latent wohl noch

Erfolgreiches Comeback in der Neuzeit

vorhandene heidnische Verehrung der heiligen Gesellin Freias und verdammte sie als bösen Geist in die Hölle. Dadurch bekam der alte Bund zwischen (Haus-)Frau und Katze einen üblen Ruf, und schon bald wurden Tausende von Frauen und auch Männer gemeinsam mit ihren »Satansdienern« auf dem Scheiterhaufen verbrannt. Das Unglück und Leid, das Kirche und Aberglauben über Menschen und Tiere jener Jahrhunderte brachten, war unvorstellbar groß: Nach manchen Quellen ließen über neun Millionen Menschen ihr Leben bei der »Peinlichen Befragung« zur Hexerei und am Brandpfahl. Erst 1862 gab es die letzte Hexenverbrennung in Deutschland. Und die Zahl der Katzen wurde so stark dezimiert, dass das Vorkommen von Ratten und Mäusen epidemische Ausmaße annahm und in der Folge auch den Ausbruch der großen Pestepidemien im 17. Jahrhundert mitverursachte.

Erfolgreiches Comeback in der Neuzeit

Erst im Laufe der Aufklärung besann man sich wieder mehr auf die unbestreitbar nützliche Seite der Katze. Bis zum heutigen Tag hat sie, den Mitteilungen der Massenmedien zufolge, im westlichen Europa den Hund als »beliebtestes Heim-

ENTTHRONT, VERTEUFELT UND WIEDER REHABILITIERT

1 Ihre eigenständige Lebensweise, mangelnder Gehorsam und ausschweifendes Sexualleben trugen dazu bei, dass die Katze aus der Nähe zu Göttinnen verbannt und im späten Mittelalter schließlich verteufelt wurde. Ihre Vorliebe für ruhige Wohnstätten, etwa bei alleinstehenden Frauen, machte sie zur »Komplizin« vermeintlicher Hexen. Dieses negative Image behielt sie lange, selbst in vielen Filmen wurden Katzen als Unglücksboten eingesetzt.

2 Fast zeitgleich entstand das volkstümliche Märchen des Gestiefelten Katers, in dem eine scheinbar wertlose Katze ihrem Besitzer durch ihre Intelligenz und Geschicklichkeit zu Wohlstand und Königswürden verhilft. Die reizende Geschichte des namenlosen Katers, der sich für ein Paar geschenkter Stiefel überaus dankbar zeigt, hob seither Ansehen und Wertschätzung der Bartputzer nicht nur unter den Katzenfreunden.

Noch Anfang des 20. Jahrhunderts glaubte man, dass dreifarbige »Glückskatzen« Unglück fernhalten, Menschen vor Fieber und Häuser vor Feuer schützen.

tier« überholt. Allein in deutschen Haushalten leben mittlerweile geschätzte acht Millionen Katzen gegenüber knapp sechs Millionen Hunden. Nun widerstrebt es mir zutiefst, Masse als Klasse zu deuten, deshalb ist meiner Ansicht nach eine hohe Anzahl von Katzenhaltungen keineswegs ein Synonym für »Beliebtheit«. Vielfach ist der Grund dafür, eine Katze in seiner Heimstätte zu haben, reine Bequemlichkeit, und so hört man oft Argumente wie: »Da Katzen mehr am Haus hängen als am Menschen, brauchen sie nicht viel Zeit für Zuwendung, sie schmutzen nicht, und außerdem sind sie viel billiger als die steuerpflichtigen Hunde.«

Zweifellos hängt die steigende Zahl der Katzen mit der entsprechend zunehmenden Zahl der Single-Haushalte, vor allem in den größeren Städten, zusammen. Ganze Industrien stellen ihre immer weiter verfeinerten Produkte den Katzenfreunden zur Verfügung – vom ausgeklügelten Feinschmecker-Menü über duftende Kuschelhöhlen bis zu raffiniertem mechanischem Spielzeug. Die lange Literaturliste über Wesen und Haltung der Katze wächst von Jahr zu Jahr.

Die andere Seite der Medaille

Auf der anderen Seite gibt es die als Mäusevertilger geduldeten, aber sonst unversorgt lebenden Landkatzen und – viel schlimmer noch – eine Unzahl herrenloser Streuner in den Städten, Geschöpfe ohne Seltenheitswert und daher ohne große Wertschätzung, in Hinterhöfen und Straßenecken zu einer Leidensexistenz verurteilt, die geprägt ist von Krankheiten, von verächtlichen Fußtritten und dem Unrat der Menschen.

So ist und bleibt die Katze ein vielumstrittenes Haustier: von ihren Feinden verdammt als falsches, kratziges Luder, als gieriger Mörder unserer gesamten Singvogelwelt, als Faunenverfälschung und abgefeimter Jagdschädling, als Krankheitsüberträger und Entweiher gepflegter Gärten, von den Katzennarren hingegen bis zum Überdruss, nicht selten gar bis zur Gesundheitsschädigung verzärtelt, vermenschlicht und umsorgt. Die Schwelle von vernünftiger Einschätzung zur Verachtung einerseits und zur Vernarrtheit andererseits wird meist dort überschritten, wo aufgrund ungesunder Wohndichte und ständiger Zwangsgemeinschaft die Extreme blühen: in der Großstadt.

Wenn der Aberglaube Blüten treibt

Es gibt leider auch heute noch Menschen, die gegenüber Katzen in allerlei abergläubischen Auffassungen befangen sind, so zum Beispiel, dass sie Unglück brächten oder unrein seien und allerlei Krankheiten ins Haus schleppten. Wer im gleichen Haus mit solchen Leuten wohnt, sollte gar nicht erst versuchen, ihnen zu erklären, Katzen brächten, wenn irgendetwas, dann Glück und Zufriedenheit ins Haus, oder Katzen seien, wenn sie ordentlich gehalten werden, überaus sauber und übertrügen weniger Krankheiten als andere Haustiere.

Dies ist deshalb sinnlos, weil Menschen mit abergläubischen Vorurteilen Vernunftgründen nicht zugänglich sind und sein wollen. Sonst hätten sie derartige Ansichten, die so leicht durch den Augenschein zu widerlegen sind, schon mit den Kinderschuhen abgelegt. Man muss ihnen also anders beizukommen versuchen. Am besten wird man es vielleicht mit jener Geduld und sanften Liebenswürdigkeit, für welche die Katzen uns Menschen Vorbild sein sollten, in einigen Fällen zuwege bringen, dass sich solche Mitmenschen doch mit der Anwesenheit des kleinen Haustigers abfinden – und schließlich sogar Gefallen an ihm finden.

Konkurrenz aus den Reihen der Katzen

Die Falbkatze ist übrigens nicht die einzige Felidenart, die im Kontakt mit Menschen lebte. Auch der Gepard hat bereits eine sehr lange Verbindung mit uns Menschen. Schon vor etwa 2500 Jahren setzte man Geparden als Jagdhilfe ein. Der älteste Nachweis stammt von einer Silbervase aus einem skythischen Grab im Kaukasus, in die ein Gepard eingraviert ist, der ein Halsband trägt. Leider ist das Alter der Vase nicht sehr genau bestimmbar (700 – 300 v. Chr.). Möglicherweise ist die Verbindung zwischen Geparden und Menschen aber noch viel älter.

Abbildungen einer Dionys-Prozession (um etwa 300 v. Chr.) zeigen einen Geparden, der an der Leine mitgeführt wird. Der Großmogul Akbar soll 3000 Geparden für seine Antilopenjagden gehalten haben.

Geparden lassen sich vergleichsweise leicht und zuverlässig zähmen. Wegen ihrer besonderen und sehr erfolgreichen Jagdmethode und ihrer geringen Neigung, ihre Beute zu verteidigen, wurden sie als nützlicher Jagdbegleiter hochgeschätzt. Ihre Schönheit, ihr sanftmütiger und anhänglicher, jedoch niemals aufdringlicher Charakter könnten sie auch zu einem überaus liebenswerten Hausgenossen – freilich mit großem Platzbedarf – machen. Nur: Geparden pflanzen sich in Gefangenschaft fast nie fort. Selbst heute gelingt es weltweit nur vereinzelten Institutionen, eine erfolgreiche Gepardenzucht auf die Beine zu stellen, wobei die Wahl des Partners auf jeden Fall den Tieren überlassen bleiben muss – sonst geht gar nichts. An eine Zuchtwahl ist unter solchen Umständen natürlich kaum zu denken, und dies steht einer Domestikation grundsätzlich im Wege.

Auch die Versuche, den im Vogelfang überaus geschickten Karakal als Jagdhelfer einzusetzen, waren zum Scheitern verurteilt. Zwar werden diese Tiere bei Handaufzucht zu liebenswerten, wenn auch etwas anstrengenden Hausgenossen, doch verschwinden fast alle auf Nimmerwiedersehen, wenn sie in das Alter kommen, in dem sie sich unter natürlichen Umständen ein eigenes Revier suchen müssten. Selbst Kastration oder Gefangenhaltung während der angenommenen »kritischen Phase« von neun bis zwölf Monaten hilft nichts.

Dass schwarze Katzen Unglück bringen, glauben hierzulande immer noch einige abergläubische Menschen. In England gehören sie dagegen zu den Glücksbringern.

Domestikationsbedingte Veränderungen der Hauskatze

Wenn man den roten Riaan, seinen bunten Bruder Bastiaan, den tiefschwarzen Milan, die Glückskatzen Aja und Cilja, die blasslila und cremefarbene Speedy oder den samtgrauen Smoky ansieht, fällt schon auf den ersten Blick auf, dass Miez einige domestikationsbedingte Veränderungen nicht erspart geblieben sind. Weniger auffällig sind die Veränderungen am Körperbau, die (wenn auch geringe) Abnahme des Gehirnvolumens und die in vieler Hinsicht gar nicht so unbedeutenden Verhaltensanpassungen.

Veränderungen in der äußeren Erscheinung

Wegen ihrer Neigung zur freien Partnerwahl und auch wegen ihrer verhältnismäßig kurzen Domestikationsgeschichte sind die Erscheinungsformen der Katzen nicht mit der Mannigfaltigkeit der Hunderassen zu vergleichen.

Neue Fellfarben

Am auffälligsten waren und sind die neuen Fellfarben, die der Graurock unter der schützenden Hand des Menschen entwickeln konnte. Und so gab es nach etlichen Katzengenerationen – ganz ohne Zuchtwahl – gescheckte, schwarze, rote und weiße Katzen. Durch ein »Farbverdünnungsgen« entstanden aus schwarzen zudem »blaue« oder rauchgraue, aus roten cremefarbene, aus braunen fliederfarbene Individuen, auch als »lilac« bezeichnet.

Scheckung: Ein eigenes Gen, das bei Haustieren typischerweise aktiv wird, ist das Scheckungsgen. Es bewirkt, dass ein gemusterter, schwarzer, roter beziehungsweise entsprechender verdünnter Grund weiße Flecken bekommt.

Manchmal sieht man Katzen mit drei Farben. Diese schwarz-weiß-roten Tiere werden nach altem Volksglauben auch Glückskatzen genannt. Lange dachte man, dass sie vor Feuer schützen und dies sogar löschen, wenn man sie hineinwirft. Glücklicher für sie war die Einstellung, dass es Unglück bringe, sie zu ertränken oder zu erschlagen. Die Färbung hat viele Namen, sie wird auch als Schild-

Die stattliche Norwegische Waldkatze ist neben der Maine Coon eine der größten Rassekatzen.

pattmuster, Calico, Tricolor, Tortoise, Tortie und in Verbindung mit Tigerzeichnung als Torbie bezeichnet. Normalerweise sind alle dreifarbigen Katzen weiblich. Das Gen für die Farbe (außer für Weiß) wird nämlich immer auf dem X-Chromosom getragen, und zwar eines pro Chromosom. Da Weibchen zwei X-Chromosomen haben, Kater nur eines, können Kätzinnen auch zwei Farben (zusätzlich zu Weiß) haben, Kater immer nur eine. Nur ganz selten passiert in der Natur eine Entgleisung. Dann tritt eine genetische »Unmöglichkeit« auf: ein dreifarbiger Kater. Bastiaan, in der Wildnis der Karoo gezeugt, ist so ein Exemplar, ungefähr so selten wie ein Sechser im Lotto. Dreifarbige Kater sind freilich nicht so ganz männlich, weil sie nämlich ein weibliches Geschlechtschromosom zu viel haben (XXY). Aufgrund dieser Anomalie sind sie auch zu über drei Vierteln unfruchtbar. Man kann also mit Fug und Recht sagen, dass es keine dreifarbigen rein männlichen Katzen (XY) gibt.

Die »Siamfärbung«: Eine weitere neue Farbgebung, die durch die Domestikation hervorgebracht wurde, heißt Akromelanismus. Was fast wie der Name einer Krankheit klingt, bedeutet »Spitzenschwärzung« und bezeichnet nichts anderes als die typische Siamfärbung. Die tritt nicht nur bei Katzen auf, sondern auch bei Meerschweinchen, Chinchillas und Kaninchen, sonst allerdings nirgends. Bei solchen Tieren können die Pigmente, die die Fellfärbung bestimmen, nur an den kühleren Teilen des Körpers gebildet werden, also an Gesicht beziehungsweise Nase, Pfoten, Schwanz und Hodensack. Die Dunkelfärbung ist also vererbungs- und temperaturabhängig. Katzen, die in einer kühleren Umgebung aufwachsen, sind dunkler als solche, die in einem warmen Klima leben. Auch die verdünnten Farben kommen als Spitzenfarben vor.

»Wildfarbene« Katzen: Noch einige Bemerkungen zu der sogenannten »wildfarbenen« Hauskatze. Ausgewachsene Falbkatzen und auch unsere

Schlanker Körperbau, gerades Profil, große Ohren und vor allem die Spitzenzeichnung des kurzen Fells sind die Markenzeichen der Siam- und Thaikatzen.

heimischen Waldwildkatzen sind an den Flanken nur sehr schwach bräunlich gezeichnet, während getigerte Hauskatzen ihr Fellmuster über und über tragen. Anders ist das bei den Jungtieren, vor allem in den ersten acht Lebenswochen. Bei ihnen lassen sich Wildkatzen ohne Erfahrung nicht so leicht von getigerten Hauskatzen unterscheiden.
Wir haben es hier mit einem weiteren Charakteristikum domestizierter Tiere zu tun, dem Umstand, dass ihre Entwicklung in der einen oder anderen Hinsicht auf einer jugendlichen Stufe stehen bleibt. Dies betrifft auch die gestreifte Fellzeichnung, die sich bei den ausgewachsenen Falb- und Wildkatzen mit Ausnahme bestimmter Körperstellen verliert, während sie bei der domestizierten Form fast vollständig erhalten bleibt. Getigerte Hauskatzen sind also fast stets dunkler, sowohl in der Fellgrundfarbe wie auch im Fellmuster, ihre Punkte-, Streifen- oder Marmor-

zeichnung bleibt schwarz. Bei den rötlichen Katzen hebt sich das gesamte Streifenmuster in einem dunkleren Rotton ab.

Die Felltextur

Änderungen in der Felltextur traten in der Katzengeschichte erst lange nach neuen Farbschlägen auf. Zunächst entstand eine mittelmäßige Langhaarigkeit, vor allem bei Katzen im östlichen Mittelmeerraum. Von dort, genauer gesagt aus der Türkei, kommt auch der Name »Angora«. Die Länge und Dichte des Fells konnten sich nicht mit denen der später herangezüchteten »Perserkatze« vergleichen. Dafür konnte diese Katze sich noch selbst pflegen und im Freien überleben.

Das gekräuselte Fell mancher neuer Katzenrassen ist – ebenso wie die Nacktheit – das Ergebnis von einzelnen Defektmutationen, bei denen bestimmte Haartypen nicht mehr ausgebildet werden können.

Der Körperbau

Die schlanke, jedoch gut muskelbepackte, drahtige Figur der Falbkatze ist einer stämmigeren, rundlicheren, gewissermaßen kindlicheren Gestalt gewichen. Dies hat früher zu der Annahme verführt, die nach Europa gebrachten Falbkatzenabkömmlinge hätten sich mit unserer heimischen Wildkatze vermischt. Die schweren, vergleichsweise gedrungenen Hauskatzen mit rundem Kopf schrieb man einem kräftigen Schuss Wildkatzenblut zu, bei den dünnen, zierlichen Siamkatzen sollte das Falbkatzenblut stärker durchbrechen. Diese oft geäußerte Annahme ist jedoch durch nichts zu belegen. Selbst die Norwegische Waldkatze, eine Zuchtrasse, die unserer Wildkatze besonders stark ähnelt, ist ein reiner Falbkatzenspross. Das wissen wir mittlerweile dank der immer besseren Gentests: Die Gene der Hauskatzen stimmen fast ausschließlich mit denen der ägyptischen Falbkatze überein. (Das »fast« bezieht sich auf die seltenen Ausnahmen, die hier wieder einmal die Regel bestätigen.) Tatsächlich erklären sich die rundlicheren Formen der Hauskatze mit einer Verkürzung der Gliedmaßen und ihrem oft längeren und dichteren Fell.

Zu den Erbeinflüssen der Domestikation kommt aber noch ein weiterer hinzu: Ein wesentlicher Teil der Unterschiede in Körperbau und Fell von in kühlen und in warmen Ländern lebenden Katzen lässt sich unmittelbar auf den Selektionseinfluss des Klimas und, bis zu einem gewissen Grad, auch der Ernährung zurückführen.

Nicht zuletzt spielt auch die persönliche Veranlagung eine Rolle. Auch bei den Falbkatzen gibt es etwas kräftigere, manchmal sogar pummeligere, und die überschlanken Typen. Unter den Hauskatzen ist dieser Spielraum allerdings viel größer.

Die Kopfform: Die schmale, aber nicht besonders lange Kopfform der Falbkatze wurde bei der Hauskatze breiter, vor allem die Wangen sind fast stets viel runder und dicker. Die manchmal übertrieben langen Köpfe mancher Schlankrassen, die auch oft ein gerades, »griechisches« Profil haben, ohne Einbuchtung zwischen Stirn und Nase, den sogenannten »Stopp«, sind ein Zuchtprodukt der letzten 50 Jahre, ebenso wie die eingebuchteten, extrem verkürzten Gesichtsschädel vieler Perserkatzen- und Exotisch-Kurzhaar-Linien.

Die Ohren der Hauskatze sind etwas kleiner und manchmal runder als jene der Falbkatze, deren dreieckige, ziemlich spitz zulaufende Ohrmuscheln auf der Rückseite leuchtend orange gefärbt sind, bei nördlichen Unterarten auch rötlich, sich jedenfalls farblich deutlich vom fahlen Körperfell absetzen. Bei der »wildfarbenen« Hauskatze dagegen entspricht die Ohrenfarbe mehr dem fahlen Braun der Fellgrundfarbe an den Flanken. Ein kleiner, oft ganz unauffälliger Ohrpinsel kommt jedoch hin und wieder bei beiden Formen vor. Seine Größe ist allerdings weitgehend rasseabhängig.

Veränderungen in der äußeren Erscheinung

Krüppelohrige Katzenrassen wie Schottische Faltohrkatze (Scottish Fold) oder Pudelkatze sind das Ergebnis einer Mutation, die den Knorpel betrifft – übrigens nicht nur der Ohren, sondern auch der Gelenke. Es hat nichts mit den weichen Kipp- oder Schlappohren mancher Hunde, Kaninchen, Schweine oder Schafe zu tun.

Die Augen der meisten Hauskatzen sind ein wenig kleiner als die der wilden Verwandtschaft. Dafür können sie eine ganze Palette der faszinierendsten Farben zeigen. Obwohl – es gibt Schwarzfußkatzen mit bernsteinfarbenen statt den üblichen gelbgrünen Augen, und einer unserer längst ausgewachsenen Karakals hat die blaue Augenfarbe seiner Jugend behalten.

Die Futterverwertung

Hauskatzen haben einen etwas längeren Darm als Falbkatzen. Das hängt mit einem veränderten Nahrungsangebot über Generationen zusammen. So wurde aus dem Fleischspezialist Falbkatze ein Tier, das auch kohlenhydrathaltige Tischreste verwerten konnte, über Jahrhunderte die Nahrung der meisten Hauskatzen. Industriell gefertigtes Futter kam erst in der Zeit des Nachkriegs-Wirtschaftswunders auf den Katzentisch. Aber auch dieses ist oft zu kohlenhydratreich.

Es gibt übrigens Falbkatzen in Zoos, die mit Fertignahrung großgezogen wurden und deshalb daran gewöhnt sind. Freie und naturnah gehaltene Tiere rühren weder Trocken- noch Dosenfutter an.

VON DER WILD- ZUR HAUSKATZE: EINE GEGENÜBERSTELLUNG

Domestikationsbedingte Veränderungen des äußeren Erscheinungsbilds betreffen hauptsächlich die Gestalt und Färbung der Katze.

1 Falbkatzen sind schlanker und hochbeiniger als fast jede Haus- und Rassekatze. Ihr stets wildfarbenes Fell weist nur an Beinen und Schwanz deutliche Streifen auf, am Schwanzende bilden sie im Gegensatz zur Hauskatze geschlossene und voneinander getrennte Ringe. Die Kopfform einer Falbkatze ist der einer schlanken Hauskatze ähnlich.

2 Viele Haus- und vor allem Rassekatzen zeigen ein stämmigeres Erscheinungsbild, wie dieser Britisch-Kurzhaar-Kater. Der gedrungene Körper steht auf kurzen, kräftigen Beinen, der Kopf ist breit und pausbäckig. »Briten« gibt es in vielen Farbschlägen (hier in Blau-Weiß), mit Ausnahme von fahler Wildfärbung.

RASSEKATZEN – BUNTES VOLK AUF SAMTIGEN PFOTEN

1 Somali: Die Somali ist die halblanghaarige Verwandte der Abessinierkatze. Das typische »Ticking« beider Rassen entsteht durch eine mehrfache Bänderung der Haare. Dabei ergibt sich, ähnlich wie bei einigen Kaninchen, kein Zeichnungsmuster, sondern eine einheitliche »Melierung« des Fells.

2 Rex: Die Selkirk Rex ist eine von mehreren Rexkatzen, die allesamt ein gelocktes Fell besitzen. Das durch eine Mutation veränderte Haarwachstum der lebhaften Katzen betrifft leider auch die Sinneshaare, die dadurch gekräuselt sind und leicht abbrechen, weswegen die Tiere in der Tastwahrnehmung beeinträchtigt sind.

3 Perser: Die Perserkatze gehört zu den ältesten Katzenrassen und zeigt meist ein gemäßigtes Temperament. Ihr langes und dichtes Fell ist sehr pflegeintensiv. Das Kindchenschema mit großen Augen, kleinen Ohren und kurzer Schnauze, das die Perser so beliebt macht, ist auch bei ihrer kurzhaarigen Variante, der Exotisch Kurzhaar, stark ausgeprägt.

4 Russisch Blau: Die blaue Fellfärbung entsteht durch ein Gen, das die schwarze Grundfarbe »verdünnt«, und ist mittlerweile bei einigen Katzenrassen zu finden. Die Russisch Blau trägt ihr namengebendes silberblaues Fell standardmäßig, dazu noch smaragdgrüne Augen. Ihre halblanghaarige Schwesterrasse nennt man Nebelung.

Domestikationstypische Verhaltensanpassungen

Veränderungen der Gehirn- und Sinnesleistungen

Haben Gehirn und Sinne durch die Domestikation an Leistungsfähigkeit und Schärfe verloren? Dies festzustellen ist bei den Katzen nicht so einfach wie bei den älteren Haustieren, die bereits eine viel längere Domestikationszeit hinter sich haben.

Verkleinerung der Gehirnmasse: Ein Hausschwein beispielsweise hat gegenüber seinen wilden Vorfahren fast die Hälfte seiner Gehirnmasse eingebüßt. Bei Hauskatzen hingegen liegt der Verlust an Gehirnmasse gegenüber der Falbkatze in einer gerade noch messbaren Größenordnung. Dieses »Messen« ist aber schon deshalb schwierig, weil ganz ähnliche Gehirnmassenverluste generell auch bei in Gefangenschaft groß gewordenen Wildtieren auftreten, und zwar in umso stärkerem Maße, je eintöniger deren Umwelt gestaltet ist. Im Laufe der Jugendentwicklung, während der das Gehirn noch wächst, ist offenbar eine rege Auseinandersetzung des Tiers mit seiner Umwelt nötig, um das Gehirnwachstum zu stimulieren. Das gilt für die Hauskatze ebenso wie für die Wildtiere.

Verluste an Sinnesschärfe: Wahrscheinlich betrifft die Domestikationsveränderung sämtliche Sinne. Selbst der unzivilisierteste Haustiger sieht, hört, riecht und fühlt nicht ganz so viel, so intensiv, so detailliert wie die Falbkatze. Das rührt einfach daher, dass seine Sinnesorgane weniger Reize aufzunehmen und an das Gehirn weiterzuleiten haben. Aber auch hier lässt sich das Ausmaß nur schwer abschätzen.

Verarbeitung der Sinneseindrücke: Und nicht zuletzt ist auch die Verarbeitung der Sinneseindrücke im Gehirn eines Haustiers einfacher als bei einem Wildtier – bei der Hauskatze allerdings wiederum nur ein ganz klein wenig einfacher.

Nur die Kombination aller drei Effekte ist bei einer frei laufenden Hauskatze direkt erkennbar. Das hängt mit ihrer kurzen Domestikationszeit und mit der noch viel kürzeren Zeit gezielter Züchtung zusammen. Deshalb ist die Kurzaussage richtig: Sinne und Gehirn der Hauskatze sind fast so gut wie die der Wildform.

Sind Hauskatzen dümmer?

Was sich aber auch bei der Katze deutlich verändert hat, ist die qualitative Verarbeitung der Sinneseindrücke im Gehirn, also das, was als Reaktion auf einen Sinneseindruck erfolgt. Hierbei wirkt angeborenes Verhalten mit persönlichen Erfahrungen der Katze zusammen. Einzelne angeborene Verhaltensweisen sind bei der Hauskatze stärker, andere hingegen schwächer ausgebildet als bei der Wildform, und die persönlichen Erfahrungen liegen bei der Hauskatze ja sowieso in der Regel ganz anders als bei jeder Wildkatze.

Kurz gesagt: Die Hauskatze ist nicht dümmer als ihre wilde Ahnfrau. Sie denkt nur ein wenig anders.

Domestikationstypische Verhaltensanpassungen

Nicht nur Körperliches veränderte sich im Laufe der Jahrtausende, in denen die Katze nun mit dem Menschen lebt, auch in ihrem Verhalten passte sich Miez an ihre neue Lebenssituation an.

Katzen mögen Menschen

Die auffälligsten Anpassungen finden sich im Verhältnis der Katze zum Menschen. Sie kommt dessen Wünschen an ein Haustier viel leichter nach als ein Wildtier. Das betrifft die Stubenreinheit ebenso wie die Zahmheit, das sanfte Betragen und die offensichtliche Zuneigung zur Spezies Mensch. Woher aber rührt dieses Anschlussbedürfnis, wenn eine Zuchtwahl durch den Menschen doch kaum stattgefunden hat? Sobald bei Wildkatzen die Familienbindung aufhört, werden die kindlichen

Instinkte durch andere, nämlich die des erwachsenen Tiers (Revierverteidigung, Abwehr, Rivalität) unterdrückt. Die kindlichen Stimmungsreste, die für Verhaltensweisen wie Anhänglichkeit oder Zärtlichkeitsverlangen verantwortlich sind, gehen aber nicht ganz verloren, sie treten nur kaum mehr zutage, außer vielleicht in der kurzen Paarungszeit.

Nun führt Domestikation ganz allgemein zu einer »Verkindlichung« von Körpermerkmalen, aber auch des Verhaltens. Dies betrifft auch die Hauskatze, deren Wangen kindlich rund bleiben und deren Fell nie die jugendliche Streifung verliert. Die erwähnten kindlichen, zärtlichkeitsbestimmten Veranlagungen bilden sich also bei Mieze als Folge ihrer Haustierwerdung nicht so weit zurück wie bei den wilden Verwandten.

Der Mensch ist für die Katze so viel Artgenosse, dass er ihr all das bieten kann, was wohl auch Katzen zueinanderzieht. Daher kann er mit etwas Einfühlungsvermögen sowie durch Füttern und Streicheln, was beides mütterliche Verhaltensweisen sind, die Katze wieder Kind sein lassen. So kommt es zwischen Mensch und Katze zu echten, dauerhaften Freundschaften, wie es sie unter Katzen nur äußerst selten gibt.

»Miau!« und anderes Vokabular

An der Stimme hat die Domestikation wenig verändert, wenn man von Spezialformen wie dem kräftigen Röhren einer Siamkatze einmal absieht. Verschoben haben sich jedoch die Häufigkeiten, mit der Hauskatzen ihre verschiedenen Rufe ertönen lassen.

»Brüllen« wie ein Löwe: Den imponierenden Hauptruf (→ Seite 96) lassen die Falbkatzen beider Geschlechter ungleich häufiger ertönen als Hauskatzen. Freilich gibt es hier auch Ausnahmen. Der schwarze Siammischling Miro etwa »brüllte« täglich im wunderschön hallenden Treppenhaus, das er wie einen Verstärker benützte.

Miauen wie ein Kätzchen: Hauskatzen verfügen über einen ungeheuren Reichtum an Maunz-, Gurr- und Miaulauten. Auch dies rührt von dem Einfluss des Domestikationsmerkmals der Verkindlichung her. In der Tat ist der bekannteste Laut der Hauskatze, das »Miau«, eine Sonderform eines Jungtierrufauts, der die Mutter zur Behebung einer Mangellage auffordern soll.

»Plaudern« mit dem Menschen: Die überwiegende Zahl der Laute, die die Katze an den Menschen richtet, entsprechen hingegen durchaus denen erwachsener Falbkatzen, nur entstammen sie weitgehend den Funktionskreisen der freundlichen Annäherung, der Spielaufforderung und der Beschwichtigung. Sehr häufig überlagert und moduliert die Hauskatze die ursprünglichen Lautelemente und setzt sie in erweiterter Funktion ein. Das helle, kurze Begrüßungs-Gurren beispielsweise wird, überlagert von maunzenden Tönen, zu einer Art sozialer Stimmfühlung, die Leyhausen »plaudern« nannte. Man kann es manchmal zwischen zwei miteinander befreundeten Katzen hören. Dieser »Paardialekt« besteht aus Lauten, die nur miteinander sehr vertraute Tiere unter sich, nicht jedoch gegenüber Dritten äußern. Wesentlich häufiger als untereinander »plaudern« Katzen aber mit ihnen nahestehenden Menschen, wobei der Mensch hier fast immer den Anstoß gibt. Die Katze passt sich dann in besonderer Weise an, wobei sicher eine Art Stimmungsübertragung eine Rolle spielt, vielleicht aber auch Nachahmung. Ich habe schon mehrmals festgestellt, dass Menschen, die viel mit ihren Katzen sprechen, meist auch viel »Antwort« bekommen.

Diese Fähigkeit zu »plaudern« gewinnt in einer Zeit, in der vor allem Großstadtmenschen inmitten einer erdrückenden Menge an Mitmenschen immer mehr vereinsamen, eine neue Bedeutung: Der müde, ausgelaugte Büromensch, der sich abends aufs Sofa wirft, mag ruhig den Eindruck bekommen, seine Katze »erzähle« ihm etwas. Und

Domestikationstypische Verhaltensanpassungen

wenn er ihr antwortet und vielleicht seine Sorgen und Nöte bei ihr ablädt, so wird die Katze zwar bestimmt nichts vom Wortlaut verstehen, aber mit sichtlichem Wohlbehagen zur Kenntnis nehmen, dass sie »dazugehört«. Dies lässt die Katze eine wunderbare Zuhörerin sein, eine verständnisvolle Kameradin, die sich (fast) nie beklagt, eine Rüge erteilt oder schimpft und niemals alles besser weiß. Hin und wieder mag so für die Katze als »beste Freundin« eines Menschen das Gleiche gelten, was umgekehrt den Menschen für sie zur »Überkatze« macht: Entgegenkommen und Zuwendung ohne innerartliche Konkurrenzsituationen.

Formen des Zusammenlebens und andere Verhaltensweisen

Die Sozialstrukturen, die frei lebende Hauskatzen ausbilden, sind erstaunlich variabel, sogar im Vergleich zu denen der Falbkatze. Es gibt unter ihnen löwenrudelähnlich organisierte Gruppen, Katergruppen, die wie Studentenverbindungen wirken, ebenso Weiberfreundschaften, dauerhafte Paarbindungen, Harems, Herumtreiber, selbst den gelegentlichen »Kneipentreff« kann man beobachten.

Meistens sind die Gesellschaftsformen von Haustieren im Vergleich zu ihren wilden Verwandten nicht so faszinierend, weil sie durch den Menschen eher eingeschränkt sind. Bei Hauskatzen scheint es umgekehrt zu sein: Ihre Gesellschaftsformen erweisen sich als noch vielfältiger als die der Falbkatzen.

Andere Verhaltensweisen hingegen sind bei der Hauskatze ein wenig reduziert: Durch die gesteigerte Sexualität und die schneller aufeinanderfolgenden Würfe verliert die Hauskatzenmutter zum Beispiel früher die Geduld mit ihren Jungen. Manchmal faucht sie ihre Kleinen schon nach zwölf Wochen an, während die Falbkatze ihren Nachwuchs bis zu neun Monate versorgt und unter einer früheren Trennung sichtlich leidet. Die Verhaltenskreise Jagen – Töten – Spielen kommen bei der Hauskatze in ihrer Reihenfolge leicht durcheinander. Bei manchen Katzen funktionieren sie nicht mehr ganz zuverlässig (→ Seite 56).

Ein ausreichend großes Nahrungsangebot sorgte während der Haustierwerdung dafür, dass die Katze ihr ursprünglich einzelgängerisches Leben aufgab und die Vorteile des Gruppenlebens genießen lernte.

Katzen lassen sich nicht über einen Kamm scheren

Eine echte Katze macht es sich vielleicht in der Schublade mit der frisch gebügelten Wäsche bequem – in eine Schublade einordnen lässt sie sich gewiss nicht. So mögen Bezeichnungen wie Faulpelz, Wildfang, Schmeichelkätzchen oder Kratzbürste hin und wieder zutreffen, aber meist stimmt alles miteinander, je nach Laune der Katze.

Jede Katze ist einzigartig

Wer kennt nicht Menschen, die Geschichten erzählen von der anhänglichen Mieze, die jedes Wort versteht, von der hingebungsvollen Zärtlichkeit der sanften Pussy, ebenso vom undankbaren Mistvieh, das nur zum Fressen kommt, um gleich wieder zu verschwinden, vom treulosen Katzentier, das auch Fremden oder gar Stühlen und Tischen gleichermaßen liebkosend um die Beine streicht?

Von Sportlern und Schlaumeiern

Es gibt Katzen, die von selbst das Apportieren »erfinden«, indem sie einen Fehlwurf zum Papierkorb aufheben und dem Werfer zurückbringen, damit er weiterspielt. Andere lernen, Türklinken zu bedienen, Kühlschränke zu öffnen und auch den Käfig mit Wellensittichen, die der Nachbar so schön für den intelligenten Schlossknacker hingehängt hat. Unser Karakal Krampus ist ein hervorragender Torwart, der keinen Elfmeter an sich vorbeilässt. So etwas gibt es auch bei Hauskatzen, allerdings nicht mit einem richtigen Fußball. Katzen vergessen ihre Wasserscheu, wenn sie mit Badeschaum spielen dürfen, bedienen Einhand-Wasserhähne, um zu trinken, und Toilettenspülungen, um sich zu unterhalten. Apropos Toilette: Manche Katzen erledigen ihr Geschäft, auf der Brille balancierend, brav in das für Menschen bestimmte Örtchen. Solche praktischen Sachen kann man einer Katze kaum beibringen. Sie muss es selbst wollen.

Überhaupt: Früher hielt man Katzen für nur eingeschränkt lernfähig, weil sie sich mittels der altmodischen Drillmethoden schwer dressieren ließen und gewöhnlich überhaupt nichts auf Befehl machen. Inzwischen wissen wir es besser. Wie Zirkuslöwen springen manche Katzen durch Reifen,

Wie »gewöhnlich« viele Hauskatzen auf den ersten Blick auch aussehen mögen, jede ist eine einzigartige und faszinierende Persönlichkeit.

Jede Katze ist einzigartig

andere machen Männchen, laufen auf den Hinterbeinen oder klatschen einem Menschen ein High Five in die Hand.

Vorzugsweise klug oder doch lieber treudoof?

»Ooooh«, wird hier mancher Katzenbesitzer in spe sagen, »so eine talentierte Katze will ich auch!« Lieber Katzenfreund, überlegen Sie sich Ihre Wünsche gut! In einer kleinen Wohnung kann eine allzu kluge Katze eine stete Quelle des Ärgers sein, denn sie wird immer neue Ideen für ihre eigene Zerstreuung entwickeln. Lassen Sie mich Konrad Lorenz frei zitieren: »Je intelligenter ein Tier ist, desto mehr kann es kaputt machen.«
Wählen Sie deshalb Ihre Katze sorgfältig! Haben Sie die Zeit und Geduld, eine bezaubernde Langhaarkatze täglich zu pflegen? Hält Ihre Wohnung einen starken, temperamentvollen Kater aus? Sind Ihre Ohren zu empfindlich für das kräftige Stimmorgan einer Siamkatze? Und sind die Wände zum Nachbarn dafür dick genug? Ist das zarte Gemüt eines scheuen Tiers geeignet für die Liebesbezeugungen Ihrer Kinder? (→ auch Seite 183) Darum gilt für künftige Katzenbesitzer unbedingt: Es prüfe, wer sich bindet – nun ja, vielleicht nicht ewig, aber 15 bis 20 Jahre sind schon drin.

Die Qual der Wahl

Wie wähle ich also eine Katze? Welche Kriterien sind bedeutsam, welche sind weniger wichtig? Wir Menschen sind »Augentiere«, also ist das Aussehen immer schon wichtig gewesen. Klar, Männer, Frauen und auch Heimtiere sollen schön sein. Sind sie ja auch – meistens wenigstens. Nur sollte man die gängigen Schönheitskriterien (nicht die Schönheit als solche!) nicht überbewerten. Was man aber vor allem nicht tun sollte, ist, in das Aussehen bestimmte Charaktereigenschaften hineinzugeheimnissen.

Früher wie heute sind bei Katzenfellfarben eine Menge Vorurteile im Umlauf: Rothaarige Katzen seien temperamentvoll, heißt es, und weiße besonders sanftmütig. Dreifarbige Katzen sollen die besten Mauserinnen sein und brächten außerdem Glück. Das mag ja durchaus harmlos sein. Schlimm aber ist, dass auch heute noch schwarze Katzen vielfach einen negativen Ruf haben (→ Seite 31). Abgesehen von abergläubischen Vorstellungen gelten sie als angeblich wilder und bösartiger als andere Katzen.

PERSÖNLICHKEITEN – INDIVIDUEN

Durch ihre Gene, frühe Erfahrungen und spätere Erlebnisse entstehen individuelle Unterschiede zwischen Katzen, selbst innerhalb eines Wurfs. Man kann auf aktive und ruhigere Katzen treffen, die sich im Umgang mit Menschen selbstsicher oder eher scheu zeigen. Ihr Verhalten Artgenossen gegenüber entspricht dabei nicht zwangsläufig ihrem Umgang mit Menschen. Eine gute Beziehung zur Katze erreichen Sie, indem Sie deren Persönlichkeit berücksichtigen und sie passend zu Ihrem künftigen Leben auswählen (→ Seite 184).

Um es hier ganz deutlich zu sagen: Die Fellfarbe hat nichts, aber auch rein gar nichts mit dem Charakter gemein.
Und wie steht es mit der Figur? Natürlich – ein Schwergewicht von einer Katze kann nicht so viel Temperament zeigen wie ein leicht gebautes Wesen. Dies betrifft jedoch nur den Körper. Wer aber kann schon erkennen, ob eine Katze ein lebhafter Denker ist?

Die besondere Beziehung zwischen Katze und Mensch

Tina ist eine moderne, aktive Frau. Doch die Pausen zwischen ihren vielen Verpflichtungen gehören Sam und Freddie, ihren beiden prächtigen, jungen Katern. Im täglichen Umgang mit ihnen findet sie immer wieder rasch Erholung. Die drei sind ein »goldenes Trio«, geprägt von grandioser Freundschaft. Ein kleiner Ruf von Tinas heller Stimme, und die Kater kommen herbeigelaufen, lassen sich unter lautem Schnurren zu Boden fallen und erwarten ihre Liebkosungen.

Auch einem lustigen Spielchen sind sie niemals abgeneigt. Tina fällt immer wieder etwas Neues ein. Zur kalten Jahreszeit warten die Stubentiger darauf, dass Tina die Heizung aufdreht, damit sie einen herrlich warmen Ruheplatz daneben haben. Wenn es Sommer wird, sieht man Freddie auf der Mäusejagd und Sam dösend, die Pfoten selig um ein Plüschkrokodil geschlungen. Wer will hier noch behaupten, dass das katz-menschliche Bündnis nur von Futtererwägungen geprägt ist?

Mit den Augen einer Katze:
Was die Katze im Menschen sieht

Katzen sind ebenso eigenständige Charaktere wie ihre Menschen. Für Zorro oder den halbwilden Marokkaner ist der Mensch nichts weiter als der viel zitierte »Dosenöffner« und vielleicht noch eine gute Unterlage zum Drauflyegen. Milan, Drago und der faule Sam haben hingegen einen sozialen Bezug zu ihren Menschen wie kaum je zu einer Mitkatze. Der Mensch wird für sie zum engen Lebensgefährten. Solche Katzen sehen in ihm den Spielkameraden, die liebevolle Ziehmutter oder auch ein zu bemutterndes Jungtier.

Der Mensch als »Überkatze«

Meist aber ist der »erkorene« Mensch im Leben einer gut gehaltenen Hauskatze alles zusammen, je nach Situation und Rollenspiel, ein wahrer »Über-Artgenossse«, der alles sein kann, was die Katze als positiv empfindet. Nur ein Rivale wird er ihr kaum sein. Dafür sieht sie ihn denn doch nicht genug als »Katze«.

Die Katze als »Kind«

Die Hauskatze unterliegt durch die Domestikation einer bereits mehrfach erwähnten teilweisen Reifehemmung (→ Seite 33, 38). Dieses Zurückgreifen auf kindliche Triebhandlungen tritt zwar auch bei allen anderen domestizierten Säugetierarten auf, doch ist es bei unseren Stubentigern besonders bedeutsam. Bei ihnen überlagert es nämlich die ursprüngliche Tendenz zum solitären Dasein und macht erst so aus dem eher einzelgängerischen Haustier Katze ein sozial lebendes »Heim- und Familientier«.

Rollenspiele: Dieser Verkindlichung kommt der Mensch zusätzlich entgegen, wenn er, wie ursprünglich die Mutterkatze, die Fütterung übernimmt. Eine ausgewachsene Katze, die ihrem Menschen mit steil hochgerecktem Schwanz entgegenläuft und ihm dann zum Ort der Fütterung voraneilt, verhält sich wie ein Katzenjunges. Ebenso, wenn sie ihm gegenüber mit endlosen »Miau«-Tiraden klagt und ihn beispielsweise auffordert, doch bitte schleunigst etwas zu tun, um ihren Hunger zu stillen oder sie aus ihrem versehentlichen Schrankgefängnis zu befreien.

> Der aus Katzensicht ideale Mensch ist immer zu Hause und zu Diensten, ohne jedoch zu stören.

Und das ist noch keineswegs alles. Auch ein Mensch, der seine Katze streichelt, bei sich angeschmiegt oder auf dem Schoß ruhen lässt, handelt »katzenmütterlich«, ebenso, wenn er Nachbars Hund, der in Kätzchens bedrohliche Nähe gerückt ist, wegscheucht. Sogar gelegentlicher Tadel kann diese zwischenartliche »Mutter-Kind-Beziehung« vertiefen. Das Besondere an dieser Art Kindsein ist, dass es ein ganzes Katzenleben lang vorhält. Dadurch kann sich das kindliche Anschlussbedürfnis besonders tief entfalten.

Missverständnisse: Manchmal allerdings kommt es auch vor, dass dieses gegenseitige »Mutter Mensch«-und-»Kind Katze«-Rollenspiel zu Missverständnissen führt: Nicht selten lässt sich nämlich ein Mensch von einer Katze in Rückenla-

43

ge dazu verleiten, sie wie ein Baby mit dem Finger auf die Nase zu stupsen. Und dann wundert er sich, wenn die Katze gekränkt davonläuft. So freundlich der kleine Nasenstüber auch gemeint gewesen sein mag, die Katze versteht ihn noch von der Erziehung durch ihre echte Mutter her als Akt der Strafe.

INFO   DAS GEWOHNHEITSTIER KATZE

Katzen lieben regelmäßige Tagesabläufe ebenso wie regelmäßig wiederkehrende Rituale. Sie verleihen ihnen das Gefühl, Ereignisse vorhersehen zu können und ihr Leben zu kontrollieren. Beliebte Rituale betreffen vor allem die Fütterung, speziell die von besonderen Extras, Zuwendungen und Streicheleinheiten sowie Beschäftigung, etwa durch Spiel. Besonders angenehme Erlebnisse schlagen Katzen gerne als Routine vor, indem sie uns zur Wiederholung auffordern – meist immer zur gleichen Tageszeit. Sitzt Ihre Katze also heute erwartungsvoll vor Ihnen, fragt sie sicher nach den Extras, die es am Vortag zur gleichen Zeit für sie gab.

Die Katze als »Mutter«

Eine Katze, nicht selten auch ein Kater, die/der erbeutete Mäuse der (möglicherweise davon gar nicht begeisterten) Hausfrau »stolz« präsentiert, tut dies nicht um des Lobes willen, wie dieses Verhalten oft aufgefasst wird; sie/er versteht es als Aufgabe des Mutter- beziehungsweise Vatertiers, das den Menschen mit Beute versorgt.

Hin und wieder können solche mütterlichen Verhaltenselemente durchaus ihre wertvollen Seiten haben. So wird von einem Gefangenen im Londoner Tower berichtet (Sir Henry Wyatt, um 1550), der in seinem Verlies regelmäßig von einer Katze aufgesucht wurde. Das Tier brachte ihm jedes Mal erbeutete Tauben mit, die seine karge Gefängniskost erheblich aufbesserten.

Wir selbst waren zwar kaum in vergleichbarer Notlage, als unsere ungarische Kätzin Zsazsa, ein schwarzer Siammischling, anfing, für ihren heranwachsenden Wurf reife Aprikosen zum Spielen anzubringen. Die Jungkatzen interessierten sich kaum dafür, wir jedoch freuten uns über die süßen Früchte von Nachbars Spalierbaum, den Zsazsa mehrmals am Tage erkletterte, um die Aprikosen einzeln abzupflücken und anzuschleppen. Im Jahr darauf, als die Jungen längst aus dem Hause waren, beglückte uns Zsazsa aufs Neue mit dem Obst. Der strenge Frost des folgenden Winters bereitete dann leider dem Aprikosenbaum und damit dieser interessanten Variante mütterlichen Verhaltens ein Ende.

Weniger glücklich endete die Geschichte einer wohlmeinenden Katze eines Ehepaars, welche die Hausfrau und frischgebackene Mutter eines ersten Kindes mit mitgebrachten Mäusen »unterstützen« wollte. Die Frau, die offenbar wenig vom Wesen der Katzen verstand, und der Mann – er war auch nicht klüger – gaben daraufhin ihre Katze weg, von der sie glaubten, sie brächte die »grässlichen und unappetitlichen« Mäuse aus böswilliger Eifersucht daher, um die Frau zu erschrecken und so den Familienfrieden zu stören. Dass eine Maus für eine Katze so ziemlich das Wertvollste ist, was sie zu verschenken hat, kam dem Ehepaar nicht in den Sinn, so nahe dies auch liegen mag.

Der »Sexualpartner«

Jeder, der schon einmal eine rollige Katze in seinem Hause gehabt hat, weiß, wie sehr sich die Rolligkeit auf das Anschlussbedürfnis der Katze auswirkt. Mieze kann dann in ihrer schier uner-

Der Mensch als »Überkatze«

sättlichen Gier nach Zärtlichkeit ziemlich lästig werden, und bei einer durch Eileiterunterbrechung unfruchtbar gemachten und dadurch mehr oder weniger dauerhaft rolligen Katze kann es ausgesprochen mühsam werden, deren ständige dringliche Wünsche nach Liebkosungen zu befriedigen. Bei der Katze wie auch bei anderen Säugetieren rühren nämlich viele Handlungen aus dem Werbe- und Sexualverhalten von Verhaltensweisen her, die in der Kindheit das Streben nach Anschluss unterstützten.

Achtung, launisch! Im Rahmen einer Begrüßung oder auch als Kraul- oder Spielaufforderung kann man eine Katze beim »Rollen« auch ohne ein direktes sexuelles Motiv beobachten. Sie drückt eine Wange auf den Boden, dreht den Kopf weiter, bis er fast auf der Stirn liegt, und lässt den Körper mit einem Plumps und einer Drehung auf den Rücken folgen. Vor allem, wenn man mit der Katze nicht sehr vertraut ist, sollte man aber trotz der offensichtlichen Freundlichkeit der Geste beim Anfassen des Tiers Vorsicht walten lassen. Gerade sexuell gestimmte Katzen sind oft unberechenbar, nicht nur für Menschen, sondern auch für andere Katzen. Ihre Laune kann blitzschnell umschlagen. Manche Katzen erweisen sich außerdem am Bauch als ausgesprochen kitzelig, und die Rückenlage ist eine besonders wirksame Abwehrstellung, aus der heraus man mit allen vier Pfoten schlagen und kratzen kann.

Auch eine Katze, die beim Gestreicheltwerden den Rücken durchstreckt und den Schwanz zur Seite legt, ist sexuell gestimmt und reagiert entsprechend positiv auf Zärtlichkeiten seitens des Menschen. Obwohl die meisten Katzen recht zuverlässig sanftmütig sind, kann es hierbei – wie bei echten sexuellen Handlungen zwischen Katzen – vorkommen, dass die Stimmung plötzlich umschlägt, sich die Katze von einem Moment zum anderen bedrängt fühlt und sich mit Tatzenhieben wehrt.

Katze und Mensch als Spielkameraden

Gewöhnlich spielen ausgewachsene Katzen in der freien Wildbahn eher selten miteinander; am häufigsten kann man gemeinsame Spiele in den sexuell aktiven Phasen der Tiere beobachten. Der Mensch aber bleibt Spielkamerad, auch dann, wenn die Katze bereits älter ist. Bei der frei laufenden Katze lässt die Lust am Spiel mit den Jahren deutlich nach. Hat man hier nicht ein gewisses Spielritual eingehalten, hat man manchmal Mühe, das Interesse einer Katze an einem Papierbällchen oder einer Ledermaus mehr als ein paar träge Tatzenschläge lang wachzuhalten.

Ganz anders verhält es sich bei Katzen, die ausschließlich in der Wohnung gehalten werden: Für sie ist das tägliche Spiel mit dem Menschen eine Notwendigkeit für die psychische Gesundheit (→ Seite 148).

Er bringt gerne seine Beute heim, um seine Menschen zu versorgen oder um selbst in Ruhe zu fressen.

Vom Nutztier bis zum Statussymbol:
Was der Mensch in der Katze sieht

Ein Hollywoodstarlet ließ sich einmal mit seiner Katze zu Hause filmen. Sie kleidete ihren Liebling mit einem Overall einschließlich Schwanzfutteral an und erklärte: »Ich verstehe meine Katze besser, wenn sie angezogen ist. Sie ist mir dann irgendwie näher.«

Sicher treibt manche Mensch-Katze-Beziehung seltsame Blüten. Am interessantesten freilich war an der Geschichte, dass die Katze gegen diese Art der Behandlung nichts einzuwenden zu haben schien. Sie wirkte sichtlich entspannt. Das zeigt wieder einmal, wie individuell und anpassungsfähig Katzen sind.

Ein Tier und viele Rollen

Die Katze galt immer schon als ein Tier voller Rätsel. Auch heute noch hält sie mit der ihr nicht ganz zu Unrecht zugeschriebenen Zähigkeit am Bild einer geheimnisvollen und meistens unberechenbaren Kreatur fest, und das allen Untersuchungen von Verhaltensforschern, Ökologen und Wildtierbiologen zum Trotz. Wer mit Katzen umgeht, sollte das Tier als Individuum in den Mittelpunkt seiner Beobachtungen stellen, nicht die Fragestellung und schon gar nicht eine vorgefasste Meinung.

Niemand weiß alles über Katzen. Und jeder kann sich irren – daran tragen hin und wieder sogar die Katzen selbst Schuld. Wenn ein noch so erfahrener Katzenkenner – die Autorinnen eingeschlossen – beispiels- und leichtsinnigerweise behauptet, eine Katze mache dies oder jenes nie, dann kann man fast sicher sein, dass es mindestens eine gibt, die genau jene Handlung durchführt, die man ihr absprechen wollte. Niemand ist eben vor der Tücke des Objekts, will hier sagen, vor der Tücke des Katzenvolks, gefeit.

Es ist typisch für Katzen, dass sie einem ständig neue Rätsel aufgeben, die zu erraten es sich lohnt. Meiner Ansicht nach tut dies dem Reiz dieser besonderen Tiere keinen Abbruch.

Verhätschelter Abgott

Jede Gesellschaft spiegelt sich selbst im Umgang mit ihren Haustieren wider – heute wie früher. Über den Umgang der Menschen mit Katzen in früheren Jahrhunderten steht ja bereits ab Seite 24 so einiges zu lesen. Es überrascht doch, wie wenig sich seither geändert hat: Nach wie vor drängen Menschen die Katze in verschiedene, gegensätzliche Rollen. Wie die alten Ägypter verehren und verwöhnen zum Beispiel die Mitglieder bestimmter Rassekatzenorganisationen ihre kostbaren Lieblinge – manchmal keineswegs zu deren Bestem.

Rassekatzenzucht: Ein damit verbundenes, nicht vernachlässigbares Thema ist heute das Zucht- und Ausstellungswesen. Die zunehmende Rassenvielfalt bringt es mit sich, dass bei den herausgezüchteten Gruppen wie auch bei Individuen gelegentlich Verhaltensabweichungen auftreten. Außerdem liegen in der einseitigen Konzentration der Züchter auf die äußere Erscheinung ebenso wie in den zu immer extremeren »Standards« führenden, nach oben offenen Richtlinien der Juroren zunehmend Gefahren genetischer Defekte. Für die Zukunft der

Ein Tier und viele Rollen

Edelkatze wäre es wünschenswert, wenn dieses Buch bei den Beteiligten einiges Nachdenken und eine gesündere Sichtweise anregen könnte. Die körperliche, geistige und seelische Gesundheit der Tiere sollte in jedem Fall wichtiger sein als Farbe und Form. Das sei vor allem den Züchtern extremer Rassen, deren Erscheinungsbild auf Kosten der Gesundheit oder der Funktion der Sinnesorgane geht, nahegelegt.
Einige bekanntere Beispiele will ich hier aufzählen, doch die Liste ist bei Weitem nicht vollständig:

- Perser und Exotisch Kurzhaar mit funktionsgestörter Nase
- Reinweiße, blauäugige Katzen wegen der damit verbundenen Taubheit
- Die Defektmutanten Sphynxkatze (sogenannte Nacktkatzen), Fold- oder Faltohrkatze (mit Knickohren), Pudelkatze (mit Kräuselfell und zusätzlich mit Knickohren) und Manx- beziehungsweise Bobtailkatze (ganz schwanzlos oder lediglich mit Stummelschwanz)
- Rexkatzen ohne Tasthaare (→ Seite 36)

Verleumdeter Dämon

Nach wie vor verbindet man die Katze vor allem in den stark katholisch geprägten Ländern mit Bösartigkeit, Unglück und Hexerei. In Italien werden laut verschiedener Tierschutzorganisationen jährlich mehr als 50.000 schwarze Katzen von Menschen, die sich vor ihnen fürchten, erschlagen oder in perversen Riten grausam hingerichtet. Aber auch in Deutschland fällt auf, dass in Tierheimen schwarze Katzen am schwersten vermittelbar sind. Sie machen auch den größten Anteil an gezielten Vergiftungsopfern aus. Schauen wir also vom hohen Podest unseres aufgeklärten, modernen Atomzeitalters nicht allzu hochmütig auf das sogenannte »finstere« Mittelalter herab. Die Katze konnte bis heute ihr okkultes Flair nicht loswerden.

Gepriesenes Nutztier

Die Mäusefängerin: Ebenso wie die etwas prosaischeren alten Griechen und Römer, die in der Katze kein göttliches Wesen sahen, schätzen heu-

Eine Katze als Freund wirkt beruhigend auf uns Menschen und vermittelt gleichzeitig Lebensfreude. Sie hilft gegen Einsamkeit, unterstützt die Heilung von Krankheiten und ersetzt in Lebenskrisen einen Therapeuten.

te noch die Landwirte die fleißige Mäusejägerin. Der Bauer freut sich beim Anblick einer feldernden Katze und stellt ihr und ihrem Clan Schalen mit frisch gemolkener Milch hin. Mancher Bauer verweigert die Kastration der sich allzu rasch vermehrenden Tiere mit der Begründung, er brauche auf seinem Hof viele Katzen. Es gibt immer noch zu viele Mäuse, in den Scheunen des alten Ägyptens wie auf den Feldern des modernen Deutschlands.

RECHENEXEMPEL FÜR DEN LANDWIRT

Eine feldernde Hauskatze fängt pro Tag etwa 10 bis 20 Mäuse, das sind, ganz rund gerechnet, 5000 im Jahr. Erfahrungen aus der Käfighaltung von Mäusen haben gezeigt, dass eine Maus mindestens zehn Gramm Getreide oder Wurzeln von Nutzpflanzen pro Tag verzehrt. Sagen wir, die Maus, mit einer mittleren Lebensdauer von etwa einem halben Jahr, büßt durch die Katze im Durchschnitt die Hälfte ihrer Lebenserwartung ein, also drei Monate oder, ganz grob, 100 Tage. Sie hätte in dieser Zeit rund 1000 Gramm gefressen, wenn sie nicht von der Katze erbeutet worden wäre. Auf alle Mäuse hochgerechnet, die die Katze im Jahr fängt, macht das stolze fünf Tonnen Getreide und Nutzpflanzen, die uns dank der Katze erhalten bleiben.

Die Gesellschafterin: Eine ganz andere Aufgabe hat die Katze vorwiegend in größeren Städten. Hier ist sie Sozialpartnerin vieler alleinstehender, insbesondere alter Menschen. Meistens halten diese Singles und Senioren einzelne Katzen, an die sie sich mit tiefer Zuneigung binden. Weil diese Einzelkatzen aber häufig in engen Wohnungen ohne Auslauf leben, kann das schnell zu Problemen führen (→ Seite 147).

An dieser Stelle möchte ich noch eine kleine Mahnung an die »alleinerziehenden« Katzenhalter äußern: Obwohl gerade Katzen mit ihrem runden Köpfchen, den niedlichen Pausbacken und den großen, runden Augen an kleine Kinder erinnern, ist die Katze kein Kindersatz! Denn jede Katze ab einem Alter von einem Jahr ist ein erwachsenes Tier, wenn auch mit kindlichem Hang zum Anschluss an ihre Menschen. Sicherlich werden Sie die Unterstellung, in Ihrer Katze einen Kindersatz zu sehen, weit von sich weisen, aber einer kleinen Schwäche in dieser Hinsicht ist fast jeder unterworfen. Wie viele Menschen brüllen Hunde an, als ob sie schwerhörig seien, reden aber mit Katzen mit hoher Stimme und in Babysprache? – Merken Sie was?

Das Familientier: Einen weiteren Nutzen hat die Katze als Familientier. Kinder, die mit Katzen, Hunden oder auch Kleintieren aufwachsen, sind ausgeglichener, fantasievoller und rücksichtsvoller als solche ohne Tier. Sie erweisen sich auch als gesünder, weil ihr Immunsystem besser trainiert wird und der Kontakt mit einer schnurrenden Katze die Nerven und das Herz-Kreislauf-System entspannt.

Allerdings ist eine Katze kein Kinderspielzeug und auch kein Mittel, um ein Kind zur Verantwortung zu erziehen, indem man es mit der Betreuung des Tieres alleinlässt. Es sollte stets »unsere Katze« statt »deine Katze« heißen. Je nach der Veranlagung des Familienmitglieds hat die Katze in verschiedenen Situationen verschiedene Freunde: Papi, der mit Bier vor sich und Katze auf dem Schoß Fußball schaut; Mama, die Beherrscherin der Küche, des Kühlschranks und der Vorratskammer; Klein Gregor, der herrlich mit der Katze herumtollt; der verträumte Severin, der still auf dem Boden sitzt und die Katze unermüdlich krault und streichelt und sie draußen bei ihren Streifzügen beobachtet. Und, nicht zu vergessen, die tüchtige Ursula, die zwar keinen großen Draht zu Tieren hat, aber der Katze brav und mit Engelsgeduld x-mal am Tag die Tür öffnet. Wem das Bild zu klischeehaft ist, mag die Rollen anders besetzen. Die Harmonie ist ausschlaggebend.

Katze als Statussymbol

Die ersten Hauskatzen in Europa waren ein wertvolles Inventar und Rangmerkmal an mittelalterlichen Fürstenhöfen (→ Seite 28). Heute ist es die seltene Rassekatze, die nach Möglichkeit passend zur Designerwohnung erstanden wird – für viel Geld, denn Rassekatzen sind ein teurer Spaß. Doch je edler, desto besser. Schließlich soll das dekorative Tier seinen Besitzern neidvolle Bewunderung eintragen. Immer mehr solcher Luxuskatzen werden aber letztlich ins Tierheim abgeschoben. Immerhin ist eine Katze ein Tier, das regelmäßig gefüttert werden muss, Verdauungsprodukte von sich gibt und das teure Wildledersofa vollhaart.

Ganz Anspruchsvollen genügen die bekannteren Hauskatzenrassen oft nicht mehr: Eine »Savannah« oder eine »Bengal« soll es sein, damit man etwas Exotisches zum Angeben hat. So werden mit viel Aufwand Servale (für die Savannah) bzw. Bengalkatzen mit Hauskatzen gekreuzt und mit den jeweiligen Vätern wieder verpaart, weil die Zucht sonst wegen Unfruchtbarkeit nicht weitergehen würde. Sicher hat sich die Natur etwas gedacht beim Aufstellen der artspezifischen Kreuzungsgrenzen. Aber »wo ein Wille ist, ist auch ein Weg«, sagt sich der Mensch. Dabei wird leicht vergessen, dass man mit solchen Kreuzungen aus Hauskatze und Wildkatzenart gleichsam Tausende Generationen von Domestikation wegwirft, deren bedeutende Errungen-

Bengal-Rassekatzen sind zweifellos wunderschöne Tiere – ihrem überaus lebhaften Temperament gerecht zu werden, ist jedoch nicht immer einfach.

schaft bei der Katze deren Menschenliebe ist. Was man nicht außer Acht lassen sollte: Katzenrassen mit Wildtiereinkreuzungen wie die Savannah und die Bengal tragen nicht nur die Fellfärbung, sondern auch die Verhaltensweisen ihrer wilden Großväter in sich. Und die erfordern zum Teil starke Nerven. Servale etwa haben nicht nur einen enormen Platzbedarf, sondern sind außerdem Weltmeister im Spritzen und Wischmarkieren (→ Seite 86). Und Bengalkatzen können in ihren Spielen recht grob und auch plötzlich angriffslustig werden. Ich spreche aus praktischer Erfahrung.

Katzen, die ausschließlich als Statussymbol angeschafft wurden, müssen allzu oft unter dem nur vordergründigen Interesse ihrer Besitzer leiden. In manchen Industrienationen lassen lockere Tierschutzgesetze es zu, dass jährlich zahlreiche Katzen eingeschläfert werden, weil sie sich weigern, anstandslos die Menschentoilette zu benutzen. Ebenso werden Geruchsnerven durchtrennt und Krallen amputiert, um Harn- und Kratzmarken zu verhindern. Mit Tierliebe hat dies nichts zu tun.

Das Verhalten von Hauskatzen

Kapitel 2 EIN BLICK AUF DIE NATÜRLICHEN VERHALTENSWEISEN DER KATZEN HILFT, UNSERE SOFATIGER BESSER ZU VERSTEHEN.

Das Wildtier in unserer Hauskatze

Es ist ein früher Sommerabend, die Familie sitzt auf der Terrasse. Da kommt Šandor, ein stattlicher Kater im besten Alter, von seinem üblichen Abendausflug zurück. Sein buschiger Schwanz hebt sich zu einem kurzen, lässigen Gruß, dann verschwindet Šandor im Haus, um dort seine Abendmahlzeit einzunehmen. Nicht lange, und er erscheint wieder auf der Terrasse, putzt sich ausgiebig und ruht ein wenig. Bald erhebt er sich erneut, schlendert etwas unschlüssig umher und schreitet schließlich geradlinig auf den Türvorhang zu. Plötzlich wirft er sich auf den Rücken und attackiert die Vorhangkante, »bekämpft« sie mit schlagenden Tatzen und tretenden Hinterbeinen, versetzt ihr sogar ein paar kräftige Bisse – um im nächsten Moment mit viel Lärm und Kraftaufwand davonzubrausen. Die Familienrunde sieht ihm halb irritiert, halb amüsiert zu. Unter Kopfschütteln heißt es dann: »Er hat wieder einmal seine wilden fünf Minuten.«

Das wilde Erbe

Die Katze, ein Wildling mit Anschlussbedürfnis

»Wild«, im Sinne von temperamentvoll, kann man ein Verhalten wie von Šandor schon nennen, aber nicht im Sinne, dass in solchen Momenten das Wildtier in einer Hauskatze hervorbricht. Solche Momente, die viele Katzen durchleben, sind vielmehr ein Ausdruck des Übermuts. Ich habe sie nur bei gut gehaltenen, sorgenfreien Hauskatzen erlebt. Sogar zugelaufene Streuner, von der Last ihrer Sexualität (→ Seite 111) und des täglichen Fleischerwerbs befreit, entwickeln solche Verhaltensweisen. Große, brave Jägerinnen attackieren ein Heupferdchen wie eine gefährliche Ratte und kämpfen es nieder, würdige Kater rennen wie kleine Kätzchen einen Baumstamm hinauf, um zwischen den Ästen herumzuturnen.

Das wilde Erbe

Ein Wildtier ist unsere Hauskatze dann, wenn sie ein echtes Beutetier sieht, wenn sie ungestört ihrer Wege geht, wenn sie auf Erkundung aus ist und wenn sie schläft. Dann träumt sie vielleicht von heroischen Kämpfen, charmanten Katzen und gefährlichen Feinden.
Die Katze vom Bauernhof, der scheue, obdachlose Herumtreiber, die verwilderte Katze im Feld, sie alle sind, abgesehen von ihrem Aussehen, kaum von ihrer wilden Stammform zu unterscheiden. Auch die Familienkatze mit Auslauf, selbst die verhätschelte Wohnungskatze hat noch ein beträchtliches Maß an Wildtier in sich. Die Effekte der Domestikation treten in der Katze vor allem immer dann zutage, wenn sie Zuwendung vom Menschen verlangt und wenn sie ihren Menschen in den Mittelpunkt ihrer Aufmerksamkeit stellt – und sei es bloß beim Futterbetteln.
Nur eine Rassekatze ist ein echtes, wenn auch sehr, sehr junges Haustier – durchschnittlich weniger als 100 Jahre alt! Eine »gewöhnliche« Hauskatze ist dies nicht. Die Hauskatze, *Felis silvestris* forma *catus*, wie die korrekte zoologische Bezeichnung lautet, hat sich nicht nur vom Aschenputtel zur farbenfrohen »Prinzessin Seidenhaar« entwickelt. Sie hat auch ein besonderes Anschlussbedürfnis an den Menschen »einprogrammiert« bekommen, obwohl sie in vieler Hinsicht (fast) ein Wildling geblieben ist.

> Kein Zweifel – in unserer niedlichen Miezekatze steckt noch sehr viel von einem Wildtier.

In Afrika und Vorderasien, der Heimat der Falbkatzen, können Hauskatzen ebenso frei wie sie, unabhängig von Mensch und Kultur überleben. Sie sind für ein Leben in Steppen, Savannen, Halbwüsten und lichten Wäldern nach wie vor perfekt angepasst und stehen darin ihrer wilden Stammmutter nicht nach. Durch ihre größere Fruchtbarkeit können sie diese sogar verdrängen. Auch in der Kulturlandschaft findet man leider viele verwilderte Hauskatzen. Selbst ausgesetzte Wohnungskatzen sind noch in der Lage, einige Zeit draußen zu überleben – irgendwie. Dass sie dabei nicht glücklich sind, zeigen nicht wenige, wenn sie ein neues Zuhause bekommen und sich weigern, je wieder Freigang zu genießen.

Jagen und Fressen

Aja, eine Allgäuer Bauernkatze, ist eine erfahrene, fleißige Mäusejägerin. Schon frühmorgens, beim ersten Tageslicht, verlässt sie die warme Küche, um eines »ihrer« Felder aufzusuchen. Sie setzt sich vor ein Mauseloch und wartet – lange, mitunter sehr lange. Ajas hochempfindliche Ohren sind nach vorn gerichtet. Sie vernehmen das Piepsen der Feldmäuse in ihren unterirdischen Bauten. Plötzlich hört sie winzige Füßchen scharren. Aja duckt sich, setzt noch einmal kurz die Füße zum perfekten Absprung zurecht. Grashalme rascheln. Ein kurzer Sprung, und schon ist Maus im Griff der krallenbewehrten Pfoten. Ein gezielter Biss in den Mäusenacken tötet die Maus auf der Stelle. Kurz darauf ist Aja unterwegs nach Hause, in dessen Schutz sie ihre Beute verzehren wird. Nach einem ausgiebigen Putzen zieht sie erneut los auf die Jagd, bei jedem Wetter, zu jeder Jahreszeit. So eine kleine Maus gibt für eine gestandene Katze nicht viel her.

Die geborene Jägerin

Geschickt und lautlos – Katzen sind perfekte Jägerinnen

Vergleicht man die Pirsch unserer Allgäuerin mit der Jagd ihrer wilden Urahnin, der Falbkatze, so findet man nicht viele Unterschiede. Auch Falbkatzen gehen in früher Morgendämmerung auf die Pirsch, jagen, fressen und pirschen weiter. Zwischendurch gibt es zur Entspannung kleinere Ruhepausen. Selbst ihre Lieblingsbeute ist fast gleich; es sind nahezu immer kleine Nagetiere.

Die geborene Jägerin

Eigentlich sind – grob gesehen – die Jagdmethoden sämtlicher Katzen ziemlich ähnlich. Sie pirschen und jagen allein, sie lauern, schleichen und springen, sie benützen ihre Pfoten, um ihre Beute aus einem Loch hervorzuangeln, zu packen oder festzuhalten, sie töten ihre Beute mit einem präzise gesetzten Biss.

Doch keine Regel ohne Ausnahmen: Löwen fangen ihre Beute in gut organisierten Gruppenjagden. Sie verteilen verschiedene Aufgaben wie Pirschen, Treiben, Umstellen, Überwältigen und Töten untereinander, wobei sie sich mit Lauten und Zeichen verständigen.

Auch Geparden jagen hin und wieder gemeinsam. Und weil es in ihrem Lebensraum, der Savanne, nur wenig Deckung gibt, müssen sie den ansonsten katzenüblichen Anspruch zu einem jagenden Sprint ausdehnen.

Was muss die junge Jägerin alles lernen?

Wild- wie Hauskatzen sind hoch spezialisierte Jägerinnen, die ihre bis zu einem Jahr lange Jugend mit der Einübung ihres »Räuberhandwerks« verbringen. Was bei Aja und ihren »Kolleginnen und Kollegen« so spielend einfach wirkt, bedarf eines langen Trainings.

Schon die ganz jungen Kätzchen, denen eben die Milchzähne wachsen, so im Alter von ungefähr fünf Wochen, bekommen von ihrer fürsorglichen Mama die ersten lebenden kleinen Beutetiere, meist Mäuse, vorgesetzt. Wohnungskatzenmütter tragen stattdessen kleine Gegenstände wie Spielbällchen herbei. Jetzt kann man den Kätzchen beim Laufen und Springen, beim Zupacken und Festhalten mit den Pfoten, beim Anschleichen, Springen, Werfen und Fangen, Heranhakeln, Fassen mit den Zähnen, Herumtragen und Lauern zuschauen.

Angeborenes: All diese einzelnen Elemente des Beutefangs sind angeboren. Sie müssen nur reifen und trainiert werden wie ein Muskel – alles ist reine Übungssache. Diese Reifung fällt bei den Hauskatzen mit ziemlicher Regelmäßigkeit in einer bestimmten Reihenfolge aus: Die Handlungen, die mit dem Verfolgen und Packen der Beute zu tun haben, reifen zuerst, dann das Schleichen und Belauern und erst zum Schluss das Töten der Beute.

Erlerntes: Was Kätzchen freilich lernen muss, ist die Kombination der einzelnen Bewegungselemente. Die einzelnen Glieder der Handlungskette sind zunächst bunt durcheinandergewürfelt. Um ein sinnvolles Spiel und später eine erfolgreiche Beutefanghandlung zu erreichen, muss die Katze entscheiden können, wie sie diese einzelnen Bewegungselemente hernimmt und neu zusammenstellt. Jedes Beutetier verhält sich

>
> **TIPP**
>
> ### GEEIGNETE SPIELZEUGE ANBIETEN
>
> Auch ausgesprochene Wohnungskatzen wollen jagen, sind aber auf Ersatzbeute, das heißt Spielzeug, angewiesen. In der Wohnung aufgezogene Kätzchen spielen denn auch mit allem, was sie vor die Pfötchen bekommen oder was sie finden. Schimpfen Sie nicht, wenn die Kätzchen Ihre Wollknäuel aufrollen oder mit der Vorhangquaste spielen. Bringen Sie solcherart ungeeignete »Spielzeuge« lieber ein paar Wochen lang in Sicherheit, ebenso Nadel und Faden und andere gefährliche »Beute«. Bieten Sie den kleinen Rackern stattdessen eine Vielzahl geeigneter Spielzeuge, mit denen sie sich amüsieren können.

ja anders und verlangt eine auf die individuelle Situation zugeschnittene Kombination der einzelnen Instinktbewegungen.

Im Laufe der Zeit werden die zunächst tapsigen Versuche der Jungen immer besser, und bereits nach etwa einer Woche wirkt das Fangen und Festhalten kleiner Beutetiere virtuos.

Auch Töten will gelernt sein: Beim ersten Tötungsbiss verhält sich dies ganz ähnlich: Der Biss in die Halsgegend ist Instinktsache. Hat ein Kätzchen ein Beutetier zwischen den Zähnen, und die Geschwister haschen danach, lässt die Konkurrenz alle Vorsicht vergessen – es presst die Kiefer zusammen, die Beute erlahmt. Die Erfahrung, die die Jungkatze dabei macht, ist, dass ein Opfer umso unschädlicher ist, je kräftiger sie zubeißt. Innerhalb der folgenden zwei bis drei Wochen wiederholt sich dies mit den verschiedensten Beutetieren. Mit der Zeit läuft das Ergreifen und Töten meisterhaft ab, das Kätzchen, nun fast acht Wochen alt, ist schon ein ziemlich tüchtiger Kammerjäger.

Die »Platzreife« erreicht der junge Waidmannslehrling aber erst viel später. Gar manche Maus wird ihm noch entrinnen, bevor er sich als selbstständiger, freier Feldjäger bezeichnen darf.

Warum können manche Katzen doch nicht töten?

Wir verlassen jetzt die Allgäuer Wiesen und Wälder, die südafrikanische Karoo und andere wilde Gegenden und begeben uns in die Stadt, wo für Katzen der Beutefang gewöhnlich nicht mehr zum Überleben notwendig ist.

Minerva wohnt in einem Villenviertel mit gepflegten Gärten. Sie hat als Stadtkatze großes Glück, weil sie jeden Tag ins Freie darf. Dort streift sie umher, macht ein Nickerchen im Sonnenschein, zankt sich mit der Nachbarskatze, und gelegentlich läuft ihr eine unvorsichtige Hausmaus über den Weg. So wie eben gerade. Na, das ist doch mal eine Abwechslung! Sonst gibt es nur langweilige Käfer, kleine Heuschrecken oder die Nachtfalter am abendlich erleuchteten Fenster.

Minerva kann den Absprung kaum erwarten. Sie ist so aufgeregt, dass sie die Maus fast verfehlt und obendrein beinahe im Gartenteich gelandet wäre. Noch einmal Glück gehabt. Die Maus ist schreckgelähmt. Minerva tatzt sie ein paarmal an, denn das apathische Opfer sitzt bloß still, anstatt die Katze durch Fluchtversuche zu erfreuen. Schließlich nimmt Minerva den kostbaren Fund locker in den Fang und trägt ihn in die Stube, wo sie sonst auch immer spielt. Sie lässt die Maus auf den Teppich fallen und tippt sie mit der Pfote an. Endlich besinnt sich die Maus auf die Flucht. Minerva läuft hinter ihr her, tatzt wieder, erst ganz vorsichtig, dann

Die geborene Jägerin

beherzter. Die Maus quietscht und läuft weg, und das Spiel geht weiter, bis der Maus wieder eine vorläufige Flucht gelingt, diesmal zum Leidwesen von Minerva unter die Kommode mit den niederen Füßen. Das Spiel ist vorbei. Immerhin kann Minerva noch lauern, auch das ist einige Minuten lang ganz unterhaltsam. Jedenfalls ist es viel besser als das letzte Mal, als die Hausfrau ihr schimpfend die Maus weggenommen und hinausgeworfen hatte.

Irrtum und Wahrheit: Auffallend viele Hauskatzen sind wie Minerva nicht imstande, einen zielführenden Tötungsbiss anzubringen. Stattdessen spielen sie ihre Beute zu Tode. Dies ließ die Verhaltensforscher früher irrtümlich annehmen, dass junge Katzen den Tötungsbiss erst lernen müssten. Mittlerweile konnte durch Experimente mit lokalen elektrischen Hirnreizungen bewiesen werden, dass selbst völlig erfahrungslose Katzen den Tötungsbiss durchzuführen vermögen, wenn auch in primitiver Form, das heißt ohne präzise Zielrichtung zum Nacken. Woran liegt es dann, dass viele unserer Sofatiger nur jagen, ohne zu töten?

Zucht: Bei manchen Rassekatzen, seltener auch bei gewöhnlichen Hauskatzen, kommt es vor, dass der Antrieb nur sehr schwach oder gar nicht angelegt ist, weil er gewissermaßen »weggezüchtet« wurde. Solche Katzen belauern, springen und packen eine Beute zwar, aber an diesem Punkt bricht die Handlungskette regelmäßig ab, die Katze lässt das Tier laufen und hascht erneut danach.

Nichtbetätigung: Je länger eine Katze keine Gelegenheit zum Töten hat oder diese bisher nie hatte, desto stärker muss die Anregung sein, um Mieze »über die Schwelle« zu helfen. So eine Anregung kann zum Beispiel die unmittelbare Konkurrenz anderer Katzen sein oder die Schnelligkeit eines Beutetiers beim Wegrennen. Bleibt der Anreiz zum Töten aus, verschwindet die Fähigkeit dazu. Solche Katzen werden letztlich zum richtigen Zubeißen unfähig –, obwohl die Anlage dazu vollständig vorhanden ist – weil es keinen natürlichen Reiz mehr gibt, der stark genug sein könnte.

Furcht: Selbst kleinste Beutetiere kämpfen mit allen Mitteln um ihr Leben. Sie wehren sich mit Bissen, Tritten oder durch Verspritzen übel riechender oder scharfer Flüssigkeiten. Deshalb sind unerfahrene Katzen besonders vorsichtig und ziehen die weiter unten geschilderte Ermüdungstaktik mit Tatzenschlägen vor. Jede Katze, die mit den Reaktionen eines Beutetiers nicht vertraut ist, wird es vermeiden, diesem mit dem Gesicht zu nahe zu kommen, doch genau das wäre für einen Zubiss nötig. Erfahrene Katzen können abschätzen, wann etwa eine Ratte »fertig« für den Fangbiss ist. Die im Jagen ungeübte Stadtmieze kann dies nicht. Sie wird selbst ein harmloses Mäuslein so lange mit den Pfoten traktieren, bis es sich ganz sicher nicht mehr rührt.

Im Spiel lernt eine Hauskatze, ihr angeborenes Verhalten richtig dosiert einzusetzen – einmal als gezielten Tötungsbiss, einmal nur gehemmt bei Beißspielen.

Motivation: Wird die gesamte Abfolge der Jagd vom Belauern bis zum Töten über längere Zeit versäumt, spielen selbst ausgehungerte Katzen erst eine Weile mit der Beute, ehe sie dieselbe verzehren. Der angestaute und noch nicht vollständig ausgelebte Jagdtrieb muss erst abreagiert werden. Interessant ist hier der deutliche Unterschied zwischen Falb- und Hauskatze: Fast alle Falbkatzen, die ich beim Spielen mit Beutetieren beobachtet habe, töteten erst und spielten hinterher. Hauskatzen hingegen nehmen oft jede Gelegenheit zum Spielen wahr. Sie spielen sowohl mit lebenden als auch mit toten Mäusen oder mit »totem« Spielzeug.

Der Umgang mit gefährlicher Beute

Begleiten wir noch einmal Aja auf eine Jagd. Manchmal scheint sie dabei regelrecht Lust zu haben auf einen Kampf, und da kommt ihr ein Hermelin gerade recht. Allerdings sind Hermeline oder Wiesel ebenfalls Raubtiere, und obendrein sehr flinke und bissige. Es verlangt schon einigen Mut, solch ein Tier anzugreifen, und nicht viele Hauskatzen sind bereit dazu.

Aja zeigt dem Hermelin gegenüber ein völlig anderes Verhalten als beim Mäusefang, der bei ihr alltägliche Routine ist: fangen, erlegen, heimtragen, fressen.

Furchtspiel: Mit dem Hermelin hingegen »spielt« Aja wie mit einem Papierbällchen. Das so verspielt wirkende Haschen und Herumtollen ist hier aber durchaus ernsthaft zu verstehen: Es handelt sich um eine konzentriert durchgeführte Ermüdungstaktik unter Wahrung der eigenen Sicherheit, denn Hermeline, aber auch Ratten, beißen zurück. Erst als die Beute ausreichend entkräftet wirkt, wagt Aja den Zubiss, bei dem sie ja zwangsläufig mit dem empfindlichen Gesicht nahe an den gefährlichen Kopf des Opfers herankommen muss. Bei einem Tötungsbiss unter solchen Umständen schließen sich die Kiefer der Katze fest wie ein Schraubstock.

Erleichterungsspiel: Nun sollte man erwarten, dass Aja ihre mühsam überwältigte Beute zum

Für ein ausgelassenes Spiel mit einem unbewegten Gegenstand ist schon eine gehörige Portion Jagdmotivation vonnöten. Ist die Katze ausgelastet und das Spielzeug langweilig, gibt es höchstens ein paar gehemmte Tatzenschläge.

Fressen nach Hause trägt. Ganz falsch! Statt zu fressen oder sich erschöpft zurückzuziehen, fängt Aja an, um das überwältigte Opfer in hohen Sätzen, spielerisch übertriebenen Scheinattacken und Kapriolen herumzuspringen. Oft schleudert sie das tote Hermelin hoch in die Luft, um es wieder zu fangen.

Man kann dieses Verhalten, das man Erleichterungsspiel nennt, anschaulich mit einer Art Freudentanz vergleichen. Es soll die innere Spannung lösen, die sich in der Katze beim Angriff und der Überwindung gefährlicher Beutetiere aufbaut.

Die Frage nach dem Warum: Was ist der Grund dafür, dass Aja und auch viele andere Katzen solche oft lebensgefährlichen Kämpfe auf sich nehmen? Wirklich beantworten kann ich diese Frage nicht. Oft lassen die Helden nämlich das Opfer zurück, ohne davon zu fressen. Hermeline etwa werden wegen ihres strengen Eigengeruchs selbst von der hungrigsten Katze als ungenießbar eingeschätzt.

Handelt es sich vielleicht um Mutproben, wie man sie insbesondere von jungen Männern kennt? Man könnte es fast glauben. Nur – Aja ist weder jung noch männlich. Männlich war die Katze, die mit einem Bauchklatscher mitten unter eine Entenschar in einen breiten Bach sprang. Männlich war auch die Katze, die ich in der Karoo beobachtete, wie sie einen ausgewachsenen, verletzten Sekretärsvogel, einen großen, afrikanischen Greifvogel, angriff und beinahe den Kampf verlor. Vielleicht erkennt Aja auch den Nahrungskonkurrenten im Hermelin und versucht ihn »unschädlich« zu machen, wie auch Hyänen Löwenjunge töten oder Löwen junge Geparden? Die hier genannten Fälle stehen nur beispielhaft für viele entsprechende Erlebnisse mit Katzen. Ich möchte wirklich gern das wahre Motiv solch wahnwitziger Aktionen kennen. Bloß – wer kann schon in eine Katze hineinschauen?

Gehemmtes Spiel

Beim Niederkämpfen eines wehrhaften Beutetiers sind die Sprünge und Tatzenhiebe einer Katze behände, das ganze Tier zeigt gespannte Aufmerksamkeit. Auch unbekannten und bedrohlich wirkenden Objekten begegnet eine Katze hoch konzentriert. Oft ist sie so darauf fixiert, dass sie ihre Umwelt nicht mehr wahrnimmt und leicht erschreckt werden kann. Ihre Anspannung löst sich dann in einem kraftvollen Luftsprung.

Im Gegensatz dazu ist die Intensität der Bewegungen bei wenig reizvollen Beutetieren oder Spielgegenständen, zum Beispiel einem dicken Käfer oder einem leblosen Bauklötzchen, deutlich herabgemindert.

> **WAS EINE KATZE ÜBERWÄLTIGEN KANN**
>
> - Vögel: Werden seltener zur Katzenbeute, als man denkt. Doch es kommt vor. Eine halbwüchsige Katze fing einmal vor meinen Augen eine Schwalbe im Sprung aus der Luft – eine jagdtechnische Meisterleistung.
> - Mangusten und Marder: Kleine, aber nicht zu unterschätzende Gegner!
> - Kaninchen: Werden als Erwachsene selten zur Katzenbeute und nur, solange sie sich außerhalb ihrer Baue aufhalten.
> - Schlangen, Spinnen und Skorpione: Ermüdungstaktiken der Katze machen solche teils tödlich gefährlichen Beutetiere unschädlich.

Die Katze nähert sich solchen Objekten langsam und zögernd, tippt sie mit der geschlossenen Pfote ein paarmal an und kauert oder legt sich zwischendurch nieder, um gelangweilt umherzuschauen. Ab und zu putzt sie sich ein wenig, geht gelegentlich sogar ein Stück weg, lauscht nach den Geräuschen aus der weiteren Umgebung, um sich nach einer Weile wieder an die Beute zu »erinnern«. Nicht selten legt sich die Katze bei solchen Spielen auch auf die Seite und schlägt mit träge wirkenden Pfotenhieben nach der Beute, nur halb bei der Sache.

Verhaltensforscher sprechen hier von einem gehemmten Spiel. Man kann es immer dann beobachten, wenn ein Beutetier oder auch ein Spielzeug nicht besonders attraktiv ist oder wenn die Stimmung nicht passt. Wenn die Katze sich etwa gerade in einer Ruhephase befindet, erschöpft, abgelenkt oder entmutigt ist, sich in einer ungewohnten Umgebung befindet oder ganz einfach bereits bis zum Abwinken genug gespielt oder gejagt hat.

Die Jägerin in der Wohnung

Pirsch, Jagd, Nackenbiss und Nagetierbekämpfung sind für fast alle Stadtmenschen keine Begriffe mehr, geschweige denn für ihre Katzen, die ihre sicheren und übersichtlichen vier Wände nie verlassen können. Bereits etwa die Hälfte aller Katzen im mitteleuropäischen Raum lebt heute ausschließlich in einer Wohnung. Viele Wohnungskatzen haben weniger Beschäftigungsmöglichkeiten als ihre wilden Verwandten im Zoo, denen wenigstens ein kleines Stück Freigehege zur Verfügung steht. Deshalb gibt es für die Sofatiger als Jagdersatz eine Unmenge von Spielzeug, von der einfachen Stoffmaus bis zum komplizierten Geschicklichkeits- und Lernspiel im Designerlook.

Beobachtet man eine Wohnungskatze beim Spielen, fällt auf, wie lange und ausdauernd sie sich mit einem bestimmten Spiel beschäftigen kann. Mit schnellen Tatzenschlägen treibt sie etwa ein Bällchen vor sich her, packt es, schleudert es in die Luft, um gleich danach zu springen, sie stopft es unter den Teppich und hangelt es wieder hervor, sie ergreift es mit beiden Tatzen und überschlägt sich dabei – und der Zuschauer freut sich an den lustigen Kapriolen des Kätzchens. Es wird wohl kaum jemandem bewusst, dass es sich hierbei um ein Stauungsspiel handelt, bei dem sich die viel zu lange aufgestaute Jagdlust der Katze Bahn bricht.

Es scheint so einfach, Mieze eine Gelegenheit zu geben, ihren Bewegungsdrang abzureagieren. Doch wenn man der Katze gerecht werden will, reicht es durchaus nicht aus, ihr nur ein Wollmäuschen zu besorgen und es ihr einfach hinzuwerfen. Wohnungskatzen sind darauf angewiesen, dass ihr Mensch sich etwas einfallen lässt. Auch sie haben als die hoch qualifizierten Jäger, als die sie zur Welt gekommen sind, einen Anspruch auf eine entsprechende, abwechslungsreiche und herausfordernde Beschäftigung.

Eine junge Katze übt spielerisch, aber hoch motiviert den Umgang mit ihrer »Beute«.

Die Jägerin in der Wohnung

SPIELE UND BESCHÄFTIGUNG

So bieten Sie Ihrer Katze interessante und abwechslungsreiche Beschäftigungsmöglichkeiten in der Wohnung:

Ausleben des Erkundungsverhaltens (→ Seite 106): Lassen Sie Ihre Katze gelegentlich in Räume, die ihr sonst verschlossen sind, zum Beispiel Keller, Speicher, Abstellkammer, oder auch in Schränke. Sie wird dort neugierig alles untersuchen, abschnuppern und vielleicht eine Spinne erbeuten – oder ein verstecktes Leckerli. Bringen Sie ihr vom Einkaufen Kartons oder Papiertüten mit (Henkel durchschneiden!). Besonders interessant sind sie mit hineingeschnittenen »Pfötellöchern« oder hineingelegtem Spielzeug. Kartons können auch mit Laub, Gras oder Katzenminze aus dem Garten gefüllt werden und bieten eine »reizende« Abwechslung für jede Katze.

Ausleben des Jagdverhaltens: Der Handel bietet eine Fülle von Spielzeugen für Katzen, die mehr oder weniger geeignet sind. Ungeeignet sind kurz gesagt solche, die stark riechen (Hinweis auf giftige Farben) oder kleine und verschluckbare Teile enthalten (unterschätzen Sie nicht die Kraft einer kleinen Katze!).

Womit Ihre Katze am liebsten spielt? Die Geschmäcker sind verschieden, probieren Sie es aus. Catnip- oder Baldrianspielzeug wird von vielen Katzen euphorisch angenommen, von anderen gar nicht. Ihr Interesse daran zeigen sie meist erst als Erwachsene (→ Seite 99).

Lassen Sie nicht immer alle Spielzeuge zu Miezes freier Verfügung herumliegen, sie werden für Ihre Katze schnell langweilig. Zwei oder drei Spielzeuge reichen völlig aus, den Rest räumen Sie beiseite und tauschen Sie immer wieder aus. Auf diese Weise bekommt auch das alte Stoffmäuschen wieder neuen Reiz.

Im Winter kann ein Vogelhäuschen vor dem Fenster für Kurzweil sorgen, das die Katze stundenlang interessiert belauern kann.

Aktive Beschäftigung mit der Katze: Am besten gefällt es der Katze, wenn Sie das Spielzeug zum Leben erwecken und sich am Spiel beteiligen.

Neben Bällchen oder Fellmäuschen, die man für seine Katze wirft, ist die Katzenangel ein besonders beliebtes Spielzeug. Ein Federbüschel am Ende der Angel wirkt äußerst reizend, ein Seil mit Knoten oder Spielzeug daran bringt ordentlich Bewegung ins Spiel. Doch nur Hin- und-her-Wedeln langweilt schnell auch die ausgelassenste Mieze. Spielen Sie doch einmal »Mäuschen-versteck-dich« und schieben Sie das Ende Ihrer Angel unter eine Decke oder eine Falte im Teppichläufer – ein unwiderstehlicher Reiz für jede Katze. Mit der Seilangel lassen sich schöne Rennspiele veranstalten, indem sich das Ende der Angel vor der Katze zunächst nur langsam bewegt und bei Miezes Angriff dann schnell fortgezogen wird. Beim »Vogelfang-Spiel« wird das Spielzeug am Ende des Seiles auf die Katze zu und vor ihr in die Höhe gezogen. Aber Achtung: Kennt Mieze das Spiel nicht, kann sie sich durch den plötzlichen »Angriff« erschrecken.

Vergessen Sie nicht, dass solche Spiele kein Wettbewerb sind, sondern der Unterhaltung und dem Wohlbefinden Ihrer Katze dienen, und lassen Sie sie immer wieder mal gewinnen. Erfolgserlebnisse halten sie bei Laune und heben ihr Selbstwertgefühl.

Von der Maus bis zum Filetsteak – das schmeckt einer Katze

Der große Kater Riaan trägt eine erbeutete Maus auf seinen Lieblingsfressplatz in der Küche. Er legt den kleinen Kadaver quer vor sich hin, kauert sich nieder und nimmt den Duft auf, während er mit den Schnurrhaaren das Fell abtastet. Der Haarstrich der Maus zeigt ihm, wo vorn und wo hinten ist. Von vorn angebissen rutscht das Essen besser, deshalb fressen Katzen ihre Mäuse fast immer vom Kopf her. Er schiebt den Mäusekopf zwischen seine starken Reißzähne (→ Seite 17) und beißt zu. Wegen der Lage der Reißzähne muss Riaan den Mundwinkel der Schneideseite weit zurückziehen und den Kopf entsprechend schief halten. So schneidet er Stück für Stück von der Maus ab, schluckt und isst langsam und sehr manierlich weiter. Den Magen mit dem angedauten Grünzeug präpariert er mit den Zähnen und seiner geschickten, rauen Zunge sorgfältig heraus und lässt ihn liegen.

Von den »Tischmanieren« unserer Katzen

Ob es sich um eine mühsam erworbene Jagdbeute oder um Tatar handelt, das Samtpfötchen auf dem Silbertablett serviert wird – die Tischmanieren von Katzen gleichen sich weitgehend, von der afrikanischen Steppe über die heimischen Felder bis zum Designer-Wohnzimmer.

Körperhaltung: Fast alle Katzen (mit Ausnahme der sehr großen und schweren, die sich zum Fressen auch gern auf den Bauch legen) kauern sich beim Essen hin. Diese Haltung nehmen sie auch zum Trinken ein.

Vorbereitung: Manche Beutetiere werden vor dem Verzehr gerupft, vor allem Geflügel und sehr haarige Säugetiere. Karakals sind dabei besonders gründliche Rupfer. Sie befreien ihre Beutetiere sehr sorgfältig von Haaren oder Federn, bevor sie mit der Mahlzeit beginnen. Falbkatzen verwenden sehr viel weniger Zeit zum Rupfen. Lediglich von mittelgroßen Vögeln wie Krähen, Felsentauben oder Perlhühnern entfernen sie die Brust- und Rückenfedern. Hauskatzen hingegen rupfen oft auch kleine Singvögel. Ihre Rupfbewegungen, das

Nur wenige Katzen werden zu »Vogelexperten«. Das Fangen dieser flinken Beute erfordert spezielle Übung.

wiederholte Ausreißen und Fortschleudern der Federn oder Haare unter heftigem Kopfschütteln, unterscheiden sich von denen der Falbkatze nur in der Geschwindigkeit der Abfolge.
Servale schließlich sind ausgesprochen faule Rupfer. Sie verzehren fast alles mit Haut und Haar.
»Anschneiden«: Bei den kleinen Beutetieren wie Mäusen oder Singvögeln zerbeißen unsere Hauskatzen den Kopf zuerst. Bei etwas größerer Beute wie Erdhörnchen oder Hasen fangen die Falbkatzen hingegen am Hals zu fressen an, weil der Kopf zu hart ist. Mittelgroße Vögel werden vom Flügelbug her angeschnitten. Sowohl Falbkater Stoffel wie auch Hauskater Riaan untersuchten jeweils eine Ente sehr ausführlich an verschiedenen Stellen, bevor sie sie schließlich von der Brust her anschnitten.
Fressen: Hackfleisch, Bröckchen oder Dosenfutter fressen Katzen meist brav aus dem Napf. Größere Stücke packen sie dagegen oft und tragen sie weg auf einen bevorzugten Fressplatz. Sehr kleine Beute, etwa Fliegen, Grashüpfer oder Motten, pflegen sie paradoxerweise sehr gründlich zu zerkauen, bevor sie sie abschlucken. Sonst jedoch kauen Katzen fast gar nicht, sie schlucken die abgebissenen Brocken einfach im Ganzen hinunter.
Pfotengebrauch: Es kann beim Fressen schon mal passieren, dass ein Fleischstück in einen Spalt zwischen Steinen oder in die Nähe von dorniger Vegetation rutscht. In einem solchen Fall holt die Katze das verlorene Stück geschickt mit einer Kralle wieder hervor. Manchmal frisst sie den Brocken dann gleich von der Pfote ab.
Ihre Pfoten setzen Katzen auch ein, um ein unhandliches Beutestück am Boden festzuhalten, während sie ein Fleischstück abnagen oder abreißen. Hier gibt es freilich erhebliche individuelle Unterschiede. Ich habe sowohl Hauskatzen erlebt, die selbst bei großen Schwierigkeiten mit davongleitenden Geflügelstücken ihre Pfoten niemals einzusetzen wussten, als auch solche, die nicht lange fackelten.

> ## RATSCHLÄGE FÜR VOGELFREUNDE
>
> • Pflanzen Sie in Ihrem Garten eine Gruppe dorniger Büsche (Rosen oder Brombeeren) an, in denen Vögel geschützt sitzen und auch nisten können. Auch dichte, harzige Nadelbäume sind ziemlich katzensicher.
> • Stellen Sie das Vogelfutterhäuschen nicht auf einem Pfosten auf. Hängen Sie es besser an einem Strick oder Draht auf.
> • Bringt Mieze häufiger Vögel heim, so hat sie wahrscheinlich eine gute Fanggelegenheit entdeckt. Entfernen Sie alle potenziellen Ansitzplätze in der Nähe von Vogeltränken und -futterhäuschen, die ihr Deckung geben.

Reste: Von kleineren Beutetieren bleibt in der Regel kaum etwas übrig, höchstens der bereits angesprochene Mäusemagen, ein paar Schwungfedern, Schnäbel, Füße oder auch ein Schwanz. Ein besonderes Verhalten, das man nur von (sehr hungrigen) Katzen kennt, ist das Ausdrücken des Darminhalts größerer Beutetiere. Die Katzen zerren hierbei den Magen-Darm-Trakt aus der geöffneten Bauchhöhle und ziehen ihn dann stückweise durch den Mund, wobei sie den Inhalt zwischen Zunge und Gaumen herauspressen und zu Boden fallen lassen, während sie den Darm selbst verzehren. Die meisten Katzen lassen die Därme größerer Tiere allerdings einfach liegen. Es kommt wohl darauf an, wie reich der Tisch gedeckt ist. Große Beutetiere schälen die Katzen beim Verzehren sauber aus ihrer Umhüllung heraus. Haut, Kopf, Wirbelsäule, Schulter- und Beckengürtel bleiben als zusammengehörender Rest übrig. Nicht selten scharren wilde Katzen solche Über-

Mit den Reißzähnen im hinteren Kieferbereich schneiden Katzen Häppchen von größeren Nahrungsstücken ab.

Das Beutespektrum der Hauskatze

Aja, Riaan, Cilja und wie die lokalen Oberallgäuer Katzen sonst heißen mögen, bringen im Sommer fast nur Feldmäuse nach Hause, im Winter verschiebt sich die Palette in Richtung Hausmaus. Ein Kaninchen als größte Beute ist nur etwas für gestandene Kater. Cilja bessert ihre Mäusediät gelegentlich mit einer schönen Forelle aus der Fischzucht auf. Vögel bringen diese Katzen sehr selten ins Haus – vielleicht zwei- bis dreimal im Jahr. In Stadtgebieten kann der Vogelanteil jedoch durchaus höher ausfallen. Dort kommen Feldmäuse selten vor, die Vogelpopulation ist dichter gedrängt, die Vögel haben weniger Versteckmöglichkeiten, um sich dem Zugriff der Katzen zu entziehen, und werden den Katzen oft durch »günstig« aufgestellte Vogeltränken und -futterhäuschen geradezu »auf dem Servierteller präsentiert«.

Katzen sind nützlich

Die Hauskatze ist als Ersatz für die sehr seltene Waldwildkatze sowohl für die Land- wie auch für die Forstwirtschaft überaus nützlich. Eine Katze fängt hauptsächlich Mäuse, das haben inzwischen schon viele Untersuchungen belegt. Ohne Zufütterung bestehen 80 Prozent ihrer Nahrung aus den wirtschaftlich schädlichen Kleinnagern. Die Verluste an Getreidekörnern und Nutzpflanzen, die die tüchtigen Mäusejäger den Landwirten damit ersparen, sind beachtlich (→ Info-Kasten Seite 48). Mäuse bevölkern im Übrigen nicht nur Felder und Scheunen, sondern auch Städte und Vororte. Sie laben sich dort an Kompost und Nahrungsabfällen, und nicht wenige Mäusearten beziehen im Winter gerne Wohngebäude. Der Nutzen von Hauskatzen zur Verhinderung von »Nagerschwemmen« ist daher in allen menschlichen Siedlungen nicht zu unterschätzen.

reste mit loser Bodenstreu, Laub oder Zweigen zu wie Kot, damit es nicht riecht. Wir kennen dieses Verhalten auch von Hauskatzen, die insbesondere stark riechende Dosenfutterportionen nach ein paar Scharrbewegungen am Boden zurücklassen.
Unverdauliches: Katzen haben starke Mägen. Feine Knochen und Federn werden glattweg mitverdaut, in der freien Natur stellen sie eine unverzichtbare Kalziumquelle dar. Haare, harte Käferflügel, Knochensplitter und Zähne hingegen erweisen sich auch für Katzenmägen als unverdaulich. Sie werden als Ballaststoffe größtenteils hinterrücks ausgeschieden, oft zusammen mit Grashalmen, die die Katze als »Verdauungshelfer« frisst. Manchmal erbrechen Katzen die Haare auch zusammen mit etwas Gras und viel Schleim. Deswegen (und auch wegen bestimmter Vitamine, vor allem Folsäure) ist ein Blumentopf mit Gras für Wohnungskatzen unverzichtbar.

Der angebliche Schaden, den Katzen unter Singvögeln, Fischen und Niederwild (etwa Feldhasen oder Fasane) anrichten sollen, wird hingegen meist weit übertrieben. Tatsächlich bestehen lediglich 5 bis 13 Prozent ihrer Nahrung aus diesen Tieren.

Die Nahrungsbedürfnisse der Wohnungskatze

Jede Katze entwickelt im Laufe ihres Lebens Abneigungen und Vorlieben. Für einzelne Abneigungen kann man ruhig Verständnis aufbringen. Ausgesprochenen Vorlieben dagegen sollten Sie nicht allzu häufig willfahren, auch wenn Ihr Stubentiger hartnäckig versucht, seinen Willen durchzusetzen. Heikle Katzen können alle Register ziehen: Sie verweigern die Nahrungsaufnahme, klagen und heulen verdrießlich, bis sie genau das haben, was sie wollen, und sei es Kaviar. Der Geschmack einer verzärtelten Katze ist meist nicht nur teuer, sondern oft auch wenig gesundheitsfördernd. Katzen wissen nämlich nicht »automatisch«, was für sie gesund und was ungesund ist.

Doch keine Angst: Eine Katze richtig zu füttern ist gar nicht so schwer. Man kann alles im Laden oder beim Metzger um die Ecke kaufen. Denken Sie an Abwechslung, das ist für das geistige und körperliche Wohlbefinden von Wohnungskatzen so etwas wie eine mächtige Zauberformel.

Das schmeckt und bekommt der Katze

Qualitativ hochwertige Katzen-Fertignahrung: Diese enthält alle wesentlichen Nährstoffe, Mineralstoffe, Spurenelemente und Vitamine, die die Katze benötigt.
Eigelb und Quark: Beides schmeckt Katzen nicht nur gut, es sind auch alternative Protein- und Vitaminquellen zu Fleisch.
Frischfleisch: Ganz wichtig! Rohfütterung von Rind (auch Lunge, Herz und Niere), Pute und Huhn mit Haut und Knochen ist das Allerbeste für Katzen. Das beschäftigt die Katze und hilft gegen Langeweile, ist gesund und die einzig wahre Zahnpflege. Geflügelknochen splittern nur, wenn sie durchgegart sind. Wer gesundheitsschädliche Keime weitgehend ausschließen möchte, kann das Fleisch vor dem Verzehr etwa 30 Tage lang tiefgefrieren – und natürlich vor dem Verfüttern auftauen.
Leber: Die meisten Katzen schätzen Leber und Fisch sehr. Doch wenn Sie sie verfüttern wollen, dann höchstens einmal pro Woche. Hartnäckige »Leber- und Fischfreaks« mit nachgiebigen Besitzern werden wegen des Zuviels an aufgenommenem Vitamin A krank!
Ganze Futtertiere: Wer sich nicht davor graust, kann auch Eintagsküken oder Mäuse anbieten, die mittlerweile tiefgefroren in vielen Zoohandlungen (für Reptilien) angeboten werden. Das ganze Tier enthält nicht nur Proteine und Fette, sondern zusätzlich das gesamte Spektrum an Vitaminen

> ### DIE BIOLOGISCH ARTGERECHTE ROHFÜTTERUNG
>
> Ein neuer Trend ist die alleinige Fütterung mit rohem Frischfleisch – BARFen. Jedoch muss man sich näher mit dem Thema Katzenernährung beschäftigen, um Mieze dabei auch ausgewogen zu ernähren. In reinem Muskelfleisch ist der Phosphoranteil nämlich zu hoch, sodass es bei dessen alleiniger Fütterung zu Nierenversagen kommen kann. Durch den Zusatz von Kalzium können Sie dies ausgleichen. Allerdings ist auf Dauer eine hochwertige Futterergänzung zur optimalen Vitamin- und Mineralstoffversorgung ratsam. Ihr Tierarzt kann Ihnen geeignete Mittel für Ihre Katze empfehlen.

DIE FUTTERSPIELSTATION – DAS ÜBERRASCHUNGS-EI FÜR KATZEN

Eine schöne Mischung aus Spiel und Nascherei ergibt sich, wenn Sie einige (zuckerfreie) Katzenleckerlis verstecken, die Mieze dann »erbeuten« muss. Anders als Hunde sucht eine Katze jedoch nicht gezielt mit der Nase nach Futter, den meisten muss man zeigen, wo es versteckt ist, zum Beispiel in einer leeren Toilettenpapier-Rolle. Legen Sie diese vor die Katze und das Leckerchen auffällig hinein. Die Pappollen lassen sich auch leicht zu Stapeln oder Pyramiden zusammenkleben. Ihre Katze hat nun einiges zu tun, um die einzelnen Stückchen herauszuangeln und zu fressen. Hat sie die Benutzung des »Futterautomaten« verstanden, können die Enden der Rollen mit etwas Papier locker verschlossen werden – eine Herausforderung für jede Katze, die ihre Geschicklichkeit und ihren Einfallsreichtum ansport. Denken Sie daran, größere Menge an Leckerlis bei der täglichen Futterration zu berücksichtigen.

und Mineralstoffen, das eine Katze braucht. Verfüttern Sie diese Nahrung direkt nach dem Auftauen roh. Katzen sind Rohköstler, sie kochen ihre Mäuse nicht!

Nicht gut für Ihre Katze

Billigfutter: Der Fleischanteil darin ist zu gering, die Mischung ist mit Soja, Reis, Mais und anderen Zerealien gestreckt. Auch der Gehalt an Vitaminen und dem lebenswichtigen Taurin ist zu gering, der von Zucker, Salz, Farbstoff und Konservierungsmitteln dagegen zu hoch.
Ausschließlich Trockenfutter: Auch wenn das vielen als die einfachste und sauberste Lösung erscheint, kann Trockenfutter allein schädlich sein, weil es die Katzen dehydriert und auf Dauer die Nieren schädigt. Eine ausreichende Wasseraufnahme (→ Seite 68) ist wichtig!
Rohes Schweinefleisch: Katzen lieben es, doch kann es wegen der dadurch übertragenen Aujeszky'schen Krankheit, die für Katzen (und Hunde) meist tödlich verläuft, gefährlich sein. Schwein daher nur im gegarten Zustand verfüttern!
Alles Einseitige: Abwechslung ist wichtig!

Achtung, das ist für Katzen Gift!

Katzen naschen gern, und es kann für Katze wie Mensch gleich beglückend sein, wenn man Leckerbissen miteinander teilt. Grundsätzlich ist gegen einige Häppchen vom Tisch nichts einzuwenden. Mieze freut sich über die Zuwendung, und etwas Frühstücksei, Hühnchen, ein paar Spätzle, Joghurt, Quark oder ein Stück Käse sind sogar gesund. Andererseits ist manches, was für Menschen bekömmlich ist, für Katzen ziemlich giftig.
Schokolade: In Form von Schokocreme, Mousse, Eis oder Milchkakao besitzt die süße Verführung auch für Katzen eine große, aber gefährliche Anziehungskraft, denn Kakao ist für sie Gift.
Obst: Äpfel, Trauben, Pfirsiche, Aprikosen sind schädlich, aber es gibt Katzen, die alles probieren.
Zwiebeln: Geben Sie Ihrem Liebling nichts, das rohe oder halb gare Zwiebeln enthält, etwa Wurstsalat, Tatarmischungen oder Hackbraten. Zwiebeln sind für Katzen giftig.
Salate: An und für sich ist das Grünzeug harmlos, nicht aber die Essigsäure im Dressing. Auch Zitronensäure ist schädlich.
Zimmerpflanzen: Wovon der neugierige Stubentiger ebenfalls gern nascht, ist die gemeine Zim-

Die Nahrungsbedürfnisse der Wohnungskatze

merpflanze. Auch wenn Katzengras für ihn bereitsteht, ist es schwer vorherzusehen, ob er sich nicht doch auch an den Blättern einer giftigen Pflanze vergreift.

Wenn Sie ein Wohnungskätzchen anschaffen, trennen Sie sich bitte von giftigen Zimmerpflanzen, etwa Christusdorn, Weihnachtsstern, Amaryllis, Alpenveilchen und Efeu (noch mehr Pflanzen → Internetadressen Seite 205), wegen der Verletzungsgefahr auch von Kakteen.

Wie oft? Wie viel?

Junge Kätzchen brauchen zunächst mehrere kleine Mahlzeiten am Tag (etwa fünf), weil ihr Magen noch so klein ist.

Erwachsene Katzen sollten normalerweise mindestens zweimal am Tag essen, morgens und abends. Wer seiner Katze eine Freude machen will, füttert auch zwischendurch kleine Mengen. Auch ein Mäusefänger freut sich über mehrere Mahlzeiten: Bei mir sind das: Frühstück, zweites Frühstück (gelegentlich), kleine Mittagsmahlzeit, Abendfütterung und manchmal ein Mitternachtssouper. Die Futtermenge hängt zum einen von der Aktivität der Katze, zum andern von deren Konstitution ab. Wie bei uns Menschen gibt es gute und schlechte Futterverwerter. Bei der Verabreichung von Fertignahrung kann man sich an die Angaben der Hersteller halten und, hat man erst einmal genügend Erfahrung, die Portion den individuellen Bedürfnissen der Katze anpassen. Bei Fleischstücken sind je nach Appetit der Katze zwei bis fünf mausgroße Stücke pro Mahlzeit angemessen. Was man keinesfalls tun sollte: Große Portionen hinstellen und die Katze den ganzen Tag davon essen lassen. Eine ständig verfügbare Tagesportion ist langweilig und macht dick. Die meisten Katzen haben ohnehin sichtliche Freude am Bitten, Fordern und Schmeicheln. Oft ist das ausgiebige Werben um ein Festessen schöner als die anschließende Portion davon.

Der optimale Futterplatz

- Ein geschützter, aber nicht zu enger Platz ist wichtig, damit Mieze gemütlich futtern kann. Aber bitte nicht in der Nähe des Katzenklos!
- Der Futternapf muss leicht gereinigt werden können, denn Hygiene ist wichtig. Aber waschen Sie Spülmittelreste gut aus, sie sind für Mieze nicht bekömmlich. Ein Platzdeckchen unter dem Napf ist sinnvoll, da manche Katzen Fleisch und Feuchtfutter beim Fressen oft vor dem Napf zwischenlagern.
- Im Mehrkatzenhaushalt bekommt jede Katze am besten ihren eigenen Napf. So werden Streitereien vermieden, Sie haben einen Überblick über die von jeder Katze gefressene Futtermenge und können gegebenenfalls eine Diät, Medikamente oder Futterergänzungsmittel zielgerichtet verabreichen.

Katzengras dient hauptsächlich dazu, unverdauliche Nahrungsbestandteile besser hervorzuwürgen.

Auch der Durst will gelöscht sein: Trinkbedürfnisse und Trinkgewohnheiten

Als ehemalige Bewohnerin trockener und warmer Länder ist der Wasserbedarf der Katze wesentlich geringer als der des »Europäers« Hund. Die Stammmutter Falbkatze kommt in den trockenen Steppen Afrikas mit erstaunlich wenig Wasser aus. Eine nahe Verwandte von ihr, die Schwarzfußkatze, trinkt sogar fast überhaupt nichts. Sie regelt ihren Flüssigkeitshaushalt über ihre Beutetiere. Auch unsere Mäusejägerinnen sind so ziemlich gut mit Flüssigkeit versorgt. Haben sie darüber hinaus einmal Durst, löschen sie ihn an Teichen, Regentonnen, Wasserlachen usw.

INFO: MILCH FÜR DIE KATZE?

Frische Kuhmilch ist nicht für jede ausgewachsene Katze gleich bekömmlich, obwohl unsere Miezen sie meist gerne trinken. Manche bekommen davon aber einen verschleimten Magen und Durchfall. Viele erwachsene Katzen vertragen nämlich keinen Milchzucker (Laktose), es sei denn, sie trinken seit ihrer Jugend fast täglich Milch, wie es auf vielen Bauernhöfen der Fall ist. So »verlernt« ihr Verdauungssystem nie, mit der Laktose fertigzuwerden. Selbst die Falbkatzen vertragen Kuhmilch, wenn sie über ihre Säuglingszeit hinaus mindestens einmal wöchentlich damit versorgt werden.

Was Katzen trinken (sollen)

Sicher ist für erwachsene Katzen reines Wasser das beste und bekömmlichste Getränk. Nur scheinen dies manche Katzen nicht recht einsehen zu wollen: »Ich mag das Wasser nicht an den Füßen, geschweige denn im Magen!«

Durch vorsichtiges Wässern von Weichfutter oder Verdünnen von Sahne mit Wasser kann man auch trinkfaule Hauskatzen zur vermehrten Flüssigkeitsaufnahme »überreden«. Das ist nötig, denn vieles, was die Hauskatze vorgesetzt bekommt, enthält weit weniger Flüssigkeit als ein frisches Beutetier. Selbst Frischfleisch ist meist zu trocken, weil es für den menschlichen Genuss ausgeblutet ist. Darüber hinaus regt unser feuchtkühles Klima die Katze nicht so sehr zum Trinken an wie ein trockener Wüstentag mit 40 °C im Schatten. Deshalb bekommen Wüsten- und Halbwüstenbewohner wie die Schwarzfußkatzen in deutschen Zoos oft schwere Nierenprobleme. Das Hinstellen eines Wassernapfs genügt nicht, man muss die Flüssigkeit mit der Nahrung tarnen. Und was für die Schwarzfußkatze recht ist, gilt ebenso für die Nachbarin Falbkatze (und damit auch für die Hauskatze).

Außerdem kann Folgendes helfen:

• Stellen Sie mehrere Trinknäpfe überall in der Wohnung auf. Die Katze kann dann ihre Lieblingstränken selbst wählen. Unser Milan zum Beispiel trinkt am liebsten aus einem Kristallglas im Bad, Nuscha aus einem großen Cognacglas am Spülbecken. So manche Katze trinkt auch mehr, wenn sie durch mehrere »Gewässer« immer wieder daran erinnert wird.

Was Katzen trinken (sollen)

- Zimmerbrunnen werden sehr gerne von Katzen als Wassernapf »missbraucht«. Offenbar regt das leise Plätschern Mieze zum Trinken an. Der Brunnen darf dann aber kein destilliertes Wasser enthalten, sondern nur Leitungs- oder Mineralwasser.
- Zuckerfreie Kondensmilch und Sahne (pur für junge, verdünnt für erwachsene Feinschmecker) werden meist gut vertragen und munden fast allen Katzen.
- Es gibt im Handel auch spezielle, den Bedürfnissen der Katze angepasste Milch. Und wahrscheinlich ist ebenso laktosereduzierte Milch, wie sie für den menschlichen Verzehr angeboten wird, für Mieze bekömmlich.

Wie Katzen trinken

Die Haltung einer Katze beim Trinken gleicht der beim Essen (→ Seite 62). Wie alle Beutegreifer saugen Katzen die Flüssigkeit nicht ein, sondern lecken sie auf. Nur brauchen sie ihre Zunge dabei nicht, wie die Hunde, zu einem Löffel zu formen, weil die Flüssigkeitstropfen an den Hornzäpfchen (→ Seite 71) auf der Zungenoberfläche hängen bleiben. Meistens leckt die Katze zwei- bis viermal und »parkt« die Flüssigkeit im hinteren Teil der Mundhöhle, bevor sie abschluckt.

Trinkgefäße

Der Trinknapf sollte wie der Futternapf standfest und gut zu reinigen sein. Er muss aber nicht unbedingt an der Futterstelle stehen. Seltsamerweise mögen es Katzen, wenn sich ihre »Wasserlöcher« an erhöhter Stelle befinden, etwa neben der Küchenspüle, auf dem Fensterbrett oder im Bücherregal. Zwei bis drei Trinkstellen sollten schon zur Verfügung stehen.

Wer es gern schick hat, kann auch eine (standfeste) Designervase, einen Kristallbecher oder eine Zierschale aufstellen. Man braucht das Wasser nicht überall täglich ersetzen – Katzen lieben abgestandenes Wasser. Allerdings müssen die Trinkgefäße regelmäßig gründlich ausgewaschen werden, um Bakterienbeläge zu entfernen. Achten Sie dabei darauf, dass keine scheußlich schmeckenden Spülmittelrückstände im Napf verbleiben.

Trinken kann auch Spaß machen

Manche Katzen haben entdeckt, dass es viel mehr Spaß macht, Wasser direkt vom Hahn zu trinken. Sie balancieren akrobatisch auf dem Rand des Waschbeckens, machen den Hals ganz lang und angeln mit der Zunge die Tropfen aus dem dünnen Wasserstrahl heraus. Wer keine Spritzer im Gesicht mag, hält die Pfote in den Strahl und leckt sie dann ab. Und damit nicht genug. Unter jenen Spültischakrobaten gibt es sogar noch Intelligenzbestien, die einen Einhandregler ohne Weiteres selbst bedienen können – ihn nach dem Trinken aber nicht mehr abstellen!

Obwohl viele Katzen abgestandenes Wasser lieben, regen auch Fließgewässer – Bäche, Zimmerbrunnen und tropfende Wasserhähne – sie zum Trinken an.

Komfortverhalten – Wellness für Katzen

Jock, ein prächtiger Schwarzfusskater, ist so etwas wie ein Weltmeister in der Disziplin Putzen. Nach jeder Mahlzeit, bei geringem Hunger auch einmal kurz zwischendurch, reinigt er sich überaus gründlich. Zunächst leckt er sich Lippen, Nase und Kinn ab, sodann Pfoten und Brust, worauf sich eine Gesichtswäsche mittels der immer wieder gesäuberten Pfoten anschließt. Nachdem Jock seine Jagd beendet hat und bevor er sich zur Ruhe begibt, fällt die Säuberungsprozedur sogar noch gründlicher aus. Er putzt nun auch Bauch und Flanken und schließlich noch die Hinterbeine. Die Krallen der Hinterpfoten reinigt er, indem er sie durch die Zähne zieht. Stellen, die außerhalb der Reichweite seiner Zunge liegen, etwa Stirn, Hinterkopf und Hals, säubert er durch Kratzen mit der Hinterpfote.

Nicht in der Steppe Afrikas, sondern auf dem weichen Sofa liegend eifert diese Hauskatze ihrem wilden Verwandten nach.

Die hohe Kunst der Reinlichkeit

Was eine Katze tut, wenn sie sich so richtig wohlfühlt

Komfortverhalten nennen die Biologen alles, was mit Körperpflege und Wohlbefinden zu tun hat. Hierzu gehören bei Katzen hauptsächlich Putzen, Kratzen, Fellknabbern, Schüttelbewegungen, Krallenwetzen, Wälzen sowie Staub- und Sonnenbäder. Seltener sind Bäder im Wasser, aber manche Katzenarten (zum Beispiel Tiger) baden und schwimmen ausgesprochen gern. Auch unsere Europäische Wildkatze badet gelegentlich zur Abkühlung bei großer Sommerhitze. Wir haben sogar eine Hauskatzenrasse, die gern ins Wasser geht: die türkische Van-Katze.

Im weiteren Sinn zählt auch »Behaglichkeitsverhalten« wie Gähnen, Räkel- und Dehnbewegungen zum Komfortverhalten. Manche Verhaltensforscher zählen einfach jeden Ausdruck des Wohlgefühls dazu. Damit wäre auch das Schnurren in diesen Verhaltenskreis einzuordnen, aber so weit wollen wir hier nicht gehen.

Die hohe Kunst der Reinlichkeit

Alle Katzen haben auf ihrer Zunge kleine, hornige Zäpfchen, mit denen sie beim Ablecken ihr Fell durchkämmen. Dabei entwirren sie Knoten und entfernen Schmutz, Kletten, Ungeziefer, Hautschuppen und lose Haare. Besonders zerzauste oder schmutzige Stellen beknabbern sie und ziehen dabei die Fellhaare durch ihre Schneidezähnchen (→ Seite 16).

Im Gegensatz zu dem, was wir unter Waschen verstehen, ist eine Katzenwäsche eine ziemlich trockene Angelegenheit. Die Katze benutzt zum Putzen nur wenig Speichel, ihre Zunge ist fast trocken.

Wie lange putzen sich Katzen?

Ich habe Hauskatzen, Löwen und auch unseren vier Wildkatzenarten zugeschaut, wie oft und wie lange sie sich das Fell reinigen. Dabei fiel ein deutlicher Zusammenhang zwischen der Größe der Katze und der Putzdauer auf: Je kleiner die Katzenart, desto feiner und weicher ist das Fell, und desto länger und gründlicher putzt sie sich. Bei Löwen (bis 250 Kilogramm Körpergewicht) ist der Hang zur Reinlichkeit schwer abzuschätzen. Ein einzelner Löwe putzt sich bei trockenem Wetter und Nahrungsmangel insgesamt höchstens etwa zehn bis fünfzehn Minuten am Tag. Meist bleibt es bei ein paar Zungenstrichen an den Vorderpfoten und um den Mund herum. Nach einem Regenguss, einem unfreiwilligen Schlammbad oder einer blutigen Mahlzeit benutzen die Löwen ihre Zunge hingegen wesentlich länger – und ebenso, wenn sie beieinanderliegen, gemeinsam zur Jagd aufbrechen oder einander begegnen. Dann kann man halbstündige, sehr ausführliche Putzfeste beobachten. Die Tiere lecken dabei selten ihren eigenen Körper ab, sondern putzen sich gegenseitig. Diese soziale Körperpflege dient vor allem der Festigung der Rudelbindung, gleichzeitig aber eben auch der Reinigung vor allem schwer erreichbarer Körperstellen wie Stirn, Nacken und Hals.

Karakals (bis 25 Kilogramm) haben mit ihrem kurzen, am Rücken ziemlich drahtigen Fell nicht viel Arbeit. Sie beschäftigen sich damit nur etwa fünfzig Minuten pro Tag.

Die kleineren Servale (bis 15 Kilogramm) putzen sich schon deutlich häufiger und länger,

BEOBACHTEN SIE MIEZES PUTZVERHALTEN

Auffällige Veränderungen der Putzdauer und -häufigkeit zeigen gewöhnlich an, dass Ihre Katze Probleme hat.

Zu wenig Putzen: Bei einer Katze, die sich überhaupt nicht mehr putzt, ist Alarmbereitschaft geboten. Im einfachsten Fall kann ihre Zunge verletzt oder die Mundhöhle entzündet sein, im schlimmeren Fall weist diese Untätigkeit auf eine schwere Erkrankung Ihrer Katze hin. Sie sollten die Ursache daher unbedingt ergründen und Mieze entsprechend behandeln lassen.

Überforderung: Manche Katzen weigern sich, stark verschmutzte Stellen in ihrem Fell selbst zu reinigen. Hier dürfen Sie gerne Hand anlegen und Mieze mit einem angefeuchteten Tuch säubern oder die betroffenen Fellhaare vorsichtig mit einer Schere abschneiden.

Zu viel Putzen: Wenn eine Katze sich hingegen übermäßig oft putzt, kann dies ein Anzeichen von Stress sein. Kahl geleckte Stellen, meist an Bauch, Flanken oder Beinen, zeigen eine organische oder psychische Erkrankung an (→ Seite 177).

durchschnittlich etwa zwei Stunden jeden Tag. Hauskatzen (drei bis neun Kilogramm) putzen sich – unabhängig von ihrer Haarlänge – am Tag etwa dreieinhalb Stunden lang. Übertroffen werden sie hierbei nur noch von den noch kleineren Schwarzfußkatzen (nur bis zwei Kilogramm), die sich mehr als vier Stunden täglich der Körperpflege widmen. Das bedeutet, dass sie etwa ein Drittel ihres aktiven Daseins sich putzend, kratzend und räkelnd zubringen.

Und, sieh mal einer an: Die Weibchen sämtlicher Katzenarten sind reinlicher als die Kater. Sie putzen sich durchschnittlich eine Viertelstunde länger und wirken dabei auch eifriger. Es ist fast überflüssig zu erwähnen, dass Katzenmütter bei der Pflege ihrer Jungen ein Mehrfaches der gewöhnlichen Putzzeit aufwenden.

Warum putzen sich Katzen?

Zum Saubermachen, ist doch klar! Ein sauberes Fell schützt die Katze besser gegen Feuchtigkeit und insbesondere gegen Kälte.

Es gibt aber noch mehr Gründe, warum sich Katzen mit der Zunge so ausgiebig über ihr Fell streichen:

Talgdrüsen anregen: Durch das Lecken werden die Talgdrüsen an den Haarwurzeln des Fells angeregt, ihr Fett abzusondern. Das macht das Fell locker, geschmeidig, glänzend und leicht wasserabstoßend und regeneriert die Schutzschicht der Haut, die Pilze und andere schädigende Erreger abwehrt.

Hautdurchblutung anregen: Das regelmäßige Lecken, Rupfen und Zupfen am Fell regt die Durchblutung der Haut an. Bei Katzensäuglingen ist diese Massage durch die mütterliche Zunge unerlässlich zur Anregung von Verdauung und Ausscheidung.

Sich Kühlung verschaffen: Bei heißem Sommerwetter putzen sich die wilden Katzen häufiger und intensiver als bei Kälte, bei trübem Wetter oder nachts. Der Wärmeausgleich geschieht nämlich bei Katzen nicht allein durch Hecheln wie beim Hund, wobei die Wasserverdunstung über Atemwege und Zunge erfolgt. Wenn es sehr

Die hohe Kunst der Reinlichkeit

heiß ist, benetzen sich Katzen ihre Pfoten mit Speichel und wischen sich damit über Wangen, Stirn und Ohren. Die so entstehende Verdunstungskälte verschafft ihnen eine gewisse Abkühlung. In unserem gemäßigten Klima ist dieses Verhalten zwar nur selten zu beobachten, wohl aber in heißen, trockenen Ländern.

Stressabbau: Nicht zuletzt dient Putzen auch dem Abbau von Unsicherheit, Nervosität, Anspannung und aller anderer unerfreulicher Gefühlsregungen, die man im Neudeutschen unter dem Begriff Stress zusammenfasst. Rutscht die Katze zum Beispiel bei der Durchführung eines sorgfältig vorbereiteten Sprungs aus, schimpft die Hausfrau, bloß weil Klein Kätzchen sich friedlich und in aller Unschuld auf einem Stapel frisch gebügelter Wäsche niedergelassen hat, stört Mieze das markerschütternde Gebrüll eines Kleinkinds, glotzt eine unverschämte Person sie an, versteht sie die Welt nicht mehr – immer dann putzt sie sich. Meist fährt sie in einer solchen Situation mit der Zunge ein paarmal über Brust oder Flanken, manchmal kommt noch die eine oder andere Pfote dran. Damit unterbricht die Katze die für sie so peinliche oder unerfreuliche Szene und baut gleichzeitig die innere Spannung ab.

Ein solches Verhalten nennt man allgemein eine Übersprunghandlung, in diesem speziellen Fall haben wir es mit einem Übersprungputzen zu

STRETCHING – DEHNÜBUNGEN ZUM AUFWÄRMEN

2

Das Strecken und Dehnen ist so typisch für die Katze wie das Schnurren. Bevor Mieze richtig aktiv wird, gönnt sie sich ein gründliches Strecken des ganzen Körpers, systematisch und in stets gleicher Abfolge.

1 Die Katze tritt mit den Vorderbeinen so weit wie möglich vor, ihr Hinterteil bleibt noch stehen, der Schwanz ist hoch erhoben. Die Vorderbeine werden dabei maximal gedehnt, von der Schulter bis in die Zehenspitzen, auch die Krallen werden ausgefahren.

2 Die Katze schiebt nun ihren Körper nach vorne und dehnt und streckt ihren Rücken. Anschließend tritt sie mit den Vorderbeinen vor und dehnt die Hinterbeine, entweder beide gleichzeitig, oder sie streckt wie hier erst das eine weit nach hinten und dehnt das andere dann beim Losgehen.

tun. Wir kennen so etwas von uns selbst: Sind wir verlegen, peinlich berührt oder finden uns in einer Situation nicht ganz zurecht, kratzen wir uns am Kopf.

Gegenseitiges Putzen erhält die Freundschaft

Wenngleich kleine Kätzchen mit der Anlage zur Körperpflege fertig ausgerüstet zur Welt kommen, müssen sie in den ersten Lebenswochen doch vollständig durch die Mutter gepflegt werden. Sobald die Kleinen aber mit der Aufnahme fester Nahrung beginnen und auch Flüssigkeiten auflecken können, fangen sie mit den ersten Putzversuchen an. Nach rund sechs Wochen vermag ein Kätzchen sich halbwegs selbst sauber zu halten, wird aber trotzdem von der Mutter eifrig weitergepflegt. Auch die Geschwister putzen einander unermüdlich, was zum einen der Reinlichkeit, zum andern aber ebenso der Erhaltung des gemeinsamen Familiengeruchs dient. Charakteristisch für Jungkatzen ist ein oft nahtloser Übergang vom sozialen Putzen in ein fröhliches Kämpfchen und auch umgekehrt.

Später, im Erwachsenenalter, putzen sich befreundete Katzen oft gegenseitig, desgleichen Partner in der Paarungszeit. Und, wenn er lieb und brav ist, wird auch der eigene Mensch mit einer sorgfältigen Abraspelung der Haut durch die Zunge bedacht – wobei auch hier Liebkosung und übermütiges Beißen und Zwicken nahe beieinanderliegen können.

Peinlicherweise putzen sich Katzen häufig unmittelbar nach einer Berührung durch fremde Menschen, beispielsweise durch Besucher des Hauses. Das wirkt dann so, als würden wir selbst uns gleich nach dem Händeschütteln die Hände waschen gehen. Tatsächlich ist dem wohl auch so ähnlich: Die durch die aufdringliche Vertraulichkeit leicht indignierte Katze will einfach nur ihr durcheinandergebrachtes Fell wieder in Ordnung bringen und den vertrauten Hausgeruch wiederherstellen. (Natürlich können Sie Ihrem Besuch auch diplomatisch-höflich erklären, dass das liebe Kätzchen den Duft, den die streichel-

Durch gegenseitiges Putzen wird nicht nur das Fell gepflegt, sondern auch die Beziehung. Die Zunge der Freundin reinigt den selber nur schwer zu putzenden Kopf, beruhigt durch die leichte Massage und fördert das Vertrauen.

Weiteres Komfortverhalten

de Hand auf seinem Fell zurückgelassen hat, überaus sympathisch findet und ihn über die Zunge in sich aufnimmt.)

Soziale Fellpflege seitens des Menschen

Zum Bereich der sozialen Fellpflege gehört aber zweifellos auch alles, was die Katze von ihren Menschen so sichtlich genießt.

Streicheln und Kraulen: Es steht ganz oben in der Hitliste der zärtlichen Liebkosung durch Menschenhände (→ Seite 123). Mit genüsslich zugekniffenen Augen und hingebungsvoll schnurrend reckt Mieze ihrem Menschen die Körperstelle entgegen, wo sie es gerade am liebsten hätte, sei es Nacken, Kehle oder Wange. Sehr tolerante Katzen lassen sogar Tätscheln oder Abküssen als »Fellpflege« durchgehen.

Willkommene Hilfestellung: Auch über das Austauschen von Zärtlichkeiten hinaus können Sie Ihre Katze in ihrem Reinlichkeitsstreben unterstützen.

• Viele Katzen, die durchnässt aus dem Regen kommen, schätzen es, mit einem Frotteehandtuch in Richtung des Haarstrichs sanft abgetrocknet (nicht abgerubbelt) zu werden.

• In der größten Sommerhitze helfen Sie Ihrer Katze beim Abkühlen, wenn Sie sie mit einem feuchten Waschlappen oder Fensterleder (natürlich in Strichrichtung, wenn die Katze bitten darf) abreiben. Außerdem glänzt die Katze danach wunderschön, ebenso wie nach dem »Polieren« mit einem trockenen Stück Wildleder.

• Langhaarkatzen ebenso wie sehr dicke, arthritische, schwache oder kranke Katzen sind auf Ihre regelmäßige Unterstützung bei der Fellpflege mittels Haarbürste, Waschlappen, vielleicht auch Pflegepuder angewiesen, weil sie sich selbst nicht mehr richtig sauber halten können. Ohne diese Zusatzpflege verschmutzt das Tier allmählich, das Fell wird filzig. Bei vernachlässigten Langhaarkatzen verfilzt das Fell so sehr, dass nur noch eine radikale Schur den unglücklichen Tieren hilft (→ Seite 190).

• Beim Baden allerdings hört die Freundschaft meist auf. Es gibt zwar Fälle, in denen Katzen nach einem Sturz in einen Farbeimer ohne

> Gestreichelt und gekrault zu werden gibt Mieze ein wohliges Gefühl – körperlich wie seelisch.

Gegenwehr, weil vielleicht froh über die Hilfe, ein Bad über sich ergehen lassen. Es kommt auch vor, dass Findelkatzen so verdreckt sind, dass nur noch ein Vollbad mit allen Schikanen dagegen hilft. Es gibt sogar ganz verrückte Katzen, die sich zum Spielen in eine volle Wanne hocken. Doch in allen anderen Fällen sollte man es tunlichst unterlassen, seinen Liebling in irgendwelche Flüssigkeiten (und damit sind ausnahmslos alle gemeint!) zu tunken.

Weiteres Komfortverhalten

Da wäre zunächst einmal das Schütteln. Katzen schütteln ihren Körper weniger ausgiebig, weniger kräftig und weniger oft, als Hunde dies tun, die sich ihrerseits dafür kaum putzen. Das Schütteln dient dazu, das Fell gleichmäßig »auszurichten« und zu lockern.

Ihren Kopf allerdings beuteln Katzen öfter und so stark, dass die Ohren schlenkern. Auch das bringt das Fell ins Lot, ebenso wie die Ohrenhaare und den Schnurrbart. Außerdem schleudern sie damit nach dem Essen und Trinken Blut- und Wassertropfen ab, ebenso überflüssigen Speichel.

Doch Achtung: Schüttelt Ihre Katze auffällig häufig den Kopf, ist dies meist ein Hinweis darauf, dass sie Ohrenschmerzen hat. Ab zum Tierarzt!

Krallenwetzen

Beim Krallenwetzen an einem senkrechten Gegenstand richtet sich die Katze auf, streckt den Rücken durch und zieht die vorderen Pfoten mit ausgefahrenen Krallen unter ziemlichem Kraftaufwand in kurzen Zügen über die Oberfläche. Wenn Katzen ihre Krallen an einem Baum, einem Kratzpfosten oder Ihrem neuen Sofa schärfen, hat dies gleich eine ganze Reihe von Gründen (→ auch Seite 165):

Krallenpflege: Mit dem Kratzen reinigt die Katze die Krallen von Schmutz und Fremdkörpern, kürzt sie und schilfert lose Häutchen ab. Die Spitzen sind danach wieder scharf und glänzend wie frisch geschliffene Dolche.

Revierkennzeichnung: Die Katze hinterlässt an der Baumrinde (oder Ihrem Lieblingssessel) nicht nur sichtbare Kratzspuren, sondern auch den Geruch ihrer Pfoten. Deren Schweiß- und Talgdrüsen geben eine sehr individuelle Duftmischung an die Unterlage ab, an der andere vorbeikommende Katzen genau erkennen können, wer diese Marke gesetzt hat (→ Seite 98).

Selbsthilfe: Last, but not least erregt die Katze beim Krallenwetzen Aufmerksamkeit, und manchmal richtet sie damit auch ihr geknicktes Selbstbewusstsein wieder auf, etwa nach einem verlorenen Kampf.

TIPP — UNTERSTÜTZUNG BEI DER KRALLENPFLEGE

Wenig kletterfreudige und ältere Katzen tragen früher oder später Krallen mit eher unpraktischen Ausmaßen, erkennbar an Klack-Geräuschen beim Gehen auf harten Böden. An weichen Unterlagen bleibt Mieze damit oft hängen und zieht Fäden, zeigt sich aber auch selbst nicht begeistert von ihrer Behinderung. Dann ist es angebracht, die Krallenspitzen (und nur die Spitzen!) mit einer Krallenschere zu kürzen. Da Sie die Prozedur in der Folge meist regelmäßig durchführen müssen und dabei auf Miezes Toleranz angewiesen sind, ist es sinnvoll, eine Manipulation an den Krallen im Vorfeld gut zu trainieren. Sie sollten sie schon bei jungen Kätzchen und ohne Schere üben, bis Sie jede Kralle mit den Fingernägeln fassen und leicht bewegen können (→ auch Gewöhnung, Seite 136 und 189).

Sich wälzen

Wer kennt noch das Trockenshampoo, die beliebte Erfindung aus den Siebzigerjahren zur schnellen Pflege fettiger Haare? Es war ein Puder, den man in die Haare sprühte und anschließend ausbürstete und -schüttelte.

Eine derartige Trockenreinigung praktizieren unsere Katzen schon lange: Sie wälzen sich ausgiebig in feinem Staub, stehen auf, schütteln sich – und fertig ist die frisch gereinigte Katze. Das Ergebnis: keine fettigen Stellen im Fell und weniger Flöhe.

Das Gähnen

Gähnen ist ein sehr ursprüngliches Verhalten, man kann es schon bei stammesgeschichtlich sehr alten Wirbeltieren wie Fischen beobachten. Kater Riaan gähnt besonders gern und ausgiebig. Er reißt während eines tiefen Atemzugs den Mund weit, ganz weit auf. Beim anschließenden Ausatmen (manchmal stimmhaft) schließt er die Kiefer wieder und auch die Augen. Abgesehen von rein organischen Funktionen wie Druckausgleich im inneren Ohr, Dehnen der Gesichtsmuskeln, Temperaturausgleich oder Bekämpfung eines Sauerstoffmangels durch das tiefe Einat-

Weiteres Komfortverhalten

men, hat das Gähnen auch die verschiedensten sozialen Funktionen.
Schläfrigkeit: Primaten (wir Menschen eingeschlossen) und Raubtiere gähnen mehr als andere Säugetiere. Bei den einen wie den anderen ist Gähnen ein Ausdruck von Schläfrigkeit und Langeweile.
Freundliche Motive: Nilpferde oder auch Paviane zeigen beim Gähnen ihre imponierenden Zähne her und drohen damit. Hunde und Katzen tragen nicht weniger beachtliche Waffenarsenale im Mund. Daraus könnte man den Schluss ziehen, dass auch sie den Rachen zum Drohen aufreißen. Falsch! Im Gegenteil, sie gähnen aus freundlichen Motiven. Es bedeutet bei ihnen: »Ich bin faul und friedlich. Du auch?«
Bei einem Löwenrudel kurz vor dem Aufbruch zur Jagd ist das sehr gut zu beobachten: Wenn alles noch ein wenig abendträge herumliegt und die anderen von ihren etwas entfernteren Ruheplätzen herbeikommen, gibt es ganze Gähnorgien. Und wie beim Lächeln und sich grüßend Zunicken wenden die Tiere dabei einander die Gesichter zu.
Beschwichtigung: Ist ein Mensch oder eine Mitkatze wütend und starrt zornig, gähnt eine Katze, die keinen Streit will, zur Beschwichtigung ihres Gegenübers.
Stimmungsübertragung: Gähnen ist ansteckend wie Lachen, Weinen oder Angst. Die entsprechende Stimmung überträgt sich auf den oder die Nachbarn. Bei Affen, Hunden und Löwen kann das sogar so weit gehen, dass sie reagieren, wenn ein Mensch sie angähnt. Was dem Löwen recht ist, ist unserer Hauskatze billig: Gähnen Sie sie doch einfach an – sie wird es als freundliche, beruhigende Geste verstehen.

Sich strecken, dehnen und räkeln

Beim mühseligen täglichen Ritual des morgendlichen Aufstehens (das nicht selten durch die Anwesenheit einer faulen, sehr zärtlichkeitsbedürftigen Katze im Bett weiter erschwert wird) gähnen Katze und Mensch besonders ausgiebig. Dies wird oft auch von Räkeln begleitet. Ausgiebiges Dehnen und Strecken vor dem Aufstehen ist bei Mieze ebenso wie bei uns selbst ein Ausdruck des Wohlgefühls, des entspannten, beschaulichen Aufwachrituals. Beim Strecken (→ Seite 73) werden durch einen schonenden Zug der eine oder andere im Schlaf verkürzte oder »verlegene« Muskel und auch die Sehnen in Form gebracht. Dehnen regt den Kreislauf an und bringt den Organismus in Schwung. Und weil sowohl beim Gähnen als auch beim Räkeln Endorphine, die »Wohlfühlhormone«, freigesetzt werden, steigert sich die gute Laune. Danach vermag sich die Katze lockerer und präziser zu bewegen, die Muskeln sind besser koordiniert und können sich in höherem Maße strecken beziehungsweise zusammenziehen.
Ein guter Katzentag kann beginnen.

Für ihre Ganzkörperpflege benutzen Katzen gerne einen festen, rauen oder feinkörnigen Untergrund, am liebsten schön sonnengewärmt und trocken.

Der Rhythmus eines Katzenalltags

Es ist Frühjahr. Am späten Vormittag wird die Kätzin Bella wach. Sie räkelt sich, steht auf und streckt sich ausgiebig. Nach einem kurzen Besuch des Futternapfs und der üblichen Katzenwäsche schlendert sie durch die Katzenklappe nach draußen, wo sie auf den sonnenbeschienenen Terrassentisch springt. Sie hockt sich dort gemütlich hin und betrachtet etwas verschlafen die Frühlingslandschaft. Plötzlich wird sie hellwach. Eine Bewegung am Gartenzaun erregt ihre Aufmerksamkeit. Es ist Kater Samson, der, wie jeden Tag, sein Territorium kontrolliert. Bella hingegen wird ihre tägliche Runde durchs Revier erst am späten Nachmittag machen. Jetzt liegt sie lieber noch ein Weilchen auf dem sonnenwarmen Holz und döst vor sich hin. Gegen Abend dann werden ihre Menschen heimkommen und für Futter sorgen, sie streicheln und ihr später einen warmen Schoß zum Kuscheln bieten, so viel ist sicher. Bis dahin hat Bella noch gut Zeit für ein Nickerchen …

Wachsein und Schlafen – alles zu seiner Zeit

Entgegen der verbreiteten Meinung, Katzen seien typische Jäger der Nacht, sind Hauskatzen häufig tagsüber unterwegs. Rund die Hälfte ihrer Beute fangen unsere Katzen bei hellem Tageslicht, etwa ein Viertel in den Dämmerungsphasen und nur das restliche Viertel in den Nachtstunden. Das liegt hauptsächlich an unserem Klima, in dem die Nächte meist kühl und taufeucht sind. Lediglich im Hochsommer machen es die Hauskatzen wie ihre afrikanischen Vettern: Sie meiden dann die heißen Mittagsstunden und weichen mit ihren Tätigkeiten auf die kühlere Nacht aus.

Anpassung an den Rhythmus der Menschen

Die Familienkatze mit Freigang: Eine in die menschliche Familie integrierte frei laufende Katze hat üblicherweise kein Problem damit, die Nacht überwiegend schlafend im Haus zu verbringen. Meistens geht die Anpassung ganz von selbst. Miez gefällt es da, wo ihre Menschen sind, und die liegen nachts gewöhnlich im Bett. Ist es Aufstehzeit, gibt es verschiedene Möglichkeiten: Sanfte Charaktere wecken den säumigen Schläfer durch ein paar zarte Pfotenstupser in das Gesicht, Hooligans gehen über oder setzen sich auf dasselbe. Katzen besitzen große Fantasie und nicht weniger praktische Einsatzfreude, wenn es darum geht, einen Menschen zu wecken (→ Seite 172).
Andererseits – man ist als Katze auch hin und wieder herrlich faul. Liegt es sich gerade so schön gemütlich auf dem Sofa oder im Bett, wird der Stubentiger alles daransetzen, seinen Menschen vom Aufstehen abzuhalten. Dann werden alle Register gezogen, vom Schnurren bis zu Liebkosungen, vom Liegen auf Bauch, Brust oder Hals bis zum Festhalten mit den Krallen.

Die Wohnungskatze: Wie ihre Artgenossen mit Freigang sind auch reine Wohnungskatzen mehrmals am Tag und auch in der Nacht aktiv, vor allem, wenn man sie oft sich selbst überlässt und sie sich langweilen. Die meisten nehmen aber

> Eine große Flexibilität macht Katzen als Hausgenossen anpassungsfähig und auch erziehbar.

gerne an vielen Aktivitäten ihrer Menschen teil, wie Kochen, Basteln, Handarbeiten, Fernsehen – und natürlich Spielen. Viele Katzen ohne Freilauf richten ihren Tagesablauf daher nach dem ihrer menschlichen Mitbewohner: Sie sind aktiv, wenn wir uns bewegen, und schlafen oder ruhen mit uns. Dabei halten sich die Tiere in ihrem Rhythmus umso lieber an ihre Menschen, je mehr sich diese mit ihnen beschäftigen.

Weltmeister im Schlafen

Katzen sind begnadet faule Tiere. Wenn wenig los ist, können sie von 24 Stunden 18 verschlafen. Im Durchschnitt schläft eine Katze täglich insgesamt etwa 14 bis 16 Stunden, abhängig von ihrem Temperament, der Jahreszeit und lohnenden Gelegenheiten, aktiv zu sein. Sie schläft, döst und ruht gewöhnlich mehrmals am Tag. Ruhen bedeutet, dass sich die Katze mit geschlossenen Augen hinlegt, ohne zu schlafen. Beim Dösen befindet sich das Tier in einem Zustand zwischen Wachsein und Schlafen. Es bekommt noch etwas von der Umgebung mit, reagiert aber kaum mehr darauf.

Schlaf ist nicht gleich Schlaf

Was geht in ihr vor, wenn Mieze daliegt und die Augen geschlossen hält? Na, das ist leicht zu verstehen, meinen Sie? Sie schläft, was sonst? Doch so einfach machen es uns die Katzen nicht einmal im Schlaf.

Schlafphasen: Der echte Schlaf ist nicht einfach als bloße Abwesenheit von Aktivitäten zu betrachten. Er verläuft wie bei uns Menschen im Wechsel des leichten Schlafs und des Tiefschlafs. In der Leichtschlafphase, die typischerweise ein gutes Viertelstündchen dauert, wacht die Katze noch beim geringsten Geräusch auf. Beim anschließenden Tiefschlaf von fünf bis zehn Minuten sind ihre Muskeln wesentlich entspannter, und die Aufwachschwelle liegt deutlich höher.

Träumen: Lange hat man daran gezweifelt, dass Katzen träumen, obwohl die Zeichen dafür aufmerksamen Beobachtern sicher nicht entgangen sind: Beine, Fell, Ohren, Schnurrhaare und Schwanz zucken, und lebhafte Träumer knurren, jammern, schnattern, seufzen oder schreien gar im Schlaf auf.

Unzweifelhaft bewiesen wurde das Träumen aber erst durch Messungen der Hirnaktivität mittels Elektroenzephalogramm, kurz: EEG. Das Katzengehirn zeigt beim Träumen eine Hirnaktivität, die mit jener des Wachseins vergleichbar ist. Ein weiteres Anzeichen für das Träumen sind die schnellen Augenbewegungen unter dem geschlossenen Lid (Rapid Eye Movements, REM). Tiefschlaf und Träumen wechseln einander ab, wobei das Träumen aber nicht mit Leichtschlaf gleichzusetzen ist. Auch in der Traumphase schläft die Katze fest. Zwischendurch gähnt Mieze, kratzt oder räkelt sich vielleicht (→ Seite 76), wechselt ihre Lage – und schläft weiter.

Schlafhaltung: Die Schlaf- und Ruhestellungen von Katzen sind ganz besonders mannigfaltig, schon deshalb, weil Katzen sehr gelenkig sind. Meist passt sich die Katze einfach an die Ausgestaltung des Schlafplatzes an.

Einen Hinweis auf die Verwandtschaftsverhältnisse einer Katze (»kleinkatzenhaft zusammengerollt« oder »großkatzenartig ausgestreckt«) gibt die Schlafhaltung nicht, da die Tiere sich hier weit mehr von Witterung und Temperatur beeinflussen lassen. So beobachtete ich einen Löwen, der bei strömendem Regenwetter eng zusammengerollt unter einem Busch schlief, und Falbkatzen, die sich in der Sonne ausstreckten oder ganz entspannt auf dem Rücken schliefen. Selbst die besondere, typische Schlafhaltung von Leoparden, die ihre Glieder frei von einem Ast herabbaumeln lassen, habe ich auch schon beim

Das Warten und Beobachten in der typischen »Kleinkatzenstellung« gehört zum Berufsbild einer Hauskatze, es sollte nur nicht ihre einzige Beschäftigung sein.

Weltmeister im Schlafen

WELCHER SCHLAFPLATZ DARF´S DENN SEIN?

Katzen suchen sich die unterschiedlichsten Plätze zum Schlafen aus – und die stimmen keineswegs immer mit denen überein, die wir als Katzenschlafstatt vorgesehen haben. Wundern Sie sich also nicht, wenn Sie Ihren Liebling in der Waschmaschine schlafend vorfinden oder im Wäschekorb oder im Bücherregal. Was aber nicht bedeutet, dass Mieze die Kuschelhöhle des teuren Kratzbaums oder das aufgestellte Katzen-Himmelbett generell ablehnen würde. Sie schätzt lediglich eine gewisse Abwechslung. Bieten Sie ihr daher am besten mehrere potenzielle Schlafplätze an.

Mal warm, mal kühl: Im heißen Sommer bevorzugen Katzen kühle Plätze, sie schlafen dann auch gelegentlich auf dem blanken Boden. Im Winter dagegen schlummern sie gerne neben oder auf der Heizung, auf der (von unten beheizten) Aquarienabdeckung oder auf einem Menschenschoß.

Weich gebettet: Weiche Unterlagen werden von Katzen sehr gerne angenommen, wobei den kleinen Tigern flauschige Materialien wie Frottee, Plüsch oder Schaffell lieber zu sein scheinen als ein zwar weiches Federbett, das aber einen glatten Bezug hat.

Sicher ist sicher: Ein Gefühl der Sicherheit bietet ihnen eine Schlafstatt mit seitlichen Begrenzungen, etwa ein Korb oder eine Schlafmulde. Diese verhindern ein Abstürzen bei einem verschlafenen Positionswechsel. Höhlenartige Verstecke bieten darüber hinaus noch einen gewissen Schutz vor Lärm oder Übergriffen unsensibler Mitbewohner.

Lieber hoch als niedrig: Oft werden erhöhte Schlafplätze gegenüber bodenständigen bevorzugt, jedoch reicht es den meisten Katzen, auf Sofa- oder Betthöhe zu nächtigen. Nur besonders ängstliche Tiere findet man noch weiter oben, etwa auf dem Schrank – oder aber versteckt darunter.

Eurasischen Luchs, bei einem Nebelparder und bei einer unserer Falbkatzen gesehen. Und weil unsere Hausmieze sowieso zu allem fähig ist und wir ihr überdies sehr oft beim Schlafen zusehen können, kennen wir alle möglichen Schlafstellungen auch bei ihr.

Kälteschlaf: Ein spezieller Schlaftyp ist der Kälteschlaf. Die leicht identifizierbare, stark zusammengerollte Schlafhaltung kann man bei der Waldwildkatze vorzugsweise im Spätherbst und Winter und bei unserer Hauskatze im kalten Schlafzimmer beobachten. Die Katzen kauern dabei, in Bauchlage zu einer festen Kugel zusammengezogen, wobei sie die Gliedmaßen untergeschlagen halten. Ganz typisch für diesen Schlaftyp ist, dass die besonders kälteempfindliche Stirnpartie geschützt wird, indem sie das Tier auf den Untergrund auflegt.

Lauter gute Gründe, um zu schlafen

Müdigkeit: Der beste und sicherlich häufigste Grund ist die natürliche Müdigkeit. Wenn Mieze das Ende ihres »Katzenarbeitstags« erreicht hat, wird sie sich ein geschütztes, bequemes, je nach Witterung sonniges, schattiges oder trockenes Plätzchen aussuchen, ihr Reinigungsritual durchführen und sich hinlegen.

Verdauen: Auch eine ordentlich satte Katze legt sich gern zu einem Nickerchen hin. Die Verdauung ist schließlich eine anstrengende Tätigkeit.

Veranlagung: Es gibt auch unter Katzen lebhafte und träge Charaktere. Letztere schlafen öfter, tiefer und länger und genießen das Leben von einem gemütlichen Schlafplatz aus am meisten. Auch alte Katzen schlafen viel.

Monotonie: In einer reizarmen, langweiligen Umwelt, die Mieze zu wenig Beschäftigung bietet, schläft sie eben. Was sollte sie auch sonst tun?

RUHEZEITEN DER KATZE RESPEKTIEREN

Schlaf ist auch für eine Katze wichtig, die sich drei Viertel des Tages ausführlich dieser Tätigkeit widmet. Wird sie an einem ihrer Schlafplätze häufig gestört, unsanft geweckt oder abrupt auf den Arm genommen, so wird sie diesen Platz in Zukunft eher meiden und sich ein verstecktes, ruhigeres Plätzchen suchen. Eine lediglich ruhende oder gerade aufgewachte Katze können Sie jedoch gerne ansprechen, um sie dann – je nach ihrer Reaktion – mit einem Augenzwinkern wieder zu verlassen, ihr mit netten Worten zu schmeicheln, sie zu streicheln oder zu Aktivitäten zu ermuntern.

Andauernder Stress: Der sogenannte Verteidigungsschlaf der Feliden ist ein Beispiel für passive Abwehr durch Kontaktabbruch. Die Katzen versuchen dabei, einem sozialen Dauerstress durch eine Art Scheinschlafen zu entgehen, gemäß der Strategie: »Wenn ich nichts sehe, kann auch ich nicht gesehen werden.« Der vorgetäuschte wird allmählich zum echten Schlaf, ohne dass die Katze sich dabei aber wesentlich erholt. Dieser angespannte Schlaf ist für sie gleichsam eine Flucht aus einer Situation, die ihr auf die Dauer unerträglich wird, seien es lärmende, aufdringliche Kinder (nicht alle Katzen fühlen sich aber dadurch belästigt!) oder auch Erwachsene, seien es laute Partys oder neue, nicht akzeptierte Haustiere (andere Katze, Hund). Je nachdem, wie belastend die Katze eine Situation empfindet, nimmt sie eine mehr oder weniger verkrampft wirkende Verschlusshaltung ein. Sie rollt sich zu einem festen Ball zusammen, den Rücken zusammengekrümmt, Kinn und Hals eingezogen, Schwanz und Beine unter den Körper gezogen oder eng angelegt. Die besonders verletzlichen Teile des Körpers wie Nacken, Kehle und Bauchregion sind dadurch bestmöglich geschützt. Oft sind auch die Haare am Rücken gesträubt. Der Gesichtsausdruck wirkt angespannt, mit fest zusammengepressten Augenlidern und abweisender Ohrenstellung, die nicht selten halbseitig in Richtung der Störquelle zeigt.

Ruhen und beobachten

Ein äußerst beliebter Zeitvertreib von Katzen ist das Beobachten ihrer Umgebung. Draußen dienen Beobachtungsplätze der Ausschau nach interessanten und wichtigen Bewegungen in ihrem Umfeld, Mieze nutzt sie aber auch gerne als Ansitz, von dem aus sie mit einem schnellen Sprung eine Maus erbeuten kann.

In der Wohnung sind Beobachtungsplätze eine wichtige Bereicherung ihres Lebensraums, sichere Plätze mit guter Aussicht auf möglichst viele, strategisch wichtige »Verkehrswege«. Gönnen Sie Ihrer Katze daher einen Platz auf Ihren Fensterbänken – sie macht sich zwischen den Zimmerpflanzen übrigens malerisch. Von dort kann sie das Treiben auf der Straße oder die Vögel in den nahen Bäumen studieren. Andere, beliebte Beobachtungsplätze sind zum Beispiel Stühle, Kommoden oder Tische, die der Katze einen Rundumblick auf das Geschehen in der Wohnung bieten. Die meisten Beobachtungsplätze haben eine feste Oberfläche, allerdings nimmt Ihre Miez eine dünne Decke sicher gern als »Platzdeckchen« an. Auch Papier, etwa Zeitungen, werden gern dafür genutzt. Sie kommen Ihrer Katze also durchaus entgegen, wenn Sie die gelesenen Zeitungen nicht direkt zum Altpapier geben, sondern zunächst an einem günstigen Platz zwischenlagern. In festen Schlaf fallen die Stubentiger auf solchen Beobachtungsplätzen nur selten, deren offene Position lenkt die meisten Katzen wohl zu sehr ab. Zum Dösen und Ruhen, wenn die Aufmerksamkeit der Katze nachlässt, eignen sie sich hingegen bestens. Sobald sich dann etwas in Miezes Blick- beziehungsweise Hörfeld regt, ist sie wieder hellwach und sofort bereit zu reagieren.

Stundenplan und Terminkalender von Katzen

Katzen haben ein sehr gutes Zeitgefühl. Das brauchen sie, wollen sie ständige Streitigkeiten mit Artgenossen vermeiden. Die Streif- und Jagdreviere (→ Seite 102) benachbarter Katzen überlappen sich nämlich oft beträchtlich, wobei Nachbarkatzen ein Wegerecht oder gar ein ungehindertes Nutzungsrecht haben – sofern sie sich an gewisse Höflichkeitsregeln halten. Und dazu gehört als Erstes und Wichtigstes die Pünktlichkeit.

Ein Beispiel: Kater Arnold sucht einen gewissen Teil seines Reviers jeden Morgen auf und verlässt ihn beizeiten wieder, denn nun ist Nachbars Miro dran, und der wird schrecklich wütend, wenn er später am Vormittag nur ein Schwanzhaar von Arnold erblickt. Schließlich hat er, Miro, den Anstand besessen, stundenlang auf den Ausflug in just dieses Terrain zu warten.

Ein derartiger Zeitplan wird manchmal speziell ausgefochten. Manchmal hat auch einfach diejenige Katze, die im Grenzgebiet zuerst angekommen ist, das Wegerecht, selbst wenn sie kräftemäßig die Unterlegene ist. So bleibt das dann auch bei künftigen Begegnungen im Grenzgebiet. Indem jeder einen festen »Stundenplan« einhält, teilt man sich ein Revier, vermeidet dabei aber persönliche Begegnungen. Auf diese Weise können Katzen ohne gefährliche Kämpfe das volle Ausmaß ihres Streifgebiets nutzen.

Der Zeitsinn von Katzen jedenfalls ist mit Recht schon fast legendär. Er beschränkt sich bekanntermaßen nicht nur auf die Einhaltung bestimmter Tageszeiten, sondern erstreckt sich mit überraschender Genauigkeit auf Wochen- oder gar noch länger dauernde (mehrwöchige) Zyklen.

Und wer seine Katze gut kennt, weiß, dass sie das Regelmaß menschlicher Zeitpläne verblüffend genau nachvollziehen kann – manche sogar Sonntagsruhe und Ferienzeiten.

Vor allem junge Katzen fordern ihre täglichen Spielzeiten ein. Sie wollen Erfahrungen sammeln.

Auch Katzen müssen mal müssen

Wenn Not am Mann ist, hat Kater Bastiaan es leicht. Er kann ins Freie, wann immer er will, und vor ihm erstreckt sich als gigantisches Katzenklo kilometerweit die Halbwüste der Karoo mit ihren trockenen Sandbetten. Riaan hat es ein wenig schwerer, denn das deutsche Klima kommt seinem Sinn fürs Komfortable nicht immer entgegen. Deshalb stehen ihm im warmen Haus auch drei Katzenklos zur Verfügung. Diese verstauben allerdings friedlich, denn ein wahrer Mann geht ins Freie, auch wenn es »Kröten hagelt« oder das Quecksilber weit ins Minus fällt. Selbst im dichtesten Schneetreiben setzt er sich in das eisige Substrat, erledigt sein Geschäft, scharrt es zu und stiebt zurück ins Haus, weil es ihn an den Pfoten schmerzlich friert.

Viele Katzen bevorzugen es umgekehrt: Sie eilen mit dringlicher Not ins Haus, wo das vertraute Katzenklo auf sie wartet, verrichten ihr Geschäft und scharren, graben und wischen so eifrig, dass die Streukörnchen durch die Luft fliegen.

Katzen sind stubenrein – ganz von selbst

Über das **Ausscheidungsverhalten** unserer Stubentiger

Wie bei allen Tieren ist die Entleerung von Blase und Darm für die Katze eine natürliche Selbstverständlichkeit. Gesteigerte Aufmerksamkeit fällt diesem Thema eigentlich erst zu, wenn die Katze ihr Zuhause mit dem Menschen teilt.

Katzen sind stubenrein – ganz von selbst

Katzen brauchen kein Gassigehen, um die Wohnung, in der sie leben, sauber zu halten. Ihnen genügt eine aufgestellte Katzentoilette, die sie dann selbstständig aufsuchen, um sich zu entleeren. Dieser ungemein praktische Wesenszug trägt zweifellos mit dazu bei, dass sie als Hausgenossen so beliebt sind. Schon sehr früh lernt ein junges Kätzchen, stubenrein zu sein. Die lockere Einstreu des Örtchens und die Gerüche sprechen die dafür vorhandenen Instinkte an, den Rest besorgt die Mutter durch ihr Vorbild. Wenn man dann ein Kätzchen neu in seinen Haushalt aufnimmt, hat es schon alles diesbezüglich Notwendige intus. Es kann natürlich vorkommen, dass es in der fremden Umgebung zunächst verwirrt ist und ein falsches Örtchen wählt. Dann muss man es nur sanft auf die bessere, »richtige« Möglichkeit hinweisen, um einen sauberen Hausgenossen zu haben (→ Seite 187).

Das Toiletten-Verhalten wilder Katzenarten

Ihre Sauberkeit hat Mieze bereits von ihren Vorfahren, den Falbkatzen, geerbt. Diese suchen sich Stellen mit losem Sand, Laub und Kies und »erschaffen« Katzenklos, indem sie das Substrat zu immer größeren Häufchen zusammenscharren. Manchmal benutzen sie auch ebene Steinflächen als Latrinen, oder tiefe Erdferkellöcher werden wie Plumpsklos gebraucht.

Die nahe verwandten Schwarzfußkatzen haben zwar ebenfalls ihre bevorzugten Stellen als Toiletten, nach der Jugendzeit graben sie ihre Ausscheidungen jedoch kaum mehr ein.

Die meisten anderen wilden Katzen sind nicht so ordentlich. Servale setzen ihren Kot zwar an bevorzugten Stellen ab, die sich aber über annähernd zehn Quadratmeter erstrecken, und sie scharren ihn nicht zu. Den stark riechenden Harn

Kater Riaan verrichtet wie viele Freigänger seine »Geschäfte« im Freien, komme was wolle. Für echte Notfälle findet er aber auch im Haus Katzenklos.

TIPPS RUND UM DAS KATZENKLO

Kein Katzenhaushalt ohne Katzentoilette. Mieze benutzt ja die bereitgestellte Vorrichtung für ihr Geschäftchen in aller Regel auch bereitwillig – sofern Sie ihr etwas entgegenkommen und die natürlichen Bedürfnisse einer Katze auch in Hinblick auf das stille Örtchen berücksichtigen.

Standort: Ruhig sollte er sein, leicht zugänglich, übersichtlich mit Rückendeckung und nicht in der Nähe von Miezes Futternapf oder ihrer Ruheplätze. Ideal ist zum Beispiel eine frei zugängliche Menschentoilette.

Anzahl: In jeder Etage eines Wohnhauses sollte mindestens ein Katzenklo stehen, auf 100 Quadratmeter Wohnfläche eines, bei älteren, fettleibigen oder sonstwie behinderten Katzen mehrere. Pro Katze ist ein Klo vonnöten plus ein Extrakistchen. Viele Katzen benützen nämlich gern verschiedene Kistchen für den Harn- und den Kotabsatz.

Größe und Bauart: Die handelsüblichen Katzentoiletten haben nur Minimalgröße. Übergewichtige und ältere, arthritische Katzen brauchen mehr Platz zum Umdrehen, Riechen und Scharren. Kistchen mit Kastenaufsatz mögen zwar für Menschennasen angenehmer sein, sind aber für manche Katzen eine Zumutung. Keine wild lebende Katze würde jemals eine Höhle zum Harnen oder Koten wählen, wogegen viele Hauskatzen (nicht alle!) eine solche Toilette durchaus akzeptieren.

Einstreu: Die früher üblichen Substrate wie Sägemehl, Torf, Sand oder Erde waren zwar bei den Katzen sehr beliebt, mussten aber täglich gewechselt werden, weil sie weder in der Geruchs- noch in der Nässebindung mit der modernen Katzenstreu vergleichbar waren. Heute werden im Handel Katzenstreu-Sorten in einer verwirrenden Vielzahl angeboten. Es gibt weiche, mineralische, synthetische, kantige, rundkörnige und staubarme Sorten. Die Katzen bevorzugen meist die weichere Klumpstreu, während die rundkörnige, synthetische Streu am besten Gerüche und Flüssigkeiten bindet. Sparen Sie nicht zu sehr mit der Streumenge. Eine Streutiefe von fünf Zentimetern ist das Mindeste.

---

verspritzen sie großzügig oder verreiben ihn mit den Hinterfüßen als sogenannte Wischmarke. Karakals und die großen Katzen lassen ihren Kot offen als Duftmarke liegen, häufig an oder nahe den Reviergrenzen.

Die Hauskatze, ein reinlicher Hausgenosse

Wie wir sehen, tun sich unsere Hauskatzen nicht nur unter den übrigen Tieren, sondern auch unter dem Katzenvolk in puncto Sauberkeit durch besonders angenehme Eigenschaften hervor. Wichtig ist, dass wir ihnen auf halbem Wege entgegenkommen. Manche Katzen legen nämlich großen Wert darauf, dass die Örtchen die entsprechende Größe haben, an den richtigen, ruhigen Stellen stehen und auch die von Kindheit an gewohnte Streu enthalten.

Katzen, die ins Freie dürfen, bevorzugen Sand, Herbstlaub oder lose Erde (Maulwurfshügel und Gartenbeete sind hier sehr beliebt). Im Winter ist es der Schnee – zwar kalt, aber sonst perfekt, weil reichlich vorhanden und immer sauber. Für Kot-

Katzen sind stubenrein – ganz von selbst

und Harnabsatz haben die Freilaufkatzen verschiedene Stellen, die üblicherweise einige zehn Meter auseinanderliegen. Aus hygienischen Gründen wechseln die Tiere ihren Lokus immer wieder.

Wenn einmal eine »Katzastrophe« passiert ist:
Es kann vorkommen, dass eine Katze ihr Geschäft außerhalb des dafür vorgesehenen Kistchens verrichtet – meistens unmittelbar daneben.
Bitte nicht gleich erschrecken! Ihre Katze bringt damit zum Ausdruck, dass sie ihr Klo zwar durchaus benutzen möchte, aber ihr etwas daran nicht passt. Meistens »stinkt« ihrem Liebling lediglich die Streu im Katzenklo. Viele Katzen sind in diesem Punkt recht eigen. Sie benutzen ihr stilles Örtchen nur, wenn es zumindest einigermaßen sauber ist. Weitere Fragen, die Sie sich bei der Ursachenforschung des Malheurs stellen sollten: Habe ich etwas anders gemacht als bisher? Ist die Streu von einem anderen Hersteller? Oder habe ich ein neues Putzmittel für die Toilettenreinigung verwendet, das für die Katzennase vielleicht stinkt?

Miezes Klomanieren

• Durchschnittlich zwei- bis viermal am Tag muss eine gesunde, erwachsene Katze auf die Toilette, dreimal zum Harn-, einmal zum Kotabsatz. Geht sie deutlich häufiger oder seltener, sollten Sie mit ihr – oder zumindest mit einem Teil ihres »Geschäftes« – den Tierarzt aufsuchen, um ihre Gesundheit überprüfen zu lassen.

• Vor der »Verrichtung« scharrt Mieze mit wenigen Bewegungen einer Pfote eine flache Mulde in das lockere Substrat. Dann hockt sie sich mit leicht erhobenem Becken darüber und setzt Harn oder Kot ab. Den Schwanz streckt sie dabei gerade von sich. Beim Kotabsatz hockt die Katze aufrechter als beim Urinieren und wölbt das Rückgrat zu einem leichten Buckel. Diese Stellung ist für alle mir bekannten Katzen typisch. Es gibt hierbei weder Alters- noch Geschlechtsunterschiede.

• Wenn sie fertig ist, dreht die Katze sich um und kontrolliert ihre Ausscheidung mit der Nase. Die Verdauungsrückstände enthalten nämlich auch Darmbakterien und Drüsensekrete, was dem Kot, unabhängig von der aufgenommenen Nahrung, seinen individuellen Geruch verleiht.

• Daraufhin scharrt sie, manchmal mit großem Aufwand, die Mulde mit der Vorderpfote wieder zu. Damit verhindert sie eine weitere Ausbreitung des Geruchs. Jungtiere, die noch kein eigenes Revier haben, graben den Kot ebenso regelmäßig ein wie erwachsene Katzen in der näheren Umgebung der Schlafstelle, des Nests oder in der Nähe von Beutetierresten, die sie gesondert ebenfalls eingraben.

• An den äußeren Bereichen ihres Territoriums lassen vor allem die Kater ihren Kot jedoch unbedeckt liegen. Manchmal wird er sogar auf höher gelegene Geländepunkte abgesetzt, weithin sichtbar mitten auf Steinplatten oder neben auffällige Landmarken. Das soll dann heißen: »Achtung! Hier fängt mein Revier an!« Dies nennt man dann eine Kotmarke, eine Ergänzung der »gefürchteten« Harnmarken (→ Seite 97, 160).

Kann ich es wagen? Der prüfende Blick verrät des Katers Unsicherheit vor dem Betreten der geschlossenen Katzentoilette.

Die Katze, ein geselliger Einzelgänger

Ein kühler, frischer Morgen dämmert über der Karoo. Barton, ein prächtiger Falbkater, betritt seinen Weg zur Wasserstelle, die im Überlappungsgebiet zweier Katerreviere liegt. Er trifft unverhofft auf seinen Nachbarn. Barton setzt sich. Der andere, der 20 Meter weiter hinten durch das dichte Gras geschlichen war, bleibt zunächst still stehen und blickt zu Barton herüber. Nach einer Minute setzt auch er sich – betont langsam – hin. Beide betrachten nun mit neutraler Mimik die Landschaft rings um sich her. Dabei vermeiden sie peinlichst die direkte Blickrichtung zu ihrem Gegenüber. Nach etwa 20 Minuten steht der Nachbarkater auf und setzt – langsam, sehr langsam – seinen Weg fort. Nur kurze Zeit später geht auch Barton seines Wegs. Der nachbarliche Frieden ist gerettet.

So fein nuanciert läuft Kommunikation unter Katzen ab. Da muss ein Kätzchen eine Menge lernen, bis es sich in allen Situationen perfekt auf Kätzisch verständigen kann.

Das ausdrucksvolle Gesicht

Wie Katzen sich mit ihresgleichen verständigen

Die Mitglieder der Katzenfamilie haben besonders hoch entwickelte Verständigungsmittel; unsere Hauskatze macht hierbei keine Ausnahme. Dies scheint bei einer Tierart verwunderlich, die zwar, wie wir nun wissen, gar nicht so ungesellig ist, wie ursprünglich angenommen, aber doch den größeren Teil des Lebens allein verbringt.

»Kätzisch«, eine Sprache mit komplizierter Grammatik

Die Gesellschaftssysteme von Katzen sind oft erheblich variabler und komplexer als diejenigen vieler bekanntermaßen sozialer Tiere. Gerade weil in freier Wildbahn Begegnungen zwischen Katzen verhältnismäßig selten und manchmal sehr plötzlich erfolgen, ist es wichtig, dass Mitteilungen, etwa der Ausdruck einer Stimmung, ganz unmissverständlich ankommen.
Vielfach verwenden Katzen mehrere Ausdrucksweisen gleichzeitig. Sie kombinieren dabei die verschiedenen Kommunikationsmittel, die sie zur Verfügung haben.

Sich verständigen, um Kämpfe zu vermeiden

Für die Katze ist jeder revierfremde Artgenosse ein möglicher Feind, der zudem schwer bewaffnet herumläuft. Viele Gesten dienen deshalb primär der Abschreckung, in zweiter Linie der Beschwichtigung des Gegenübers. Sie sollen nach Möglichkeit schon auf größeren Entfernungen wirken, sonst könnten die Tiere allzu leicht in einen Kampf verwickelt werden. Dieselben Signale dienen unter einander vertrauten Tieren der Festigung und Vertiefung sozialer Bindungen.
Die einfachste Art der Verständigung unter Katzen ist in geringen Abwandlungen auch anderen Wirbeltieren und sogar Wirbellosen eigen. So finden sich Zischlaute, die ja dem Fauchen entsprechen, unter anderem bei Reptilien, manchen Vögeln, aber auch beispielsweise bei Skorpionen. Das Entblößen der Zähne oder das »Aufplustern« durch Sträuben der Haare oder andere Körper-

> Bei fast allen Katzenarten sind die zur Kommunikation wichtigen Körperteile durch besondere Abzeichen betont.

vergrößerungen sind ebenso allgemein verständlich wie bestimmte »Angstgerüche«. Sie sprechen einfache Emotionen wie Furcht an.

Das ausdrucksvolle Gesicht

Wie auch wir Menschen unserem Gegenüber zu allererst ins Gesicht sehen, wenn wir dessen Laune erkunden wollen, ist die Mimik auch für Katzen das wichtigste Instrument, um ihre Stimmung kundzutun.

Die Signalwirkung der Ohren

Bei der Falbkatze und bei fast allen anderen Katzenarten sind die andersfarbigen Rückseiten der Ohren sicherlich das auffälligste Abzeichen. Nicht selten »spielen« die Ohren, was sie für eine Tierart, deren Sehfähigkeit stark an Bewegungen gebunden ist, noch weit auffälliger macht als für den menschlichen Beobachter.

In der Tat sind die Ohren ein sehr ausdrucksstarkes Kommunikationsmittel. Sie reagieren am schnellsten auf Stimmungswechsel und bringen diese deutlich zum Ausdruck (→ Seite 101).

- Seitwärts gedrehte, dabei aber steil aufgerichtete Ohren sind kennzeichnend für die Angriffslust, wie sie kampfbereite Kater zeigen.
- Flach angelegte Ohren kündigen Verteidigungsbereitschaft an; in höchster Intensität liegen sie so eng am Kopf an, dass sie für das Gegenüber praktisch unsichtbar werden.
- Nicht ganz aufrechte, nach vorn gerichtete Ohren verraten eine entspannte, freundliche Stimmungslage.
- Je mehr die Katze die Ohren spitzt, desto mehr Interesse ist dabei im Spiel. So gehört auch das »Jagdgesicht« der Katze im Grunde in den Bereich »freundlich« oder besser gesagt »freudig«.

Die Signalwirkung der Augen

Eigentlich noch ausdrucksstärker, sicher aber wesentlich bedeutender in ihrer unmittelbaren Wirkung sind die kommunikativen Verhaltensweisen, die mit den Augen und ihrer Umgebung zusammenhängen. Die Katzen drücken nämlich

SELBSTSICHERHEIT UND ANGST SCHLIESSEN SICH NICHT GEGENSEITIG AUS

1 Ein bedrohlicher Feind hat Minka im Garten überrascht. Mit schmalen Pupillen fixiert sie ihr Gegenüber, ein klares Zeichen ihrer Angriffsbereitschaft, unterstrichen noch durch die vorgestreckten Schnurrhaare. Ihre kauernde Haltung und die stark angelegten Ohren verraten jedoch gleichzeitig die Angst vor dem Feind, den sie durch grollende bis schreiende Töne einzuschüchtern sucht.

2 Als sich der Eindringling weiter nähert, verstärkt Minka ihre Abwehrmaßnahmen, reißt das Maul auf und zeigt die Zähne. Die zu einer Rinne geformte Zunge verdeutlicht das heftige Fauchen, das sie nun hören lässt und das gelegentlich zu einem knallenden »Spucken« gesteigert wird. Dass die Katze nicht nur blufft, sondern durchaus bereit ist anzugreifen, drückt sie durch ihre nach wie vor vorgestreckten Schnurrhaare und die schmalen Pupillen aus.

Das ausdrucksvolle Gesicht

mit ihren Augen nicht bloß die eigene Stimmung aus. Der Blick einer Katze ist imstande, das Verhalten einer anderen Katze zu beeinflussen.

Umherschauen: Katzen, vor allem Kater, die einen Kampf vermeiden wollen, zeigen ein besonderes Verhalten: Sie wenden ihr Gesicht vom anderen ab und betrachten mit neutraler Mimik die Landschaft. Während Anstarren Überlegenheit ausdrückt und Wegschauen Unterlegenheit, ist Umherschauen der Versuch, sein Gegenüber nicht herauszufordern.

Blinzeln: Ein weiteres Verhalten, mit dem Mieze bei ihren Mitkatzen Aggressionen sehr wirksam verhindern kann, ist ein ein- oder mehrmaliges Blinzeln bis hin zu einem betonten vollständigen Schließen der Augen. Auch hier wird der Blickkontakt unterbrochen, aber nicht so vollends wie beim Umher- oder gar Wegschauen, was deshalb auch nicht als unfreundlich oder gar als Zeichen von Schwäche aufgefasst werden kann.

Blinzeln wirkt beschwichtigend, in manchen Situationen auch bittend, vertrauenheischend. Es dient als Zeichen der eigenen Ungefährlichkeit, sagt aber nicht nur: »Ich werde nicht angreifen«, sondern auch: »Ich bin bereit zur Annäherung.« Damit ist es zu einem Mittel zur Stimmungsübertragung geworden: Wer zurückblinzelt, meint auch das Gleiche. Natürlich wirkt dies nur, wenn der Gegner nicht schon völlig anders gestimmt ist. Ist dieser zum Beispiel bereits auf eine Rauferei aus, hilft auch keine Beschwichtigung mehr. Wenn eine Katze blinzelt, tritt der hell-dunkle Unterlidstreifen breit und deutlich hervor. Beim Fauchen oder Hart-Zubeißen werden diese Streifen durch das Hochziehen der Wangen schmal bis hin zum völligen Verschwinden.

Die Umstände, unter denen Katzen blinzeln, ähneln übrigens weitgehend denen, unter welchen Menschen lächeln. Insbesondere gehören dazu Begrüßung, Entschärfung peinlicher Situationen, Überwindung von Befangenheit, Verbergen eigener Unsicherheit. Oft soll auch ein guter Wille gewonnen werden. Das menschliche Lächeln entfaltet eine stark stimmungsübertragende Wirkung. Deswegen kann man das Blinzeln »das Lächeln der Katzen« nennen.

Starren: Kampflustige Kater verhalten sich gegenteilig: Sie suchen den Blickkontakt und tragen förmlich Starrduelle aus. Im Starren einer Katze mit enger Pupille liegt Selbstsicherheit, gelegentlich gepaart mit Gespanntheit.

AUGENZWINKERN ZUR BESCHWICHTIGUNG

Blinzeln Sie Ihre Katze an! Es entspricht in der »Katzensprache« einem freundlichen Lächeln. Angeblinzelte Hauskatzen antworten oft in gleicher Weise. Blinzeln entschärft Stresssituationen und vermag manchmal fast zwingend zu beruhigen. Wenn eine Katze sich fürchtet, ist die Neigung zu längerem Blinzeln selbstverständlich wesentlich geringer als bei einer entspannten Katze, die ihrem Menschen Futter abschmeicheln will.

Und wenn eine Katze Sie anblinzelt, freuen Sie sich und blinzeln Sie zurück. Die Katze mag Sie!

Ein Sekunden bis viele Minuten langes, intensives »Um-die-Wette-Starren« kann genügen, um die bestehende Hierarchie zu bestätigen oder auch die Rangordnung umzukehren, je nachdem, welcher Kater die »stärkeren Nerven« beweist: Wer als Erster wegschaut, hat verloren.

Auch Kätzinnen und Kastraten können fixierende Blicke einsetzen, um ihre Position zu stärken. Die angestarrte Katze wird dadurch eingeschüchtert und, wird sie häufig derart bedroht, langfristig auch gestresst.

DAS VERHALTEN VON HAUSKATZEN

So kündigt man eine freundliche Kontaktaufnahme an: mit freundlichem Gesichtsausdruck und hoch erhobenem Schwanz, der Einladung zur Geruchskontrolle.

Ausdrucksbewegungen der Tasthaare

Auch der sogenannte »Schnurrbart«, Wissenschaftler nennen diese Sinneshaare der Katze auch Vibrissen, gibt Auskunft über die Stimmung der Katze: Breit gefächert und nach vorn gerichtet, signalisiert er Interesse und schnelle Aktionsbereitschaft, gegebenenfalls auch Angriffslust. Bei einer entspannten Katze in behaglicher Stimmung sind die Tasthaare seitwärts gerichtet, aber nicht gefächert. Schmal zusammen- und nach hinten angelegt, beweisen sie Zurückhaltung, ja Scheu und Ängstlichkeit. Ist die Katze aber bereit zur Abwehr, spreizen sich die Schnurrhaare ruckartig nach oben. Diese Bewegung unterstreicht die Fauchgrimasse sehr lebhaft.
Auch das Gähnen wird durch die weit vorgereckte, aber mehr nach unten gerichtete Haltung der Tasthaare zu einer deutlich umrissenen Ausdrucksbewegung (→ Seite 76).

Körpersignale oder Gestik

Die mimischen Ausdrucksweisen der Katze sind von entsprechenden Gesten begleitet (→ Zeichnungen Seite 100). Unter Gesten verstehen wir hier Bewegungen und Stellungen von Kopf, Körper, Schwanz und Gliedmaßen, soweit sie Signal- oder Ausdruckscharakter haben. Dabei eingeschlossen sind auch alle Veränderungen an Umriss, Gestalt und Größe des Körpers.

»Stimmungsbarometer« Schwanz

- Bewegt sich eine Katze in neutraler Stimmung fort, hält sie den Schwanz gesenkt, nur die Spitze ist ein wenig nach oben gebogen.
- Sobald Anspannung aufkommt, etwa beim Anblick eines möglichen Beutetiers, eines Fressfeinds oder einer anderen, überlegenen Katze, knickt die Katze an Ellbogen und Knien ein (sie duckt sich), der Schwanz geht dabei mehr in die Waagrechte, seine Spitze bewegt sich je nach Aufregungsgrad langsamer oder schneller hin und her. Der Schwanz einer Katze gilt daher schon im Volksmund als »Stimmungsbarometer«. Manche der üblichen Interpretationen sind allerdings nicht ganz richtig. So verraten rasche, ruckartige Seitwärtsbewegungen des Schwanzes nicht einfach Ärger, obwohl der auch beteiligt sein kann. Die Katze befindet sich vielmehr in einem Konflikt. Man möchte fast sagen, dass das Hin- und Herschlagen des Schwanzes dem Hin- und Herschwanken des Katzengemütes entspricht. Welcher Katzenfreund kennt nicht die Szene, in der sein Liebling schwenkenden Schwanzes in der Haustür steht, bevor er sich zu einem Streifzug im Schneeregen entschließt – oder doch lieber im warmen Haus bleibt?
- Drohende Kater haben eine typische hakenförmige Schwanzhaltung. An der Basis steht der Schwanz waagrecht vom Körper ab, um dann praktisch rechtwinklig nach unten abzuknicken.

Körpersignale oder Gestik

Je mehr Furcht sich in das Drohen mischt, desto länger wird das gestreckte Stück.
- Bei einem höchst abwehrbereiten, in die Enge getriebenen Tier ist der nach hinten oder oben gestreckte Schwanz flaschenbürstenartig gesträubt – ein überaus eindrucksvolles Signal.
- Ist der nach hinten hinaus- oder hochgestreckte Schwanz hingegen nur in einem sehr kleinen Bereich am Ansatz gesträubt, ist die Katze von einer freudigen Aufregung beherrscht.
- Katzen, die in einer freundlichen Stimmungslage aufeinander zugehen, richten den Schwanz in einer charakteristischen bogenförmigen Bewegung locker auf, sobald sie sich noch etwa vier Meter voneinander entfernt befinden (»Schwanzgruß«). Erst, wenn die Tiere aneinander vorbei sind, senkt sich der Schwanz wieder zur gewöhnlichen Haltung beim Gehen.
- Jungtiere, die der heimkehrenden Mutter entgegenlaufen, tun dies mit steil hochgerecktem Schwänzchen. Der Schwanzgruß ist hier viel intensiver ausgeprägt und dauert meist auch wesentlich länger an als bei erwachsenen Katzen untereinander. Folgen die Jungen der Mutter, halten alle ebenfalls den Schwanz steil aufgerichtet. Dieses Nachfolgesignal kennen wir Katzenbesitzer alle gut: »Komm mit mir in die Küche«, will uns Miez mitteilen, wenn sie so vor uns her läuft.
- Manchmal kann man sehen, wie eine Katze der anderen den Schwanz in einem lockeren Bogen über den Rücken legt, vor allem, wenn die Tiere gerade parallel nebeneinanderstehen. Uns Menschen wird der Schwanz in vergleichbarer Situation sanft an die Wade gelegt. Diese »Tuchfühlung« stellt eine sehr vertraute Geste dar, vergleichbar mit unserem Händchenhalten.

Kopf, Hals und Beine

- Ein gestreckter Hals und vorgereckter Kopf zeigen Neugier beziehungsweise die Bereitschaft, sich anzunähern. Welcher Natur diese ist, lässt sich von der begleitenden Mimik ablesen. Eine Katze, die sich überlegen fühlt, hebt den Kopf an, nicht aber die Nase.
- Will die Katze hingegen weiteren Kontakt mit ihrem Gegenüber vermeiden, wendet sie den Kopf ab. Bei einer anderen Abwehrgeste hebt die Katze den Kopf sehr hoch, zieht ihn mit gesenktem Kinn zurück und legt die Schnurrhaare nach hinten. Hauskatzen tun dies zum Beispiel, wenn man sie am Nasenspiegel berührt.
- Hohe, durchgestreckte Beine künden von Selbstsicherheit, gepaart mit einer gewissen Anspannung. Auch ein Kater in Angriffslaune stelzt auf möglichst geraden Läufen auf seinen Gegner (oder im Spiel auf einen Gegenstand) zu.

Die Rückenlinie

Bei der typischen Drohhaltung des Körpers, welche eine Herausforderung begleitet, ist der Rücken gerade. Dabei sieht die Katze hinten

So wild es auch aussieht, der Katzenbuckel und der gesträubte Schwanz des Katers verraten, dass bei seiner Angriffsdrohung auch Angst im Spiel ist.

höher aus als vorn, denn gerade ausgestreckt sind die Hinterbeine länger als die Vorderbeine. Das gesträubte Fell entlang des Rückgrats und an der Schwanzwurzel verstärkt den Eindruck der leicht ansteigenden Linie. Die Rückenhaare stehen nicht einfach senkrecht hoch, sondern neigen sich etwas zur Mitte hin, sodass ein scharfer Kamm entsteht. Der an der Wurzel gerade Schwanz führt diese Linie fort und biegt dann scharf nach unten ab.

Als Beobachter vermag man meistens sehr klar vorherzusehen, welcher Kater bei einem Starrduell (→ Seite 91) als Sieger hervorgehen wird: Das weniger selbstsichere Tier knickt nämlich langsam in den Sprunggelenken der Hinterbeine ein, die Kruppe fällt ab, der drohtypische »Knick« im Schwanz wird weniger scharf; die Katze nimmt schließlich die »Hyänenstellung« (→ Seite 100) ein, bei der der Rücken stark abfällt.

Der Katzenbuckel: Der allbekannte Drohbuckel entsteht, wenn sich die Katze in einem Konflikt zwischen Kampf und Flucht befindet. Bildlich gesehen ist das Hinterteil der Katze, das sich weiter weg von der Bedrohung befindet, »mutiger« als das Vorderteil, das sich lieber zurückziehen möchte. Als Folge schiebt sich die Katze zusammen, und ein »gefährlich« wirkender Buckel wölbt sich auf.

Die Lautsprache der Katzen

Akustische Signale haben den Vorteil, dass sie eine Verständigung ohne direkten Blickkontakt ermöglichen. Alle Katzenarten verfügen dazu über ein reiches Lautrepertoire, das von Art zu Art sehr verschieden ist.

Ausdrucksstarke Stimmen

Auf den ersten Blick mag ja der Umfang der folgenden Aufzählung kätzischer Laute nicht besonders beeindruckend sein. Erlebt man aber, wie vielfach unsere Mieze ihre Laute abwandeln und kombinieren kann, wird rasch klar, dass ihr Repertoire an Lautausdrücken ungemein reichhaltig ist.

Fiepen: In den ersten 14 Lebenstagen sind die Lautsignale eines Kätzchens noch einfach. Hat es für längere Zeit den Körperkontakt mit der Familie verloren, empfindet es Kälte oder Hunger, äußert es mit weit geöffnetem Mäulchen ein hohes, klagendes Fiepen. Dieses veranlasst die Mutter sofort dazu, sich um ihr Kleines zu kümmern. Der Laut ist an und für sich nicht besonders kräftig, aber durchdringend und recht kräftezehrend für das noch junge und schwache Tierchen.

Schnurren: Beim allbekannten Schnurren handelt es sich um eine zwar stimmlose, aber dennoch durch den Kehlkopf abgegebene Lautäußerung, die allen Katzenarten eigen ist. Es ist eine kindliche Lautäußerungsform, die der Mama anzeigen soll, dass alles in Ordnung ist. Erstaunlicherweise brauchen sie beim Saugen und Schlucken ihr Schnurren nicht zu unterbrechen; so geht die akustische Verbindung zur Mutter nicht verloren.

Oft schnurrt die Mutter gemeinsam mit ihren Kätzchen beim Ruhen, bei der sozialen Fellpflege oder beim Säugen. Sie schnurrt auch, wenn sie sich nach einem Ausflug dem Nest nähert, und beruhigt damit die Jungen.

Kater wie Katzen schnurren gegenüber Menschen, die sie kraulen oder streicheln, beim gemeinsamen Ruhen, manchmal auch schon bei bloßem Blickkontakt. Das Mienenspiel, das das Schnurren aller Feliden am häufigsten begleitet, ist das Blinzeln (→ Seite 91).

Manche Katzen schnurren auch zum Beispiel, wenn sie krank, verletzt oder extrem gestresst sind. Ob dies nur der Beschwichtigung ihres Gegenübers oder auch der Selbstberuhigung dient, bleibt noch zu ermitteln.

Fauchen: Die dritte Lautäußerungsform ganz junger Tiere ist ein zunächst kaum hörbares Fauchen. Die typische Fauchmimik, ein weites Hochziehen der Oberlippe mit Faltenbildung an der Nasen-

Die Lautsprache der Katzen

wurzel, ist bei den Zwergen schon voll entwickelt, obwohl ihre Kiefer noch zahnlos sind. Mit den wachsenden Kräften steigt auch die Geräuschentwicklung. Die Katzen stoßen die Atemluft so scharf aus, dass das angefauchte Tier auf nahe Entfernung einen Lufthauch im Gesicht verspürt. Deshalb mögen die meisten Katzen es gar nicht, wenn man ihnen ins Gesicht bläst.

»Spucken« und Knurren: Als Steigerung in der Reihe der Warnlaute lassen Katzen das sogenannte »Spucken« hören, ein lauter, scharf durch Mund und Nase ausgestoßener Explosivlaut. Oft schlägt die Katze dabei mit den Tatzen und ausgefahrenen Krallen auf den Boden vor sich, was wie ein Scheinangriff wirkt. Man fühlt sich unwillkürlich an einen wütenden Menschen erinnert, der mit der Faust auf den Tisch haut, statt den Verursacher des Zorns selbst anzugreifen. Wie dem auch sei: So abschreckend eine spuckende, tatzenschlagende Katze auf ihr Gegenüber auch wirken mag, es handelt sich meist um reinen Bluff, denn der solchermaßen angekündigte Angriff findet bei weiterer Annäherung des Feindes selten statt. Der wesentliche Zweck des Verhaltens liegt im Erschrecken des Gegenübers, sodass die Katze Zeit zur Flucht gewinnt oder einen echten Angriff aus besserer Position entwickeln kann.

Ein weiterer Warn- oder Drohlaut mit eigener Mimik ist das Knurren. Anders als beim Fauchen entblößt die Katze dabei nicht den Fang, sondern zieht nur die Mundwinkel etwas auseinander, was dem flüchtigen Beobachter oft entgeht. Öffnet die Katze im weiteren Verlauf einer vokalen Auseinandersetzung die Kiefer und steigert die Lautstärke, wird ein stimmhaftes Grollen daraus.

Jammern: Jungtiere, die bei Raufspielen von Geschwistern zu hart angepackt werden, jammern, ebenso auch, wenn sie sich gegen die ihnen manchmal unangenehme Fellpflege durch die Mutter wehren wollen. Es bedeutet eine beschwichtigende Form der Abwehr, einen Ausdruck des Missfallens. Eine leicht verständliche

Noch nicht einmal acht Wochen alt, ist dieses Kätzchen ohne seine Mutter verloren. Seine hellen und durchdringenden Rufe helfen, die Familie wiederzufinden.

Interpretation lässt eine jammernde Katze sagen: »Ich bin ja friedlich, sei du es doch auch und tu mir das nicht mehr an!«

Miauen: Der wohl bekannteste Laut der Katze ist ein meist zweisilbiger Ruf in hoher Stimmlage. Das Tier weist damit auf eine Mangellage hin, sei es Hunger, Unterkühlung oder Einsamkeit. Mit dem Fortdauern solcher Situationen wird das Miauen länger, lauter und dunkler im Klang. In die Menschensprache könnte man das Miau mit »Bitte tu etwas für mich!« übersetzen (→ Seite 166).

Murren und Gurren: Ein helles Murren dient als eine Art sozialer Stimmfühlung. Katzen, die unvermutet aus tieferem Schlaf geweckt werden, äußern es ebenso wie zur freundlichen Begrüßung ihrer Menschen und anderer Sozialpartner. Häufige, stimmhafter abgewandelte und modulierte Murrlaute hört man auch von Muttertieren gegenüber ihren Jungen.

Als Lockruf gurrt die Katzenmutter, wenn sie ihrer Kinderschar die ersten Beutestücke zuträgt. Und zwar dann, wenn die zugebrachten Beutetiere klein und ungefährlich sind (im typischen Fall eine Maus). Größere und wehrhafte Beute wie Ratten kündigt die Mutter dagegen durch laute, fast schreiende Rufe an.

Schnattern: Die Katze öffnet dazu die Lippen nur einen dünnen Spalt, zieht die Mundwinkel weit nach hinten, der Unterkiefer bewegt sich krampfartig zitternd auf und ab. Ist die Stimme daran beteiligt, hört man dabei ein leises bis mittelstarkes Keckern. Ausgelöst wird es stets durch den Anblick einer sehr begehrten, aber unerreichbaren Beute, etwa eines Vogels im Geäst, knapp außerhalb der Sprungweite oder jenseits des Fensters. Warum Katzen schnattern, ist bis heute unbekannt. Am ehesten ist wohl an eine Übersprunghandlung zu denken.

Hauptruf: Löwen sind berühmt für ihren mächtigen Hauptruf, das Brüllen. Weniger bekannt ist die Tatsache, dass alle Katzen »brüllen«. Natürlich kann dieses Brüllen, je nach stimmlicher Veranlagung, auch recht zart klingen. Damit antworten sich die Katzen gegenseitig, es hat also eine kommunikative, Sozialkontakt-erhaltende, aber auch ausgesprochen imponierende Funktion. Hauptrufe sind stets sehr intensiv und verlangen von der Katze erheblichen Kraftaufwand.

Der Hauptruf unseres Haustigers ist ein längerer, fast durchwegs lauter, zweisilbiger Ruf, einem Maunzen nicht unähnlich. Die erste, hellere Silbe wird dabei von einem Rollen überlagert, die Lippen öffnen sich so weit, dass die Eckzähne entblößt sind. Die zweite, tiefere Silbe ist volltönend, die Lippen bedecken die Zähne und sind zu einem weiten »O« zusammengezogen.

Hauptrufe erfolgen nicht einzeln, sondern in einigen sekunden- bis minutenlangen Rufserien. Wie beim Löwen gibt es auch hier gelegentlich ein »Nachstoßelement«, bestehend aus ein bis drei leisen, einfachen Mauzern.

Obwohl sich Hauskatzen im Allgemeinen lautfreudiger geben als die wilde Stammform, verhält es sich im Falle des Hauptrufes umgekehrt: Hier übertrifft die Falbkatze fast alle Hauskatzen weit.

Katerjaulen: Schließlich haben wir noch den bekannten »Gesang« der Kater. Von den Menschen früher allgemein als »Liebesgesang« missdeutet, ist er in Wahrheit ein Droh- und Kampfgesang. Er beginnt mit einem intensiven Blickkontakt (Starren) mit einem Herausforderer. Was folgt, ist ein in der Tonhöhe stark variierendes, auf- und abschwellendes Heulen, das manchmal von Schluckbewegungen – einige drohende Kater speicheln stark – überlagert wird.

Gewöhnlich hört man Kampfgesänge nur im Zusammenhang mit den Kämpfen der Kater untereinander. In seltenen Fällen drohen aber auch Weibchen, meist ältere, sehr selbstsichere Damen, in dieser Form.

Durch Wangenreiben markieren Katzen mit Drüsensekreten und Speichel »freundliche« Objekte und Lebewesen, erheben Besitzansprüche und verstärken die Bindung.

Mitteilungen per Geruch

Bekanntermaßen gehören Feliden nicht zu den besonders nasenbegabten Säugetieren. Bei der Jagd spielt der Geruchssinn eine nur sehr untergeordnete Rolle, beim Beurteilen der Nahrung schon eine größere. Allgemein in seiner Bedeutung unterschätzt wird er aber im Zusammenhang mit der Partnerwahl, dem Sozial- und dem Territorialverhalten.

»Dufte« Visitenkarten

Katzen können keine »Ich war hier«-Zettelchen schreiben und auch keine Grundstücksrechte in ein Register eintragen. Aber sie können Duftmarken setzen, um ihre Nachrichten zu hinterlassen und Ansprüche anzumelden.

Spritzmarken: Am berüchtigtsten sind sicher die von uns Menschen oft als penetrant empfundenen Spritzmarken der Kater (→ Seite 160). Der Harn einer Katze dient nämlich nicht nur zum Ausscheiden körperschädigender Substanzen oder zur Regelung des Salz- und Wasserhaushalts. Wie bei manchen anderen Säugetieren auch, ist er Trägersubstanz für Geruchsstoffe, die eine Art »Visitenkarte« der Katze darstellen. Dadurch vermag eine Katze dem übrigen Katzenvolk nicht nur ihre Identität mitzuteilen, sondern mittels beigemengter Hormone und Düfte sogar einfache Botschaften. Die chemisch überaus komplexen und komponentenreichen Sekrete, welche von Drüsen rund um den After produziert werden, haben eine eigene Mitteilungsfunktion. Eine Duftmarke kann den Empfänger der »Nachricht« über Geschlecht, Stimmung oder den Hormonhaushalt vor allem der Weibchen während des Fortpflanzungszyklus informieren, möglicherweise auch über noch viel mehr. Sicher vermag die Katze das Alter einer solchen Duftnachricht einzuschätzen, da sich der Geruch unter der Einwirkung des Luftsauerstoffs in typischer Weise verändert. Gewöhnlich hält sich der Geruch einer Katermarke etwa eine Woche lang, zumindest für die menschliche Nase.

Eine Katze produziert je nach Menge der zu sich genommenen Flüssigkeit nicht mehr als 150 bis 300 Milliliter Harn pro Tag. Bis etwa acht Monate alte Katzen sowie Kastraten setzen ihren Urin meist etwa drei- bis viermal am Tag, selten öfter ab (→ Seite 87). Dasselbe gilt für erwachsene »intakte« Katzen außerhalb der Ranzzeit und wenn sie nicht gerade in Revierstreitigkeiten verwickelt sind.

> ### KAMPFGESÄNGE ODER LIEBESLAUTE?
>
> **Katerduell:** Zwei Kater stehen einander gegenüber und geben lange, in Tonhöhe wie Lautstärke variierende, heulende »Gesänge« von sich. Sie halten die Köpfe tief und leicht zur Seite gewendet und starren einander an. Schließlich stelzt der eine auf steifen Beinen im Zeitlupentempo davon, der andere – der Verlierer – bleibt auf der Stelle.
>
> **Liebeswerbung:** Zwei Katzen stehen hintereinander. Die vordere, die Kätzin, hat den Rücken durchgestreckt, schwenkt den aufgerichteten Schwanz heftig hin und her und gibt laute, helle Rufe von sich. Die hintere, ein Kater, gurrt freundlich und wirkt etwas schüchtern in der Annäherung.

Anders eine markierende Katze: Sie harnt viel häufiger, auch unabhängig vom Füllzustand der Blase. Die Katze beschnuppert dabei zunächst den Ort des Geschehens – meist sind dies senkrechte Strukturen wie Hausecken oder -wände –, dreht sich dann um und spritzt ihren Urin in einem waagrechten oder nach oben gerichteten Strahl gegen

das Objekt. Dabei ist ihr Rücken leicht gewölbt, sie tretelt abwechselnd mit den Hinterbeinen, und die Spitze des hoch erhobenen Schwanzes zittert.
Da die Harnröhre beim Kater sehr eng (weniger als 0,5 Millimeter weit) und die Harnblase sehr muskulös ist, können Kater ihren Harn ziemlich weit beziehungsweise hoch sprühen, bis zu 1,5 Meter wurden schon gemessen. Bei der Kätzin dagegen mündet die Harnröhre im Scheidenvorhof, daher vermag sie weder weit noch in einem scharfen Strahl zu spritzen. Sie versprüht den Urin weitgefächert. Die Harnmarken der Weibchen findet man folglich stets in Bodennähe, höchstens bis zu etwa 30 Zentimeter über dem Grund. Der weibliche Urin riecht außerdem bei Weitem nicht so stark wie der eines unkastrierten Katers.

Kotmarken: In der Nähe des sogenannten »Heims erster Ordnung« (→ Seite 102), wo die Katze »zu Hause« ist, die Mahlzeiten einnimmt und ihre Ruheplätze hat, vergräbt sie ihren Kot sorgfältig. Schließlich soll dieses Heim ja weder beschmutzt noch an Feinde verraten werden. Wo sie hingegen meint, ihre Reviergrenzen abstecken zu müssen, wird die Katze ihren Kot offen und oft sogar gut sicht- und riechbar liegen lassen.

Duft verbindet

Jede Katze hat einen individuellen Körpergeruch, der sich vor allem bei den Weibchen je nach dem momentanen hormonellen Status verändert. Besonders intensiv ist er an der Schwanzwurzel, den Oberlippen, den Wangen und am Kinn, dort sitzen nämlich die meisten Talgdrüsen.
Beim Wangenreiben tauschen die Tiere ihre Duftstoffe aus. Ein regelmäßiger, häufiger Austausch innerhalb eines Paars oder eines Rudels schafft auf diese Weise einen gemeinsamen Gruppengeruch. Hierzu dienen vor allem viele jener reibenden und »schmeichelnden« Bewegungen und Berührungen, von denen man meist annimmt, dass sie rein den Tastsinn ansprächen. Einen Teil dieser Bewegungen führen die Katzen auch an geeigneten Gegenständen durch und übertragen so ihre Düfte darauf. Wenn unsere Mieze etwa an einem Tischbein unter sichtlichem Kraftaufwand ihre Schnurrhaarpolster und Backen in Richtung des Haarstrichs reibt, dann streift sie ihren Duft daran ab. Die Duftstoffe jener Drüsen sind für uns Menschen nicht wahrnehmbar. Andere Katzen jedoch können die Gerüche noch nach Tagen wahrnehmen und daran wohl auch deren Urheber erkennen.
Ab und zu kann man auch eine Katze beobachten, die eine Kratzstelle (→ Seite 76) sorgfältig beriecht. Sie untersucht dort den Geruch, den der Urheber der Markierung durch die Schweißdrüsenabsonderungen seiner Fußsohlen hinterlassen hat.

Düfte, die »high« machen

Sehr viele ausgewachsene Katzen reagieren ausgesprochen angeregt auf den Duft der Baldrianwurzel *(Valeriana officinalis),* und zwar mit Verhal-

Katzenminze und Baldrian wirken auf viele Katzen wie ein Magnet. Bei »Schnüffelsäckchen« mit diesen Düften geraten sie regelrecht in Verzückung.

tensweisen, die offenbar weitgehend aus dem Bereich der Zuwendung, aber auch des Komfortverhaltens stammen: Kopfreiben und Rollen, Schnurren, Lecken und Saugen, hin und wieder auch Beißen. Es kommt aber auch vereinzelt vor, dass einer Katze just dieser Duft ausgesprochen stinkt. Sie verzieht dann das Gesicht, weicht zurück und geht weg, wenn sie nicht sogar faucht, kratzt oder darüberspritzt.

Noch stärker und meistens positiv reagieren unsere Stubentiger wie auch ihre wilden Vettern auf Katzenminzeblätter *(Nepeta cataria)*, auch als »Catnip« bekannt.

Andere Katzenarten haben andere Lieblingsdüfte. Die Vorliebe des Ozelots für ein bestimmtes Herrenparfüm ging weltweit durch die Presse. Eine Sorte von Haarspray versetzt Karakals in Verzückung, und Löwen rollen sich wie Kätzchen, wenn sie mit Zitronella-Öl besprüht werden. Früher hielt man die ätherischen Öle von Katzenminze, Baldrian usw. für Katzen-Aphrodisiaka, und zwar hauptsächlich deswegen, weil die Tiere sich manchmal auch auf dem Rücken hin- und herwälzen, was den Körperbewegungen einer rolligen Katze gleicht. Inzwischen hat man genauer hingesehen und festgestellt, dass die Düfte bei den Hauskatzen nicht nur auf beide Geschlechter, sondern auch auf kastrierte Tiere anziehend wirken. Heute schreiben wir diesen Ölen eine drogenähnliche Wirkung zu. Freilich gibt es gravierende Unterschiede zu echten Drogen: Nach dem »Rausch« der Katzen gibt es kein böses Erwachen, wie wir Menschen es zum Beispiel in Form eines Alkoholkaters erleiden müssen, und der regelmäßige Konsum bewirkt weder eine Sucht noch andere krankhafte Erscheinungen.

Sichtmarkierungen

Im Katzenrevier findet man stellenweise, bevorzugt an Ästen oder Baumstämmen, Kratzspuren in der Rinde. Oft stecken die abgeschilferten

Im Freien haben Kratzmarkierungen für Katzen eine ähnliche Funktion wie Graffiti für Jugendliche, nur wird die Nachricht geruchlich übermittelt.

Krallenreste noch im Holz. Besonders geeignete Bäume werden immer wieder aufgesucht; so entstehen deutliche Kratzstellen – eine sichtbare Markierung (→ Seite 164).

Mancher Kater wetzt nach einem gewonnenen Duell seine Krallen mit demonstrativem Kraftaufwand, Strecken und Räkeln im Blickfeld des Besiegten (»Imponierkrallenschärfen«).

Auch die im Kampf unterlegenen Katzen zeigen solches Imponierverhalten. Diese Tiere warten damit allerdings eine Weile, bis der Sieger sicher aus dem Blickfeld verschwunden ist. Paul Leyhausen beschrieb, dass er dann stets den Eindruck einer Trotzgeste hatte, so, als wolle das Tier sein geknicktes Selbstwertgefühl wieder aufrichten. Er beobachtete auch, dass solche Katzen sich zwischendurch schütteln, damit den Eindruck der Niederlage »abschütteln« und tatsächlich ihren Gleichmut zurückgewinnen.

DAS VERHALTEN VON HAUSKATZEN

VERHALTENSDOLMETSCHER

Gestik

Freundlichkeit
Ein aufgerichteter Schwanz bei hoch getragenem Kopf ist ein Ausdruck fröhlicher Laune. Beim Entgegenkommen stellt er einen Gruß dar, beim Voranlaufen ein Folgesignal.

Neutralität
Die Katze geht allein ihrer Wege. Ihre Aufmerksamkeit ist auf ihre Umgebung und ihr Ziel gerichtet. Sie ist friedlich, aber nicht unbedingt kontaktfreudig gestimmt.

Kontaktabbruch
Der Kopf mit dem angezogenen Kinn, die zusammengekniffenen Augenlider und die leicht abwehrend verdrehten Ohren bedeuten: »Das reicht jetzt! Geh bloß weg!«

Angriffsdrohung
Diese Haltung eines kampfbereiten Katers angesichts eines ähnlich gestimmten Rivalen wird in der Regel von lautem, auf- und abschwellendem »Katergesang« begleitet.

Drohbuckel
Die Katze fühlt sich bedroht, ist aber bereit, ihren Platz zu behaupten. Schein- oder auch ernste Angriffe können folgen, um der Katze zu einer besseren Flucht- oder Kampfposition zu verhelfen.

Ängstlichkeit
Eine verschüchterte, furchtsame Katze zeigt die typische »Hyänenstellung« mit eingeknickten Hinterbeinen. Man sollte ihr eine ruhige Rückzugsmöglichkeit bieten.

Verhaltensdolmetscher

Mimik

Frohe Erwartung
Weit geöffnete Augen, gespitzte Ohren – diese Katze ist aufmerksam in Verbindung mit einer frohen Erwartung, etwa eines schönen Spiels oder eines besonderen Leckerbissens.

Neutralität
Mit dieser Miene, sozusagen dem »Alltagsgesicht« einer gut gehaltenen, zufriedenen Katze, zeigt diese weder besondere Neugier noch große Aktivitätsbereitschaft.

Abwehr
Die seitwärts gelegten Ohren und die geschlossenen Augen weisen auf einen Verdruss hin, etwa bei Dauerstress oder einer nachdrücklich empfundenen sozialen Missstimmung.

Drohung
Von »kalter« Wut bestimmter, angriffsbereiter Kater. Der geringe Adrenalineinfluss zeigt sich in dem kaum gesträubten Fell und den verhältnismäßig schmalen Pupillen.

Angriff als Verteidigung
Konflikt zwischen Furcht und Aggression, charakteristische Fauchmimik. Die stark erweiterten Pupillen weisen auf die große Aufregung (hoher Adrenalinspiegel) hin.

»Spielgesicht«
Freundliche Mimik mit leicht geöffnetem Mund bei entblößten Unterzähnen. Spielerische Kämpfe von Katzen verlaufen fast stumm. Abwehrlaute bedeuten: »Jetzt wird's ernst.«

Grundherren und ihre Nachbarn – die Reviere der Katzen

Sicherlich haben Sie längst gemerkt: Katzen lassen sich in kein festes Schema pressen. Das gilt auch, wenn es um ihre Reviere geht.
Da gibt es scharf definierte Einzelreviere weiblicher Tiere ebenso wie riesige, diffus umgrenzte Territorien solitärer, potenter Kater; es gibt paarweise benützte Reviere ebenso wie Gemeinschaftsreviere kleinerer Weibchengruppen mit freiem Katerzugang, Streifgebiete eingeschworener Bruderschaften ebenso wie gemeinsam verteidigte Gruppenreviere – und das auch noch mit allen möglichen Zwischenformen.

Wie sich Katzen ihren Lebensraum aufteilen

Lassen wir die auf eine Menschenwohnung beschränkten Katzen zunächst außer Acht und wenden wir uns den Revieren frei lebender Hauskatzen zu:
Im klassischen Fall besetzen die Tiere einzeln ein Revier, das mindestens einen gut geschützten Schlafplatz enthält, einschließlich dessen direkter Umgebung, das sogenannte »Heim erster Ordnung«, ferner drei bis fünf gelegentlich genutzte Plätze zum Ruhen oder für Sonnenbäder, ein oder zwei regelmäßig aufgesuchte Stellen zum Trinken, sodann mehrere Jagdgebiete, Kratzstellen und Markierpunkte. Das Ganze ist durch ein Netz aus Wechseln und Wegen miteinander verbunden. Nicht zwangsläufig, aber oft und gerne benützen die Katzen dabei auch Mauern, Straßen, Wege und sonstige von Menschen geschaffene Strukturen.

Die Grenzen solcher Streifgebiete sind nur zu einem kleinen Teil wirklich scharf abgesteckt. Oft sind die Areale viel zu groß und meist auch zu unübersichtlich, um jeden Eindringling fernhalten zu können. Der Revierinhaber bemerkt ein revierfremdes Tier nur dann, wenn er ihm mehr oder weniger zufällig im Grenzgebiet begegnet. In Gegenden, in denen die Katzenbevölkerung entsprechend dicht ist, überlappen sich die einzelnen Reviere manchmal beträchtlich. Dann versucht jedoch jeder, nach Möglichkeit für sich zu bleiben, zum Beispiel über Wegerechte, die über einen genauen Zeitplan abgehandelt werden (→ Seite 83).

> Katzenreviere haben selten strenge Grenzen, sie überlappen sich oft mit Nachbarrevieren.

Weibchen und Kastraten haben meist kleinere, besser geschützte und strenger überwachte Reviere, intakte Kater nennen größere Areale ihr Eigen, die sie aber weniger strikt verteidigen und die meist mehrere Reviere von Kätzinnen einschließen. In unserer belebten Kulturlandschaft nutzen ängstliche Charaktere kleinere Streifgebiete als ihre nervenstärkeren Artgenossen.

Ausnahmen bestätigen die Regel

Dieses aufgezeigte, von Leyhausen ursprünglich beschriebene, »klassische« System wird allerdings von den Katzen häufig durchbrochen. Die Tiere, die im gewöhnlichen Fall mehr oder weniger einzeln leben, treffen sich nämlich hin und wieder, und zwar ganz friedlich und einfach so, unabhängig vom Fortpflanzungszyklus.

Besonders interessant ist in diesem Zusammenhang die Revierverteilung, die ich rund um unsere lokalen Allgäuer Bauernhöfe beobachten konnte: Hier sind es nämlich manchmal die Weibchen, deren Reviere sich stark überlappen, während die Kater sich eher absondern. Das liegt daran, dass die Kätzinnen zum großen Teil Geschwister sind. Hier zeigt sich also wieder eine andere, überraschende, fast löwenähnliche Gesellschaftsform, die ganz anders ist als das, was bei Katzen als Normalfall gilt.

Auch aus Afrika kenne ich bemerkenswerte Fälle: In einem großen Revier direkt neben einer asphaltierten Durchzugsstraße in der Karoo fand ich zwei Kater, die ein gemeinsames Revier bewohnten. Einer davon war ein roter Hauskater, der andere ein Falbkater. Sie teilten das Revier, manchmal sogar das Heim erster Ordnung und wahrscheinlich sogar die benachbarten Weibchen miteinander.

Ein anderes Revier teilte sich über Jahre hinweg ein monogames Falbkatzenpaar. In Ausnahmefällen sind also auch die Falbkatzen durchaus dazu fähig, freundschaftliche Bunde mit ihren Artgenossen zu schließen.

Zwistigkeiten bei hoher Bevölkerungsdichte

So erfolgreich Katzen Revierkonflikte normalerweise zu vermeiden wissen, kann es in Vororten und Städten mit kleinen Gärten und vielen Katzen doch auch zu anhaltenden Territorialstreitigkeiten kommen, vor allem, wenn durch häufige Umzüge die kätzischen Revierinhaber beziehungsweise -anspruchsteller oft wechseln. Auch wenn mehrere bis viele Katzen im Haus auf engem Raum gehalten werden, ergeben sich häufig Probleme. Der Aktionsradius einzelner Tiere reicht dann manchmal kaum noch über den Schlafplatz hinaus. Unter solchen Bedingungen ist ein »Reviersharing« für unsichere Katzen schwierig, da man sich nicht aus dem Weg gehen kann.

Rang und Revier

Abgesehen von der Stellung, die Kater durch ihre Kraft und Gewandtheit, ihren Kampfesmut und nicht selten auch durch pure Nervenkraft nach vielen Raufereien errungen haben, verleiht ihnen auch ihr Revier einen gewissen sozialen Status. Verständlich, dass sie es mit Nachdruck zu verteidigen suchen. Treffen etwa zwei Reviernachbarn in unübersichtlichem Gelände überraschend aufeinander, kann es daher zu heftigen Grenzstreitigkeiten kommen, vor allem, wenn mindestens einer der Nachbarn noch nicht alteingesessen ist. Bei einer solchen Auseinandersetzung geht eine Katze auf die andere schnurgerade zu, ganz ohne formelles Drohen. Der Kampf

Duftspuren anderer Tiere werden ausgiebig beschnuppert und analysiert, selbst wenn der Urheber nur an einem Halm oder Spross entlangstrich.

GESTALTUNG VON KATZENREVIEREN IN DER STADT

Nicht jede Katze hat im Umfeld ihres Zuhauses freies Gelände zur Verfügung. Je eingeschränkter das »Revier« ist, das Sie Ihrer Katze bieten können, desto mehr sollten Sie darauf achten, dass es die Grundbedürfnisse Ihres Hausgenossen erfüllt.

In der Wohnung: Zur Grundausstattung gehören neben Fress-, Trink- und Ruheplätzen sowie den Katzenklos auch mehrere Kratzstellen – ob aus purem Holz oder mit Sisal, Jute oder Hanf bezogen, hängt von den Vorlieben Ihrer Katze ab. Erhöhte Ausgucke, am besten am Fensterbrett, sind besonders wichtig. Wenn Sie Ihrer Katze ein wenig »Reviergrenze« bieten wollen, überlassen Sie ihr nicht die ganze Wohnung den ganzen Tag über. Zeitweilig verbotene Zonen (et- wa das Schlafzimmer in Ihrer Abwesenheit) oder Tabuzonen (Esstisch) geben der Katze das Gefühl, in Ihnen auch einen »Reviernachbarn« zu haben.

Auf dem Balkon: Ein Liegestuhl, ein erhöhter Platz an der Sonne, eine Kübelpflanze (ungiftig), ein Topf mit Gras, ein wenig Kies und eine Wasserstelle machen den Balkon zur Mini-Oase für Mensch und Katze. Sicherheitsnetze zur einfachen Montage gibt es in Fachgeschäften und Baumärkten.

Im Garten: Hier gibt es kaum etwas zu tun, erst recht nicht, wenn im Garten auf Pestizide verzichtet und wenigstens eine Ecke nur einmal jährlich gemäht wird, um ihn für die Katze »wohnlich« zu gestalten. Ein Garten ist per se ein prima Katzenrevier. Erfreuen Sie Ihre Mieze mit einem Erdhaufen zum Scharren und einem hohen, stabilen Baumstumpf zum Drauflegen. Besonders Sicherheitsbewusste umzäunen ihren Garten mit einem katzensicheren Zaun. Das verringert zwar für die Katze den Reiz, ist in verkehrsbelasteten Gegenden aber empfehlenswert.

ist kurz und heftig und wird fast immer nur »auf den Kratz« geführt, das heißt, es regnet blitzschnelle Serien von Pfotenhieben, während die katerkampfüblichen Bisse selten sind. Die Auslassung jeglichen Drohgehabes, die nach rückwärts gefalteten Ohren, das gesträubte Fell, das Tempo und nicht zuletzt das schrille Gekreisch beim Schlagabtausch klassifizieren solche Grenzkämpfe als abwehrbestimmt. Dies liegt nahe, denn schließlich soll ja der Konkurrent vertrieben und das Revier verteidigt werden.

Diese Art des Kämpfens findet sich bei beiden Geschlechtern, eigentlich sogar bei den Weibchen häufiger, da sie ihre Reviergrenzen üblicherweise viel eifersüchtiger bewachen als die Kater. Hat sich aber im Laufe der Zeit erst einmal herausgestellt, welchem Nachbarn der Vorrang gebührt, gibt es kaum mehr Ernstkämpfe, denn bei den künftigen Grenzbegegnungen wird das unterlegene Tier umkehren und weggehen, vielleicht auch schleunigst Fersengeld geben, wenn eine Verfolgung und Prügel durch den Überlegenen drohen.

Auf den Standpunkt kommt es an

Die Rangordnung, die aus solchen Grenzkämpfen entsteht, ist zwar klar ausgefochten, jedoch keineswegs immer gültig oder gar starr – im Gegenteil: Je weiter sich ein Verlierer in einem derartigen Grenzgeplänkel in sein Stammrevier zurückzieht, desto mehr wächst sein Selbstvertrauen. So kommt es gar nicht selten vor, dass der

Rang und Revier

Sieger im Laufe der Verfolgungsjagd plötzlich merkt, wo er nun eigentlich gelandet ist, nämlich weit im »Feindesland«. Und von einem Moment auf den anderen kehren sich die Rollen um. Denn während den Überlegenen immer mehr der Mut verlässt, nimmt gleichzeitig der Kampfesmut des Verfolgten zu, je weiter man sich dessen Reviermitte nähert. Es kommt daher im Freien praktisch nicht vor, dass eine Katze einer anderen das Revier wegnimmt. Gelegentliche spätere Besuche von Sieger wie Besiegtem im Revier des anderen sind kein Anlass mehr zu neuerlichen Gefechten, sondern werden geduldet.

Das Wegerecht macht Kämpfe überflüssig

Grenzbegegnungen von Falbkatzen, wie sie in Afrika zu beobachten sind, gehen häufig ohne jede Tätlichkeit ab, ja sogar ohne Austausch von offensiven Blicken, die das Gegenüber als Provokation auffassen könnte. Die Katzen suchen Kämpfe tunlichst zu vermeiden. Ein ausgesprochen sinnvolles Verhalten in einer Umgebung, in der jede Verletzung womöglich tödliche Folgen hat. Das einmal festgelegte Wegerecht (→ Seite 83) ist da ein probates Mittel zur Konfliktvermeidung.

MÖBEL FÜR DIE KATZ

1 Kratzpfosten: Geeignete Kratzgelegenheiten an strategisch günstigen Plätzen verhindern ein allzu »rustikales« Aussehen Ihrer Wohnung und fördern ein entspanntes und harmonisches Zusammenleben.

2 Kuschelhöhle: Derartige Plüschhöhlen bieten aktiven Katzen, jung wie alt, eine willkommene Gelegenheit für Versteckspiele. Scheue und ängstliche Katzen finden hier ein warmes und weiches Refugium, in das sie sich bei Bedrohung oder Tumult zurückziehen können und wo sie sich sicher fühlen.

3 Erhöhter Liegeplatz: Kratzpfosten und -bretter können auch schön und praktisch mit Beobachtungs- und Schlafplätzen für die Katze kombiniert werden, wie bei diesem Kratzbaum. Solche Liegeplätze gestatten Mieze einen prima Überblick über einen Teil ihres Reviers.

Erkundungsverhalten –
Katzen wollen sich auskennen

Miro, ein sehr kurzhaariger, glänzend schwarzer Kater, kam im Alter von zweieinhalb Jahren zu einer neuen Familie mit Haus und Garten. Es war geplant, ihn zunächst drinnen zu halten, bis er sich mit seinem neuen Zuhause hinreichend vertraut gemacht hatte. Stattdessen fand er in der ersten halben Stunde nach seiner Ankunft einen Ausgang – und weg war er.

Nach einer Stunde war er zur freudigen Überraschung der Familie wieder zurück und verlangte lauthals etwas zu essen. Er wollte nicht, wie ursprünglich vermutet, in sein altes Heim zurück. Er wollte nur kurz sein neues Revier erkunden, und, was er sah, gefiel ihm offenbar.

Etwas oder jemand hat ihr Interesse geweckt. Neugierig nähert sie sich, jedoch vorsichtig, schleichend, um den Überraschungseffekt auszunutzen.

Katzen sind neugierig

An und für sich umfasst der Ausdruck »Erkundungsverhalten« weit mehr als nur das Erforschen einer zuvor unbekannten Gegend oder das Entdecken und Untersuchen neuer Gegenstände in einer bereits bekannten Umgebung. Manche Verhaltensbiologen setzen den Begriff Erkundungsverhalten mit allen Formen des Neugierverhaltens gleich.

Katzen untersuchen alles Neue in ihrem Gesichtskreis, und sie tun dies besonders auffällig und intensiv. »Curiosity killed the cat« – »Neugier brachte die Katze um«, ist nicht umsonst ein viel zitierter Spruch im angelsächsischen Sprachraum. Aber auch der eigentlich bekannte Lebensraum wird von Mieze regelmäßig auf Abweichungen von der »Norm« untersucht. Leyhausen stellte bei zahllosen seiner Versuche fest, dass die Katzen typischerweise zunächst ihre neue Umgebung untersuchten, etwa einen Versuchsraum, bevor sie sich für das eigentliche Versuchsobjekt, beispielsweise eine fremde Katze, interessierten.

Neugierde siegt

Katzen, die eine unbekannte Umgebung erkunden, bewegen sich bedächtig, blicken umher, betrachten, beriechen und betasten neue Objekte gründlich, bevor sie weitergehen. Oft sind ihre Hinterbeine eingeknickt (→ Seite 100, »Hyänenstellung«), oder die ganze Katze ist argwöhnisch geduckt. Trotz dieser deutlich gezeigten Unsicherheit wird sich kaum eine Katze zurückzie-

Katzen sind neugierig

GESICHERTER AUSGANG

Eingezäunt: Dort, wo Straßenverkehr und andere Gefahren einen ungehinderten Freigang der Katze zu riskant erscheinen lassen, ist der Ausgang in einen gesicherten Garten eine gute Alternative. Die Umzäunung muss jedoch so gestaltet sein, dass Mieze sie nicht überwinden kann oder ein Schlupfloch findet. Hohe Zäune, deren oberer Rand zur Gartenseite geneigt ist, verhindern zwar ein Ausbrechen, nicht jedoch »Einbrüche« neugieriger Nachbarkatzen. Sicherer ist ein Stromzaun am oberen Ende der Umzäunung, der jedoch nicht durch Pflanzen geerdet werden darf.

An der Leine: Der Ausgang mit Brustgeschirr und Leine ist nur für nervenstarke Katzen und Halter geeignet. Gewöhnen Sie Ihre Katze früh an das Tragen eines Geschirrs. Achten Sie beim Spaziergang darauf, dass das Geschirr gut sitzt, und wählen Sie unbedingt einen Weg, auf dem keine Gefahr droht. Auch ein friedlicher Hund kann Ihre Katze derart erschrecken, dass sie sich aus dem Geschirr windet und flieht.

hen, sondern wie von einem Magneten zum Gegenstand ihres Interesses hingezogen werden. Das kann sogar so weit gehen, dass eine Katze unangenehme Folgen in Kauf nimmt, wie zwei Beispiele sehr deutlich demonstrieren:

Eisige Überraschung: Milan, ein besonders intelligenter und damit auch extrem neugieriger Kater, erlebte im Alter von einem Jahr seinen ersten Spätherbst in seinem Revier. Der Teich mit den Fröschen, die er im Sommer so gern gefangen hatte, war von einer dünnen Eisschicht überzogen. Der Kater betastete die unbekannte Oberfläche zunächst mit den Schnurrhaaren, dann mit der Pfote. Wasser, auf dem man laufen kann? Interessant, probieren wir es doch gleich aus. Das Eis knackte. Na, soll es doch. Es kam, wie es kommen musste: Beim nächsten Schritt brach Milan ein. Wenn man sich etwas Grausiges für eine Katze vorstellen kann, so ist das ein unfreiwilliges Bad im Eiswasser. So verließ Milan auch eiligst und sichtlich panikerfüllt diesen unfreundlichen Ort.

Schon am nächsten Morgen allerdings war der Kater wieder am Teich. Er betastete die mittlerweile tiefer zugefrorene Oberfläche mit den Pfoten und probierte aus, ob man auf diesem Wasser nicht doch gehen könne. Diesmal klappte es.

Schlagkräftiges Band: Cilja, eine bunte, niedliche, weil ziemlich kleinwüchsige Allgäuerin, hatte beim Erkunden in ihrem Revier großes Pech. Ein im Gras liegender, aber noch »scharfer« elektrischer Weidezaun für Pferde erregte ihre Aufmerksamkeit. Beim Beschnuppern erhielt sie einen elektrischen Schlag auf die Nase. Wer einmal einen solchen Zaun auch nur mit der Hand berührt hat, kann sich vielleicht vorstellen, wie schrecklich dieses Erlebnis für die kleine Katze gewesen sein muss.

Sie näherte sich daraufhin jedem herumliegenden, bandförmigen Gegenstand mit größtem Argwohn, vorstrebend und zurückweichend, um sich erst mit einem blitzschnellen Pfotenschlag von dessen Harmlosigkeit zu überzeugen. Nach etwa einem Monat hatte sie auf diese Weise genügend derartige Gegenstände untersucht, um festzustellen, dass sie sich nicht mehr davor zu fürchten brauchte. Sie hatte sich aus eigenem Antrieb die Angst abgewöhnt.

Liebe und ihre Folgen – Werbung, Sex und Nachwuchs

Die ungarische Prinzessin, eine wunderschöne, klassische Siamkatze, wird zunehmend unruhig, miaut viel, und ihr Bedarf an Körperkontakten nimmt deutlich zu. Nun wäre es an der Zeit, die Prinzessin im Haus zu halten und ihr einen passenden Bräutigam zu besorgen. Als echte Katze hat sie jedoch eigene Pläne. Sie witscht heimlich ins Freie und sucht sich einen Kater ihrer Wahl: einen gestandenen, schwarzen Tiroler Hauskater. Vor seinen begehrlichen Augen reibt sie eine Backe am Boden, rollt sich dann über die Schulter auf Seite und Rücken und wälzt und windet sich schnurrend und gurrend herum. Sie ist nun »hochrollig«. Zwischendurch tut sie ihre Sehnsüchte mit lautem Geschrei kund, das bei Siamkatzen besonders ohren- und nervenzerreißend tönt. Es ist nicht das erste Mal, dass die raffinierte Prinzessin die Zuchtpläne ihrer Menschen durchkreuzt: Es muss der Tiroler sein oder keiner! So ein reinrassiges Kind wie im Bild kommt freilich dabei nicht heraus.

Der kleine Unterschied

Was Katze und Kater unterscheidet – geschlechtstypisches Verhalten

Obwohl Laien vielfach Mühe haben, Kater und Katze ohne Ansehen der primären Geschlechtsorgane auseinanderzuhalten, gibt es ein paar deutliche Unterschiede, im Aussehen zum einen, vor allem aber im Verhalten.

Der kleine Unterschied

Ausgereifte Kater sind fast um ein Drittel größer als Katzen. Ihre Hals- und Schulterpartie ist im Verhältnis zur Hüftpartie breiter und kräftiger. Der Kopf des Katers wirkt durch die volleren Wangen runder, seine Vorderpfoten sind groß und rund, beim Weibchen kleiner und oval.

Doch damit nicht alles. Manchmal zeigen die Tiere ein derart »typisch« männliches oder weibliches Gehabe, dass es selbst den nüchtern-wissenschaftlichen Beobachter zum Lachen reizt. Die Kätzin etwa verbringt mehr Zeit mit der Fellpflege, dafür markieren die Kater wesentlich häufiger als die Weibchen. Von Katern kennen wir den ritualisierten Drohkampf, Weibchen schlagen sich häufiger und heftiger um Reviergrenzen.

Ausgewachsene Weibchen nehmen um über ein Drittel weniger Nahrung zu sich, da sie kleiner sind und einen niedrigeren Grundumsatz haben. Da Kater ein deutlich kräftigeres Gebiss und die stärkere Kaumuskulatur besitzen, können sie auch Fleisch, Sehnen und Bindegewebe verzehren, die für die Katzen zu zäh sind, und Knochen knacken und abschlucken, die eine Katze übrig lassen muss. Ein Kater legt im Laufe einer Nacht eine deutlich längere Wegstrecke zurück, er zeigt außerdem auch noch nach der Geschlechtsreife mehr spontanes Spiel- und Erkundungsverhalten. Nicht umsonst fangen sich in Fallen weit mehr Kater als Katzen, die offenbar vorsichtiger und misstrauischer sind.

Rolligkeit, Brautschau und Katzenliebe

Bei der Falbkatze tritt die Geschlechtsreife, das heißt der erste Ansatz eines weiblichen Zyklus, mit elf bis zwölf Monaten deutlich später ein als bei der Hauskatze (sechs bis acht Monate). Die Falbkater sind im Alter von etwa einem Jahr sexuell herangereift, Hauskater schon nach acht bis neun Monaten. Das heißt jedoch nicht, dass ein Weibchen einen solchen jungen Spund schon akzeptiert. Das Heranreifen äußert sich vor allem im Versprühen von Harnmarken, das oft schon früher einsetzt als die eigentliche Geschlechtsreife.

> Kater und Kätzin unterscheiden sich nicht nur körperlich, sondern auch in ihrem Verhalten voneinander.

Die Periode der Paarungsbereitschaft einer weiblichen Katze dauert durchschnittlich fünf Tage, kommt in dieser Zeit keine Paarung zustande, etwas länger als eine Woche. Findet in dieser Periode wiederum keine Empfängnis statt, wiederholt sich der Zyklus nach knapp vier Wochen.

Die Anzeichen des Geschlechtslebens einer Hauskatze sind ebenso unübersehbar wie unüberhörbar. Der Kater wird in seinem Verhalten weitgehend von den sinnlichen Reizen beeinflusst, die von der rolligen Katze ausgehen. Ein gesunder, erwachsener Kater ist daher stets begattungsfähig, wenn sich ihm eine paarungswillige Katze anträgt – aber doch nicht stets gleich begattungswillig.

Katerwerbung: Unter weitgehend natürlichen Umständen beginnt ein Kater seine Werbung, wenn in seinem Umkreis ein Weibchen die ersten Anzeichen zur Liebesbereitschaft bemerken lässt. Diese sind (für den Kater) riech-, aber nicht sicht- oder hörbar; der menschliche Beobachter wird daher erst zwei bis drei Tage später aufmerksam. Der Kater sucht dann die Nähe der Katze, setzt sich und blickt sie unverwandt an, reibt an geeigneten Gegenständen seinen Kopf, gurrt und schnurrt und versucht auf jede erdenkliche Weise, die Aufmerksamkeit der Katze zu erregen, ohne sich ihr jedoch dabei auf weniger als ein, zwei Meter zu nähern.

Für Kater ist es wichtig, möglichst frühzeitig zur Stelle zu sein und mit der Werbung zu beginnen, denn entgegen landläufiger Meinung fällt die Katze nicht ohne Weiteres dem stärksten Kater und Sieger in allen Rivalenkämpfen zu. Sie trifft ihre Wahl, und mehrfach haben wir nach einem erbitterten Katerduell die umworbene Katze mit dem Unterlegenen davonziehen sehen. Er folgt ihr dann mit Eifer, die noch nicht Bereite aber entzieht sich ihm, sobald er zu nahe kommt, läuft ein Stück davon, hält wieder an und blickt sich nach ihm um, gurrt und wälzt sich, nur um wieder davonzurennen, sobald er in Reichweite kommt. Oft erst nach Tagen der Werbung lässt die Katze den Kater ihrer Wahl immer näher herankommen.

Begattung: Das ganze umständliche Verfahren der Werbung einschließlich Kokettierflucht und vieler Ohrfeigen praktizieren die Katzen nur, solange sie einander noch fremd sind. Ist erst einmal ein gewisses Maß an Vertrautheit erreicht, erlaubt die Katze ihrem Galan, sie zu besteigen, wobei er ihr Nackenfell locker zwischen die Zähne nimmt. Bei einander sehr vertrauten Hauskatzen kommt es auch vor, dass die Kätzin sich für einen »Quickie« entscheidet. Sie nimmt dann nur noch die Begattungsstellung ein, und der Kater steigt auf, ohne einen Nackenbiss auch nur anzudeuten. Viel wurde darüber gerätselt, warum sich die Katze nach der Kopulation unter heftigen Abwehrlauten mit Tatzenschlägen gegen den Kater wendet. Unter anderem machte man eine Besonderheit des Katerpenis, nämlich die Hornzäpfchen darauf, dafür verantwortlich. Man dachte, diese nach rückwärts gerichteten Stacheln bereiteten der Katze beim Zurückziehen des Penis Schmerzen. Das kann schon deshalb nicht stimmen, weil der Kater seinen Penis während der Paarung wie andere Säugetiere auch in der Weise führt, dass ein mehrmaliges Zurückziehen des Penis stattfindet. Es liegt also wirklich bloß daran, dass die Katze sich nach der Begattung plötzlich auf die Einhaltung ihres gewöhnlichen Individualabstandes »besinnt« und ihre Stimmung in Abwehr umschlägt. Ein erfahrener Kater sieht dies übrigens voraus und springt schnell weg, bevor die Schläge der Kätzin ihr Ziel finden.

Sein Nackenbiss sitzt, die Position des Katers passt aber noch nicht ganz. Die Kätzin hebt bereitwillig ihr Becken, mit ihren Ohren behält sie ihn jedoch »im Auge«.

Der kleine Unterschied

KASTRATION UND STERILISATION

Für verantwortungsvolle Tierhalter gilt es zu bedenken: Trächtigkeit und Jungenaufzucht sind für eine Kätzin sehr anstrengend, vor allem, wenn sie sich zwei- bis dreimal im Jahr fortpflanzt. Für intakte Kater ist das Leben nicht weniger hart: Sie müssen Territorien kontrollieren, die um ein Vielfaches größer sind als die von Kastraten und Weibchen, und begegnen dabei natürlich vielen Gefahrensituationen inklusive der teils harten Katerkämpfe. Uns Menschen »beglückt« eine Kätzin während der Rolligkeit mit ihren kehligen »Gesängen«. Sie setzt in dieser Zeit auch Harnmarken, jedoch nicht so unangenehm stinkende wie die eines intakten Katers, dessen ausgeprägtes geruchliches »Mitteilungsbedürfnis« ein Zusammenleben im Haus stark gewöhnungsbedürftig macht.

Zweifellos – kleine Kätzchen sind süß. Aber abgesehen von der großen Verantwortung und der nicht wenigen Arbeit bei der optimalen Aufzucht sollte Katzennachwuchs auch aus Tierschutzgründen nicht leichtfertig »passieren«. Es ist heutzutage nicht einfach, verantwortungsvolle Katzenhalter für die Kleinen zu finden.

Sowohl Kastration als auch die Sterilisation sind geeignet, um unerwünschten Nachwuchs zu vermeiden.

Sterilisation: Bei diesem Eingriff werden nur die Eileiter beziehungsweise Samenleiter durchtrennt. Der wichtigste Unterschied zur Kastration ist, dass der hormonell bedingte Drang zur Fortpflanzung samt allen Begleiterscheinungen bestehen bleibt.

Kastration: Das beste Alter für die Kastration ist die eintretende Geschlechtsreife, die beim Kater zweifelsfrei am strengen Geruch des Urins im Katzenklo, bei der Kätzin an der ersten Rolligkeit erkannt werden kann.

In diesem Fall werden die Keimdrüsen, also Hoden beziehungsweise Eierstöcke, entfernt. Der Eingriff ist bei Katern naturgemäß weniger aufwendig und belastend als bei der Katze, deren Unterleib für die Operation geöffnet werden muss. Die Wunden verheilen aber recht schnell, und die Tiere gehen dann wieder – fast – ihrem gewohnten Leben nach. Die positiven Effekte der Kastration zeigen sich dann allerdings bald:

• Das »gefürchtete« Harnspritzen des Katers verringert sich bis auf ein »Restrisiko« von etwa 10 bis 20 Prozent. (Vor allem in fortgeschrittenem Alter kastrierte Kater behalten ihr Markierverhalten oft bei.)

• Nach der Kastration entfallen außerdem die Katerkämpfe. Allerdings werden kastrierte Kater wie auch Katzen nicht völlig friedlich, Revierkämpfe können von beiden »neutralisierten« Geschlechtern heftig geführt werden.

• Hartnäckig hält sich das Gerücht, dass kastrierte Katzen fett werden. Sie werden es nur, wenn sie von uns zu viel Futter erhalten. Da die Tiere nach der Kastration weniger aktiv sind, weil die Suche nach Partnern entfällt, benötigen sie weniger Energie. Passt man die Ernährung an und sorgt zudem für viel Bewegung, lässt sich Fettleibigkeit leicht verhindern.

• Die meisten Katzen und Kater zeigen sich nach der Kastration spielfreudiger und lebenslustiger, Kater sind vor allem untereinander deutlich verträglicher. Außerdem wird die Bindung an den Menschen enger, sowohl von Katze als auch Kater, und vor allem ängstliche Katzen tolerieren eher Berührungen.

Mieze hat Nachwuchs – Geburt und Aufzucht der Jungen

Nach einer Tragzeit von 60 bis 65 Tagen (manche überzüchtete Rassekatzen tragen nur noch 58 Tage) ist es schließlich so weit: Der Nachwuchs drängt auf die Welt.

Das freudige Ereignis

Die Katze zieht sich zur Geburt gern in eine dunkle Nische zurück. Oft hat die Katze diese schon vorher ausgesucht und mit weichem Material wie Gras, Laub und ausgerissenen Bauchhaaren ausgepolstert. Auf jeden Fall achten Katzenmütter auf eine trockene und weiche Unterlage im Wurflager.

Die Geburt verläuft bei Hauskatzen zwar meist ohne Komplikationen, ist aber keineswegs leicht oder schmerzarm, denn die Neugeborenen sind verhältnismäßig groß. Die Katze, die meist auf der Seite liegt, hechelt sehr schnell und flach, windet sich unter den Presswehen, sie wimmert, und gelegentlich jault sie in tiefen Tönen auf. Zwischendurch putzt sie sich öfter unter massierenden Leckbewegungen den Hinterleib, vor allem die Gegend um die Scheide.

Sobald das erste Junge da ist, zupft die Mutterkatze die Fruchthülle von ihm ab und leckt das Kleine ausgiebig sauber. Wenn die Nachgeburt ausgetrieben ist, frisst die Mutter sie auf, wobei sie erst zum Schluss auch die Nabelschnur durchbeißt.

Nach einer kurzen Erholungspause geht es dann mit den nächsten Wehen und dem nächsten Baby weiter, bis alle da sind. Drei bis fünf Junge werden es in der Regel, und das durchschnittlich zweimal im Jahr.

Im Wochenbett

Die Neugeborenen gleichen blinden, tauben Plüschwürstchen, die kaum mehr können, als nur etwas schnüffeln, tasten und kriechen. So ausgestattet, streben sie als Erstes nach einer Milchquelle, die sie mit einem Pendeln und Schwenken des Kopfes suchen.

Während der ersten Tage verlässt die Mutterkatze ihr Wurflager kaum, und die Jungen saugen fast ununterbrochen. Dabei kneten sie die Umgebung der Zitzen mit den zu dieser Zeit noch ständig gespreizten Pfoten, was den Milchfluss anregt. Dieser »Milchtritt« ist eine recht ursprüngliche Verhaltensweise, die wir bei fast allen Landraubtieren finden und die erwachsene Katzen auch auf unserem Schoß einsetzen, wenn sie sich wohlfühlen und gestreichelt werden möchten.

Die Entwicklung der Kätzchen

Die ersten zwei Wochen verbringen die Jungkatzen fast ausschließlich mit Saugen, Herumkriechen und Schlafen. Wenn sie sich am Nest gestört fühlt, bringt die Katzenmutter ihre Kinderschar, eines nach dem andern, an einen anderen Platz. Die Katze nimmt dann das Nackenfell eines Jungen locker zwischen ihre Zähne und hebt das Kleine hoch. Das Junge fällt dabei augenblicklich in eine Tragstarre, in der es nicht zappelt, sondern sich klein macht, indem es sich ein wenig einrollt und die Hinterbeinchen anzieht.

Im Alter von etwa zehn Tagen – die Augen sind nun bereits geöffnet – kann man die ersten Spiele beobachten, obwohl die Tierchen sich noch gar nicht aufrecht auf den Beinen halten können.

Die Entwicklung der Kätzchen

Sobald aber die Kätzchen die Füße unter den Körper ziehen und ihn hochstemmen können, versuchen sie sich in einem ersten, noch ungeschickten und unausgereiften Lauern und Anschleichen, in Tatzenhieben und im Zubeißen.

Die Schulzeit: Nun setzt die mütterliche Erziehung ein, die mit einem erstaunlich vielfältigen Lautvokabular einhergeht sowie etlichen Nasenstübern und kräftigen Ohrfeigen. Zunächst dreht es sich aber kaum darum, den Jungen etwas beizubringen; das kommt später. Noch geht es bei mütterlichen Strafaktionen meist um das Eindämmen des kindlichen Vorwitzes, etwa, wenn sich ein Junges schon neugierig auf seine ersten Erkundungsstreifzüge begeben will und sich nach Ansicht der Mutter zu weit vom Nest entfernt. Schon nach nicht einmal ganz vier Wochen benötigen die Jungen die erste feste Zusatznahrung. Die Katze bringt nun erstmals tote oder halb tote Beutetiere herbei, an denen die Kleinen ihre Zähne erproben können.

Entwöhnung: Wenn die Milchzähne langsam größer werden, können die immer noch mehrmals täglich saugenden Jungen der Mutter schon wehtun und lästig werden. Sie wehrt sie immer öfter ab, sobald sie sich an die Zitzen drängen. Je mehr Junge sie hat, umso früher endet die Bereitschaft der Mutter, diese zu säugen, bei vier oder mehr Jungen meist schon, wenn diese drei Monate alt sind; ein einzelnes Junges lässt sie oft noch saugen, bis es sechs Monate oder älter ist. Mit etwa vier Monaten kommen die jungen Kätzchen in den Zahnwechsel, die Katerchen später als die Weibchen.

Im Alter von spätestens neun Monaten verlassen die Jungkatzen schließlich das mütterliche Revier. Sie sind zu dieser Zeit bereits geschickte Jäger geworden, haben jedoch ihre volle Körpergröße und Kraft noch längst nicht erreicht. Jetzt kommt bei den wilden Katzen eine bittere Lehrzeit. Was bislang Spiel war, ist nun ernst.

So richtig voll ausgewachsen sind weibliche Katzen mit einem Jahr, Kater mit zwei Jahren. Erst dann haben sie die letzten Reste der bläulichen Kinderaugenfarbe verloren, erst dann sind sie voll fähig, ein Revier und ihren Rang zu halten und so innerhalb der Katzengesellschaft konkurrenzfähig wie auch anerkannt zu sein.

Auch wenn die jungen Kätzchen zunächst noch blind und taub sind – mithilfe ihres schon von Geburt an gut ausgebildeten Geruchs- und Tastsinns finden sie sicher die Zitzen der Mutter.

Die Katzengesellschaft

Der rote Otto und der blaugraue Nox, zwei lebhafte Kater gleichen Alters, mögen sich sehr. Eben haben sie ihr gemeinsames Nickerchen auf dem Fernsehsessel ihres Menschen beendet und putzen sich nun gegenseitig mit Hingabe die Gesichter. Aus Ottos Augen guckt der Schalk, als er Nox ins Ohr zwickt. Dieser, nicht faul, packt Otto mit beiden Pfoten und rollt ihn auf den Rücken. Im Nu ist ein kleines Kämpfchen im Gange, und die Kater kugeln auf dem ehrwürdigen Sitzmöbel herum, dass dieses schon bedenklich wackelt. Plötzlich springt Otto auf und rennt schlitternd durch den Raum in den Flur, verfolgt durch den flinken Nox, der ihm kurzerhand die Hinterbeine wegschlägt. Beide Kater landen mit Karacho im Schirmständer. Das fröhliche Raufspiel geht weiter, während der Mensch, von seiner Arbeit am Schreibtisch aufgeschreckt, bei dem Anblick nur kopfschüttelnd lacht.

Eine vielseitige Gesellschaft – Katzen und ihre Mitkatzen

Früher hielt man eine Katzengesellschaft für einen unmöglichen Begriff. Ausgewachsene Katzen scheinen auf den ersten Blick – mit Ausnahme des Löwen – tatsächlich Einsiedlernaturen ohne großes Anschlussbedürfnis zu sein. Heute wissen wir, dass Katzen keineswegs unfähig sind, soziale Bindungen zu Artgenossen einzugehen. Der große amerikanische Feldforscher G. B. Schaller meinte 1967 nach einem langen Beobachtungsaufenthalt in Indien kurz und bündig: »Sicher ist der Tiger ein Einzelgänger, aber kein ganz ungeselliger.«

Katzengruppen

Mittlerweile ist auch das Bild der sozialen Hauskatze durch telemetrische und direkte Beobachtungen an verwilderten Hauskatzen weiter vervollständigt worden. Man untersuchte Katzengruppen und -reviere in vielen Städten und Landstrichen fast aller Kontinente. Die Resultate dieser Forschungen gaben immer wieder Anlass für neue Überraschungen. Man entdeckte nämlich, dass keine zwei Katzenvergesellschaftungen genau die gleiche Ordnung haben. Ebenso wie streng solitäre Individuen gefunden wurden, gibt es auch Geschwistergruppen, Harems, löwenähnliche Rudelbildungen oder (sehr selten) Promiskuität. Wir kennen die »Bruderschaft der Kater«; sie ist ein lockerer Verband mehrerer Kater mit einer absoluten sozialen Hierarchie. Junge Kater werden nach zahlreichen Kämpfen um die Rangordnung darin aufgenommen.

Zum »geselligen Beisammensein« treffen sich die Katzen aus der Umgebung abends und nachts oft stundenlang in der Nähe ihrer Reviere. Der Ort der Begegnung kann eine Wiese sein, ein bestimmtes Hausdach oder eine Waldlichtung. Diese unregelmäßig stattfindenden Treffen haben nichts mit der Paarungszeit zu tun und sind friedlich, sogar freundschaftlich geprägt. Die Katzen setzen sich in einem gebührenden Abstand voneinander und schauen ruhig umher. Nach einer halben bis mehreren Stunden löst sich die »Party« ebenso still auf, wie sie begonnen hat.

Katzenpaare

- Halbwüchsige Katzen, die ihre Umgebung erst erkunden und sich ein Revier etablieren wollen, schließen manchmal mit einer Nachbarskatze Freundschaft. Das Paar zieht dann meist gemeinsam los. Oft bleibt so eine Freundschaft bis zum Tode bestehen. Alle derartigen Freundespaare, die ich beobachten konnte, waren übrigens Kater (→ auch Seite 103).
- Katzen, denen man ja früher einen ausgesprochenen Hang zur »Treulosigkeit«, ja zur Promiskuität nachsagte, bilden erstaunlich häufig monogame Paarbindungen. Dies wurde schon für so manchen Rassekatzenzüchter zum Problem, dann nämlich, wenn die Dame ihren Partner bereits gewählt hat und jeden vom Menschen für sie ausgesuchten Zuchtkater ablehnt.
- Weibchen schließen manchmal so enge Freundschaften mit einer Geschlechtsgenossin, dass sie ihre Jungen abwechselnd säugen und später gemeinsam versorgen und erziehen.

Diese Beispiele, hauptsächlich aus dem Freilaufmilieu, belegen, dass Katzen zumindest gelegentlich freiwillig miteinander freundschaftlichen Kontakt

> **AUCH KATZEN HABEN VORURTEILE**
>
> Gelegentlich kann man beobachten, dass eine Katze keine roten Artgenossen mag, sich mit getigerten oder schwarzen aber gut verträgt, eine andere hält es womöglich genau andersherum. Die Bevorzugung einer bestimmten Fellfarbe geht in der Regel auf frühere gute Beziehungen, meist familiärer Natur, zu Katzen eben jener Farbe zurück. Auch besonders schlechte Erfahrungen mit einem Artgenossen speziellen Aussehens merken sich Katzen oft sehr gut. Derartige Vorurteile lassen sich nur schwer beeinflussen, bei der Wahl einer Zweitkatze aber sollte man Miezes individuelle Einstellungen möglichst berücksichtigen.

aufnehmen, ja, dass sie regelrecht soziale Bedürfnisse haben. Das soll nun aber nicht heißen, dass Katzen gesellige Tiere seien. Sie sind keineswegs ohne Weiteres bereit, Freundschaften mit Artgenossen zu schließen, bloß weil jene eben anwesend sind. Auch in dieser Hinsicht erweisen sich die Samtpfoten als sehr wählerisch.

Bekommen sie von ihrem menschlichen Hausgenossen genügend Zuwendung, fühlen sich die meisten Katzen am wohlsten, wenn sie diese nicht teilen müssen. Doch muss die Katze den ganzen Tag allein in der Wohnung verbringen, sollte man sich die Anschaffung eines zweiten Tiers überlegen. Das bedeutet aber keineswegs, dass man sich um das seelische Wohl seiner Pfleglinge dann nicht mehr zu kümmern braucht. Zu zweit gehaltene Hauskatzen können nämlich ihre sozialen Bedürfnisse nicht vollständig aneinander abreagieren. Sie benötigen dazu den Menschen, zu dem eine viel engere und freundschaftlichere Beziehung möglich ist, als sie es zwischen Katzen je werden kann. Dafür gibt es sogar einen sichtbaren Beweis: Nur ein regelmäßig von Menschenhand gestreicheltes Katzenfell wirkt glatt und gepflegt. Hingegen sehen streunende Hauskatzen trotz guter Fütterung »ungepflegt« aus.

Katzenglück zu zweit

Es kann vieles für sich haben, Hauskatzen zu zweit zu halten – immer vorausgesetzt natürlich, dass sie miteinander harmonieren. So froh mancher Mensch auch über die rührende Anhänglichkeit seiner Katze sein mag, ist er doch oft als ihre einzige Gesellschaft und beinahe einziger Lebensinhalt schlichtweg überfordert. Weder kann er sich den lieben langen Tag um sie kümmern, noch ist es ihm immer möglich, ihr all die Abwechslungen eines freien Auslaufs zu bieten, eben weil er sie vor dessen Gefahren schützen will. So stellt für die wohlbehütete Stadtmieze eine Mitkatze die einzige Gelegenheit dar, einen Freund, Reviernachbarn oder Rivalen, kurz: etwas, was für frei laufende Katzen selbstverständlich ist, kennenzulernen. In Gesellschaft von ihresgleichen gestaltet sich das Leben einer Katze in der tagsüber verlassenen Stadtwohnung sehr viel unterhaltsamer. Die beiden werden sich mit Spielen, gegenseitiger Fellpflege oder gelegentlich einer wilden Rauferei die Wartezeit auf ihren Menschen verkürzen. In der Gegenwart eines Kameraden essen Katzen meist mit mehr Lust. Zwar kommt bei ihnen Futterneid, wie man ihn von Hunden kennt, nur selten vor, dennoch regt die Gemeinschaft am Futternapf den Appetit an. Was die eine ablehnt, schmeckt vielleicht der anderen, was wiederum die erste anregen mag, doch zu kosten.

Auch dem Menschen bereiten zwei Katzen oft mehr Vergnügen als eine einzelne. Das Zuschauen bei fröhlichen Katzbalgereien macht mehr Spaß als die Betrachtung eines gelangweilten Einzeltiers. Eine zweite Katze kann also eine Bereicherung sein. Nur – die Katzenharmonie ist beileibe keine Selbstverständlichkeit.

Das Aneinandergewöhnen zweier Katzen

Selbst eine Katzenmutter versteht sich nicht zwangsläufig mit ihrem Nachwuchs, wenn dieser erwachsen geworden ist. Solange die Jungen klein sind, kümmert sich die Kätzin in der Regel fürsorglich um sie; haben sie aber ein Alter von drei bis vier Monaten erreicht, stellt sich heraus, ob die Katzenmutter gut sozialisiert ist und ihre Kinder weiterhin toleriert oder ob sie sie lieber in eigenen Revieren sehen würde. Die Vorstellungen des Menschen, eines der Kätzchen als Zweitkatze zu behalten, unterscheiden sich dann gelegentlich von denen der Katze, die den Rest ihres Lebens eigentlich lieber Einzelkatze bliebe.

Das Aneinandergewöhnen zweier Katzen

Wenn Sie sich dazu entschließen, mehr als eine Katze in Ihr Heim aufzunehmen, lesen Sie erst folgende »Gebrauchsanweisung« durch, bevor Sie sich darauf einlassen. Aber selbst das wird Ihnen ein gewisses Risiko nicht ersparen. Wir können nämlich Spielregeln aufstellen, so viele wir wollen – ob sich die Katze daran hält, bleibt ihrem guten Willen vorbehalten.

Die richtige Kombination

Jung oder alt? Wurfgeschwister, und zwar diejenigen aus dem Wurf, die am häufigsten beieinanderliegen und miteinander spielen, haben die besten Voraussetzungen, ein unzertrennliches Paar zu werden. Es ist aber auch später möglich, einem Einzeltier einen Kameraden zuzugesellen, am besten im gleichen Alter. Ein Jungtier ist anpassungsfähiger und noch bereit, die angestammten Vorrechte eines Älteren zu respektieren. Bei diesen wiederum spricht ein kleines Kätzchen oft den Brutpflegetrieb an – selbst beim Kater! Wenn so etwas geschieht, kann das die zärtlichsten, dauerhaftesten Katzenfreundschaften ergeben.
Im gesetzten Alter von zehn Jahren und mehr empfinden die meisten Katzen ein junges Kätzchen jedoch als Zumutung – beide würden sich mit Gleichaltrigen wohler fühlen.
Kater oder Kätzin? Die Frage, welches Geschlecht sich besser zur Gemeinschaftshaltung eignet, ist schon schwieriger zu beantworten. Beide Geschlechter haben ihre verträglichen und unverträglichen Seiten.
Weibchen und Kastraten neigen eher dazu, ihr angestammtes Revier vehement zu verteidigen. Bei Katern steht hingegen der Kampf um den höheren Rang im Vordergrund, woran allerdings die Kastration einiges ändern kann. Nach meiner persönlichen Erfahrung sind Kater eher als Kätzinnen dazu bereit, miteinander Freundschaft zu schließen. Das hängt wohl mit der Neigung frei lebender Kater zusammen, die schon erwähnte Bruderschaft (→ Seite 102, 115) einzugehen. Temperamentvolle, kräftige Kater können aller-

Man kennt sich und vertraut einander, zumindest kann man sich das Aufpassen in kritischen Situationen teilen und dann gemeinsam Spalier stehen.

GLEICH UND GLEICH GESELLT SICH GERN

Sie wollen Ihrer Mieze einen Kameraden zur Seite geben?
Die besten Chancen auf eine neue Freundschaft bestehen, wenn Sie die Zweitkatze charakterlich passend zu Ihrer Erstkatze wählen. Speziell in Temperament und Selbstsicherheit im Umgang mit Artgenossen sollten sich beide ähneln:

- Aktive Katzen freuen sich über ebensolche »Sportfreaks«, die ihnen gewachsen sind, mit denen der »Couch-Potato« aber überfordert wäre. Der wiederum hätte wohl keinerlei Probleme mit einem ebensolchen ruhigen Typ oder einer scheuen Katze.
- Zwei aggressive Katzen, die ihren Besitz unerbittlich verteidigen, sind sicherlich nicht ohne Probleme zusammen zu halten – sie wären als Einzelkatzen glücklicher.
- Zwei Miezen, die sich voreinander fürchten, können wir immerhin mit viel Platz und ausgiebigem Training als Lebensaufgabe noch eine Chance geben, sofern die Angst nicht zu groß ist. Die ängstliche oder auch nur zurückhaltende Katze würde jedoch mit einem Springinsfeld überhaupt nicht glücklich, der sie ständig überrascht und aus Übermut durch die Wohnung jagt – nicht in böser Absicht, sondern weil sich die Jagd geradezu anbietet.
- Freundliche und ausgeglichene Katzen sind mit vielerlei Artgenossen kompatibel, sie wechseln allerdings aus verständlichen Gründen nur selten die Familie. Haben Sie selbst eine solche Samtpfote zu Hause, sollten Sie sie aber nicht mit einem sehr aggressiven Neuzugang verschrecken.
- Im Idealfall kommen beide als junge Katzen zusammen, nachdem sie die Gesellschaft ihrer Mutter und Geschwister mindestens zwölf Wochen lang genießen konnten und danach nicht länger als ein Jahr ohne Artgenossen lebten. Denn einige Jahre Prinzessinnendasein können Mieze einen Artgenossen unerträglich erscheinen lassen.

dings eine zierlich eingerichtete, ordentlich aufgeräumte Wohnung schnell in ein Schlachtfeld verwandeln.

Die Zusammengewöhnung

Bei zwei ausgewachsenen Katzen gestaltet sich die Zusammengewöhnung meist deutlich schwieriger als mit Katzenkindern oder Halbwüchsigen, aber mit etwas Einfühlungsvermögen des Menschen kann es durchaus gut gehen. Es ist sicher hilfreich, wenn sich die Tiere in Paarungsstimmung befinden, denn das kann die Abwehr durchbrechen. Sind auf diese Weise die Schranken zwischen ihnen erst einmal abgebaut, und ihr kindliches Anschlussbedürfnis kommt durch, lassen sich die Tiere gut zusammen halten, auch außerhalb der Paarungszeit oder nach der Kastration.

Welche Katzen Sie auch immer wählen, stellen Sie sich das Zusammengewöhnen der ersten Katze mit einem Neuling nicht zu einfach vor. In fast allen Fällen bedarf es der behutsamen Vermittlung durch die vertraute Person. Am besten nehmen Sie sich für die erste Zeit Urlaub, mindestens eine Woche lang. Nur so ist es möglich, der ersten Katze genügend Aufmerksamkeit zu schenken, damit sie gar nicht erst auf die Idee kommt, unter der neuen Konkurrenz zu leiden. Es versteht sich fast

Das Aneinandergewöhnen zweier Katzen

von selbst, dass bei reinen Wohnungskatzen besonders viel Sorgfalt vonnöten ist. Verfeindete Freigänger können einander ja aus dem Wege gehen, bei den eingeschränkten Platzverhältnissen einer Wohnung ist dies kaum möglich.

Geeignete Strategien: Ein Patentrezept gibt es nicht, dafür sind Katzen viel zu individuelle Charaktere. Aber erfahrungsgemäß lässt sich eine Zusammengewöhnung erleichtern, wenn man einige Dinge berücksichtigt:

• Sind beide Katzen schon erwachsen und zumindest eine davon unsicher oder ängstlich, ist es das beste, die Tiere vor der Zusammenführung eine Weile in der Wohnung voneinander getrennt zu halten. Die Neue hat dann Zeit, sich in aller Ruhe mit der noch ungewohnten Umgebung vertraut zu machen und Rückzugsgebiete kennenzulernen. Sie wird sich dann selbstsicherer in der Wohnung bewegen und dadurch weniger Angriffe provozieren. Zudem wird ihr Fell den vertrauten Haus- und Familiengeruch annehmen. Zu diesem Zweck hilft es, wenn auf ihrem Schlafplatz ein getragener, weicher Pullover liegt oder beide Katzen damit abwechselnd abgerieben werden.

• Für den Anfang empfiehlt es sich auf jeden Fall, den Katzen außer getrennten Ruheplätzen auch getrennte Kistchen und Futterwinkel anzubieten. Ist die Freundschaft erst einmal geschlossen, kann man zumindest bei Freigängern wieder darauf verzichten.

DER UNTERSCHIED ZWISCHEN SPIEL UND ERNST IST OFT NUR HÖRBAR

Spielerische Auseinandersetzungen sind oft nur schwer von ernsten Kämpfen zu unterscheiden. Beim sozialen Spiel ist lediglich ein dumpfes Poltern der rangelnden Partner zu hören, wenn sie sich auf dem Boden kugeln, und höchstens gelegentlich ein kurzer Schmerzschrei, wenn die Beißhemmung des »Gegners« nur unzureichend ausfällt. Ernsthafte Rang- und Revierkämpfe werden dagegen von längerem Fauchen, Knurren oder Schreien begleitet.

1 Die junge Bengal zeigt von ihrer erhöhten Position aus eine offensiv aggressive Mimik gegenüber der liegenden Britisch Kurzhaar. Diese ordnet sich dadurch keineswegs unter. Vielmehr hält sie ihre Waffen, Krallen und Zähne, zur Abwehr bereit ...

2 ... und setzt sie gegen die angreifende Bengal ein, die ihrerseits mit spielerischer Hochabwehr kontert. Schon ist die schönste Spielprügelei im Gange.

- Hat sich die erste Abwehrstimmung (→ Seite 100/101) einigermaßen gelegt, hat die neue Katze ihren Menschen lieb gewonnen und sich schon einige Male freiwillig auf dessen Schoß gelegt, so kann man damit beginnen, beide dorthin zu locken. Es geschieht nicht selten, dass sonst zerstrittene Katzen auf dem begehrten Platz auf oder neben dem Menschen friedlich zusammenfinden.
- In der Eingewöhnungszeit ist es besonders wichtig, viel mit den Katzen zu spielen. Man beginnt mit einer Katze und bezieht erst nach einer Weile die zweite mit ein.
- Den häufig zu hörenden Rat, sich grundsätzlich nicht in feindselige Rangeleien einzumischen, halte ich für falsch. Jeder, der eine Verschlechterung der Stimmung unter den Katzen zu erkennen imstande ist, sollte versuchen zu schlichten. Man kann oft vermitteln und die Tiere mit Spiel, Streicheln oder Leckerbissen ablenken. Allerdings nur, wenn der Streit nicht zu häufig stattfindet, sonst kommt es zu einem unerwünschten Dressureffekt. Die Katzen lernen dann, miteinander zu raufen, damit sie die Leckerbissen oder Zuwendungen erhalten.
- In extremen Fällen sollte man die Tiere rechtzeitig für eine Weile trennen, ehe das schwächere Tier ganz verschüchtert wird (→ Seite 153).

Wenn's gar nicht klappen will: Es ist leider nie ganz auszuschließen, dass eine Zusammengewöhnung trotz aller Erfahrung, Geduld und Liebe seitens des Menschen scheitert. Katzen verteilen ihre Zuneigung sehr individuell. So kommt es nicht selten vor, dass eine Katze, die ihrer ersten Mitkatze in enger Freundschaft verbunden war, eine ihr nach deren Tode zugesellte neue Partnerin nur mit Grimm duldet oder gar glühend hasst. Der Grund dafür liegt in einem Verhalten, das kaum jemand einem Tier zutraut: anhaltende Trauer um einen verlorenen Freund. In dieser Zeit, die länger als ein Jahr dauern kann, weist die Katze jeden neuen Partner zurück. Es ist also ganz falsch zu meinen, man müsse nach dem Tode der zweiten Katze möglichst schnell für Ersatz sorgen.

Greift eine Katze die andere konsequent an, sitzt diese nur noch zitternd an möglichst unerreichbaren Stellen und kreischt, sobald die überlegene auch nur in ihrem Blickfeld auftaucht, dann hilft nicht mehr viel. Sind bei einer Katze derartige Hassgefühle gegen eine andere erst einmal etabliert, erweisen sie sich fast stets als irreversibel. Man kann dann vielleicht noch einen zweiten Versuch mit einem anderen Partner starten, aber es gibt eben auch Katzen, die sich überhaupt nicht zur Gemeinschaftshaltung eignen. In einem solchen Fall sollten Sie nachgeben und sich von der Vorstellung einer fröhlichen Katzengesellschaft verabschieden.

Mehr als zwei Katzen halten?

»Bei dreien ist einer zu viel!« Auch die Katzen scheinen es mit diesem Spruch zu halten. Jedenfalls ist die Gefahr der Entwicklung unüberwindli-

Die Zusammenführung von jungen Katzen, auch nicht verwandten, bereitet kaum Probleme und dauert oft nur wenige Stunden oder höchstens ein paar Tage.

KÄTZISCHE EIFERSÜCHTELEIEN VERMEIDEN

Eine Katze, die eine sehr enge Beziehung zu ihrem Menschen pflegt, muss mit einer Zweitkatze nicht nur das eigene Territorium, sondern auch den wichtigen Sozialpartner teilen. Sie wird die neue Katze daher oft als Konkurrenten betrachten, vor allem, wenn sie zuvor lange als Einzelkatze verwöhnt wurde.

Gerade junge Kätzchen, die hilfsbedürftig und ausgesprochen niedlich wirken, wecken unseren Beschützerinstinkt. Die »Alte« wird darüber oft vergessen, vielleicht zeigte sie sich auch nicht mehr so verspielt, und die gemeinsame Beschäftigung wurde daher im Laufe der Zeit auf wenige Rituale beschränkt. Sie kann »die Neue« als Bereicherung in ihrem Leben betrachten, oft genug reagiert sie jedoch eingeschüchtert und leidet darüber hinaus am Verlust Ihrer Zuwendung. Dem können Sie entgegenwirken, indem Sie Ihre »alte« Katze in der ersten Zeit deutlich gegenüber der neuen bevorzugen. Der neuen gegenüber ist dies insofern unbedenklich, als diese erst einmal keine Erwartungen an ein Zusammenleben mit Ihnen stellt, daher können Sie sie auch schlecht enttäuschen.

Die Bevorzugung betrifft vor allem Ihre Zuwendung. Das heißt, wenn beide Katzen sich im gleichen Raum aufhalten, streicheln Sie zuerst und auch zuletzt Ihre Erstkatze, Sie füttern Ihre Erstkatze zuerst und geben ihr zuerst ihre Leckerlis. Erst, wenn beide Katzen auf kurze Distanz recht entspannt bleiben, können und sollten Sie Streicheleinheiten wie auch Futter gleichzeitig und gleichmäßig auf beide verteilen.

Fühlt Ihre »alte« Katze sich von der neuen bedroht, sorgen Sie am besten dafür, dass sie ihre Lieblingsplätze behalten kann und dort nicht von der neuen belästigt wird. Unterbrechen Sie frühzeitig (!) alle Versuche der neuen, die schon von der Erstkatze besetzten Liegeplätze zu erobern, indem Sie sie freundlich auf einen neuen Platz bringen und sie dort beschmusen – anschließend natürlich gleich auch Ihre Erstkatze.

cher Abneigungen beim Zusammenhalten von drei Katzen besonders groß, selbst wenn es sich um Wurfgeschwister handelt, die sich in ihrer Kindheit glänzend miteinander vertragen haben. Entweder verbünden sich zwei gegen einen, oder alle drei feinden einander an. Ausnahmen bestätigen nur die Regel.

Mehr als drei Katzen können fast nur in einem sehr großen Haus, auf einem großen Anwesen mit Freilauf oder einem Bauernhof einigermaßen friedlich miteinander leben, und selbst da gibt es oft noch genug Probleme.

Die Haltung von vielen Katzen auf einem beschränkten Raum, wie es eine Etagenwohnung nun einmal darstellt, ist für die Tiere – und meistens nicht nur für sie – eine kaum erträgliche Belastung. Bei oberflächlicher Betrachtung vertragen sich vier oder gar mehr Katzen scheinbar besser als drei. Doch fühlen sie sich dabei nicht wohl, und die Verträglichkeit ist nur vorgetäuscht. Größere Kämpfe unterbleiben allein deshalb, weil die Aggressionen ständig in leichter Form abreagiert werden, oft vom Besitzer solcher Katzengruppen gänzlich unbemerkt. Die unglücklichen Tiere stehen dabei jedoch unter einem höchst ungesunden Dauerstress. Niemand, der Katzen wirklich liebt und um ihr Verständnis bemüht ist, wird seinen Schützlingen so etwas zumuten wollen.

Freundschaft auf sechs Beinen – Katze und Mensch

Wenn Sie nicht gerade einen kleinen Wildfang aufgenommen haben, eine verwilderte Hauskatze, die Kontakt zu Menschen nicht kennt oder schlechte Erfahrungen mit ihnen gemacht hat, stellen Sie als Mensch die »bessere Mitkatze«, eine Art »Überkatze« (→ Seite 43), für Ihre Mieze dar. Es muss also eigentlich nicht betont werden, welche wichtige Funktion Ihnen als Sozialpartner Ihrer Katze zukommt, erst recht, wenn deren Revier auf Haus oder Wohnung beschränkt ist. Bei Ihnen liegt also eine große Verantwortung und die Aufgabe, Miezes Verhalten richtig zu deuten, ihre Bedürfnisse zu befriedigen und eine gute Beziehung aufzubauen.

Häufige Irrtümer

So manche Verständigungsmittel der Katze werden von den Menschen immer wieder missverstanden und können zu einer unnötigen Verschlechterung der Beziehung führen.

Geruchskontrolle: Das betrifft vor allem Gesten der Katze mit »duftigem« Hintergrund, die für den kaum geruchsorientierten Menschen nicht so ohne Weiteres zu verstehen sind. So ist zum Beispiel die freundliche »Nasenbegrüßung«, die so viele Menschen entzückt als »Küsschen« auffassen, eigentlich eine Geruchskontrolle, die mehr dem Kennenlernen dient als dem Wiedererkennen.

Katzen, die einander oder auch dem Menschen ihr Hinterteil mit zur Seite gelegtem oder hochgerecktem Schwanz zuwenden, zeigen damit Vertrauen. Sie bieten sich zur Geruchskontrolle an, was gleichbedeutend ist mit einem Aufbau bzw. einer Verstärkung der sozialen Bindung. Dennoch sind darüber gar nicht selten Klagen seitens des unverständigen Menschen zu hören: »Das abscheuliche Tier zeigt mir immer den Hintern. Warum kann es mich nicht leiden?«

Treteln: Das rhythmisch abwechselnde Treten der Vorderpfoten mit ausgefahrenen Krallen als Ausdruck besonderen Wohlbehagens und unerfüllter Bedürfnisse rührt von einer frühkindlichen Verhaltensweise her, dem sogenannten »Milchtritt« (→ Seite 112). Vielen Menschen ist es verständlicherweise nicht angenehm, wenn die Katze voller Begeisterung ihre spitzen Krallen in die empfindliche Haut der Beine oder des Bauches schlägt, und in der Tat kennt hier auch die sanftmütigste Katze keine Zurückhaltung.
Klar, dass es eine Katze verunsichern muss, wenn der Mensch, an den sie sich voller Vertrauen anschmiegt, plötzlich unwillig hochfährt oder aufschreit, sobald sie zu treteln anfängt. Bleiben Sie daher in dieser Situation möglichst ruhig. Sie können ja eine schützende Decke zwischen Krallen und Beine packen.

Festkrallen: Ebenfalls definitiv nicht bösartig ist die Katze, wenn sie aus lauter Unsicherheit mit ausgefahrenen Krallen auf Ihren Beinen liegt. Gerade ängstliche Katzen bevorzugen in kritischen Situationen eine Position mit sicherem »Griff« durch alle 18 Krallen, sodass sie sich bei der geringsten Störung mit einem Blitzstart in Sicherheit bringen können, ohne die Gefahr abzurutschen. Eine dicke Decke und viel Geduld geben Ihnen Schutz und der Katze Ruhe und Vertrauen, sodass dieser Einsatz der Krallen im Laufe der Zeit nachlässt.

Streicheln will gelernt sein

Katzen streicheln kann doch jeder, werden Sie vielleicht sagen. Streicheln vermag jedoch ganz unterschiedliche Reaktionen bei der Katze hervorzurufen, je nachdem, welchen Körperteil Sie »behandeln«, welche Geschwindigkeit, welchen Druck und welche Dauer Sie wählen.

Wo? Die meisten Katzen genießen Streicheleinheiten am Kopf, auch schon beim Kennenlernen. Ebenso werden Berührungen des Rückens häufig toleriert, oder lieber ein Streicheln entlang der Körperseite. Am Schwanzansatz jedoch scheiden sich die Geister. Sehr selbstsichere Katzen lehnen diese Unverschämtheit ab, während freundliche dabei den Schwanz nach oben recken.

Wie schnell? Schnelle Streichelbewegungen können eine Katze regelrecht aufdrehen und eignen sich zur Begrüßung, zum Decken eines »Streicheldefizits« sowie zur Vorbereitung auf ein Spiel. Langsame hingegen, speziell sehr langsame mit etwa 1 cm pro Sekunde, wirken beruhigend auf das Tier. Sie können Ihre langsamen Streichelstriche dann auch gut »einschlafen« lassen, das heißt, Ihre Hand ruht auf oder an der Katze, oder lediglich der Daumen streicht nur noch ab und zu langsam über sie.

Wie fest? Einen sehr leichten Druck beim Streicheln empfinden viele Katzen als Kitzeln, während ein fester Druck zwar eine gute Massage ist, aber schnell zur Abwehr führt. Je fester Ihr Streicheln, desto eher sollten Sie wieder zu gemäßigtem Druck übergehen.

Katzenflüstern

Katzen nehmen nicht nur höhere, sondern auch sehr viel leisere Töne wahr als wir. Lauten und impulsiven Menschen versuchen viele Samtpfoten daher aus dem Weg zu gehen. Viel sympathischer wird Mieze Sie finden, wenn Sie leise und freundlich mit ihr reden (→ Seite 191). Ein schmeichelndes und kaum hörbares Flüstern in ihrer unmittelbaren Nähe empfinden viele Katzen als eine Art »akustisches Streicheln« und genießen es sehr.

Menschenbetten gehören zu den beliebtesten Liegeplätzen unserer Stubentiger. Hier kann man als Katze die Nähe und Wärme des Sozialpartners Mensch ausgiebig genießen oder sich in Krisenzeiten unter die Decke zurückziehen.

EIFERSUCHT IN GRENZEN HALTEN

Kann man Katzen überhaupt Emotionen wie Eifersucht zugestehen? Man kann, denn auch sie empfinden Gefühle und können unter der schmerzhaften Angst leiden, den geliebten Sozialpartner zu verlieren.

Die Eifersucht und die daraus resultierenden Reaktionen der Katze sind umso heftiger, je enger die Bindung zu ihrem Menschen ist und je mehr sie sich vernachlässigt fühlt. Eine gute und intensive Beziehung zur Katze ist grundsätzlich erstrebenswert, aber wenn Mieze Besitzansprüche an Sie stellt und Sie ihr stets zu Diensten waren, muss sie einen anderen Menschen, der plötzlich Ihre Aufmerksamkeit bekommt, zwangsläufig als unliebsamen Konkurrenten empfinden.

Am wirksamsten lässt sich ein solches Dilemma verhindern, indem Sie Ihre Katze möglichst früh etwas erziehen und so eine extreme Abhängigkeit verhindern (→ Seite 158).

- Ihre Katze wird am wenigsten verunsichert, wenn sich ihr Tagesablauf durch den Neuankömmling nicht oder kaum verändert, vor allem die wichtigen Rituale müssen beibehalten werden. Hier kann sich ein häufiger Besucher oder neuer Mitbewohner dadurch beliebt machen, dass er diese übernimmt oder wenigstens mithilft, keinesfalls sollte er sie abbrechen.
- Katzen, die gerne fressen, kann der oder die »Neue« auch gut mit besonderen Leckerbissen bestechen, kleine Futterstückchen, die nacheinander gereicht oder – bei größerer Abneigung der Katze – geworfen werden.
- Spiele lassen sich ebenfalls gut einsetzen, um Sympathien zu fördern (→ Seite 194/195).

Keinesfalls aber dürfen derartige Kontakte erzwungen werden. Am besten kann der vermeintliche Konkurrent Miezes Herz mit einigen Kenntnissen in »Kätzisch« und freundlichem Blinzeln erobern.

Menschliche »Eindringlinge«

Für manche Katzen stellen Besucher ebenso wie neue Familienmitglieder oder Mitbewohner eine willkommene Bereicherung des Lebens dar, für andere eine Bedrohung ihrer Idylle. Der gewohnte und geliebte Tagesablauf wird meist verändert, die ihnen so wichtigen Rituale oft vergessen, und die Aufmerksamkeit wird womöglich auch noch der falschen »Person« geschenkt.

Kein Wunder, dass viele Katzen sehr unleidlich auf neue Menschen in ihrem Leben reagieren. Im einfachsten Fall ignorieren sie sie einfach oder gehen einem Kontakt aus dem Weg, manchmal greifen sie sie aber auch beherzt an oder »beduften« ihre Kleidungsstücke und Bettwäsche durch Harnmarken.

Eine ängstliche Katze wird dabei oft nicht als Problem empfunden, höchstens wenn dem Menschen auffällt, dass man sie kaum noch sieht. Das Tier selbst leidet jedoch nicht unerheblich unter Besuchern wie neuen Mitbewohnern und braucht Ihre gewohnte Zuwendung mehr denn je (→ Seite 154).

Viel auffälliger sind Katzen, die ihre Besitzansprüche vehement verteidigen. Strafen von Ihnen oder gar dem fremden Menschen würden die neue Beziehung von vornherein negativ belasten, auch die zu künftigen Besuchern, und verbieten sich von selbst. Sie als Miezes Sozialpartner haben jedoch die Möglichkeit zu intervenieren, ihre Angriffe zu verhindern und positive Kontakte zu fördern.

Gastfreundschaft ist nicht jederkatz' Sache

Als Gast können Sie sich durch das Beachten einiger Verhaltensregeln selbst vor Miezes Attacken schützen:
- Starren Sie die Katze nicht an, sondern zwinkern Sie ihr freundlich zu. Besser noch, Sie ignorieren sie zunächst und zwingen ihr keinen Kontakt auf.
- Wenn die selbstsichere, aber etwas unleidliche Katze (achten Sie auf Mimik und Gestik!) sich schon einmal an Ihnen reibt, besteht eine gute Chance, dass ein erstes Streicheln geduldet wird. Gehen Sie dabei aber nicht allzu forsch vor. Im Zweifelsfall ist es besser, dem Tier nur die Hand hinzuhalten und es daran entlangstreichen zu lassen. Langsam können Sie dann einzelne Streichelstriche einfügen (→ Seite 123).
- Spiele eignen sich viel besser, einen positiven Eindruck auch bei impulsiven Katzen zu hinterlassen (→ Seite 194/195).
- Kündigen die Gäste ihren Besuch rechtzeitig an, können Sie auch Ihre Zuwendungen ein bis zwei Stunden vor deren Eintreffen streichen und sich gezielt und ausgiebig in Gegenwart der Gäste um Ihre Katze kümmern. Flechten Sie aber einige Pausen in die Spiel- und Streichelzeiten ein, sonst wird Ihre Katze es nie verstehen, dass sich nicht immer alles um sie dreht.
- Natürlich können Gäste bei Mieze auch durch »Gastgeschenke« einen guten Eindruck machen, etwa durch besondere Leckerbissen oder besonders beliebte Spiele. Der Gast muss sie ja nicht unbedingt selbst mitbringen, es genügt, wenn er sie der Katze überreicht.

Wenn Mieze »handgreiflich« wird, müssen Sie allerdings Ihre Gäste schützen:

- Halten Sie sich zwischen Besuch und Katze. Indem Sie gleichzeitig die Katze streicheln (wenn diese sich friedlich zeigt) und sich mit dem Besucher unterhalten, wirken Sie vermittelnd.
- Verhält sich die Katze sehr aufdringlich, ist es sinnvoll, sie auf einen eigenen Platz zu komplimentieren, etwa den Kratzbaum, und dort ausgiebig zu bespielen. Greift das Tier den Besucher trotzdem an, verlassen Sie – gerne auch mit Gast – umgehend den Raum. Sofern Sie der Anlass für Miezes Eifersucht sind, wird diese eine solchen Effekt zu vermeiden lernen (→ Seite 141).

Neue Partner und Kinder

Die größte Herausforderung stellen »bleibende Eindringlinge« dar, etwa neue Lebensgefährten oder Kinder. Ältere, schon verständige Kinder

Halten Sie auch bei Besuch die täglichen Schmusestunden ein, um Eifersucht zu vermeiden.

ebenso wie erwachsene neue Mitbewohner können Sie über Ihre Katze aufklären und um Verständnis im Umgang mit ihr bitten.

Der »Katzen-Knigge«

Erklären Sie Ihren oder den neu einziehenden Kindern, bei Bedarf natürlich auch den Erwachsenen, wie Katzen »ticken« und dass man prima mit ihnen klarkommt, wenn man sie und ihre Bedürfnisse respektiert.

- Dazu gehört vor allem, sie nicht beim Schlafen, Fressen und auf dem Katzenklo zu stören und beim Spielen auf ihr Temperament und – im eigenen Interesse – auf ihre »Waffen« zu achten.
- Auch die Ruhe- und Liegeplätze der Katze auf den Menschenmöbeln sollten möglichst respektiert werden, um »Territorialstreitigkeiten« zu vermeiden.
- Klar, dass man das Tier nicht am Fell, an den Ohren oder am Schwanz ziehen darf.
- Wer die fliehende Katze jagt oder sie durch laute Spielzeuge erschreckt, wird sie nie zum Freund gewinnen.
- Angesagt ist dagegen ein liebevolles Streicheln – wenn Mieze es mag und freiwillig stillhält.
- Erklären Sie den Kindern auch, was die Katze uns mit ihrer unterschiedlichen Mimik und Gestik sagen möchte (→ Seite 100/101).

Einzug ohne Stress

Vor dem Einzug kommt ein neuer Mitbewohner gewöhnlich häufig zu Besuch und kann sich bereits in dieser Zeit bei der Katze beliebt machen, vergleichbar einem Gast (→ Seite 125). Die gemeinsame Fütterung während der Besuche oder auch lustige Spiele eignen sich gut dazu, eine angenehme Stimmung zu erzeugen. Sehr hilfreich ist es auch, wenn der oder die »Neue« getragene Wäsche liegen lässt, die man in der Wohnung verteilt, damit der fremde Duft langsam Teil des »Nestgeruchs« wird.

Während des Einzugs dann quartieren Sie die Katze am besten vorübergehend in einem separaten Zimmer ein. Ein »fließender« Einzug, über einen längeren Zeitraum verteilt, macht es ihr jedoch leichter, all die neuen Sachen in ihrem Lebensraum zu akzeptieren.

Vergessen Sie bei all der Aufregung des Einzugs nicht, dafür zu sorgen, dass Ihre Katze weiterhin ausgelastet wird. Vor allem junge und sehr aktive Katzen brauchen ihre bewegten Spielstunden.

Schwangerschaft, Säuglinge und Kleinkinder

Hygiene: Achten Sie vor allem im Zusammenhang mit Kleinkindern, Säuglingen und während Ihrer Schwangerschaft auf eine ausreichende Hygiene. Desinfektionsmittel sind kaum erforderlich, sie schaden oft mehr, als sie nutzen, aber Toxoplasmose-Erregern, die das Ungeborene schädigen, sollte jede Schwangere aus dem Weg

Die meisten Kinder freuen sich über eine Familienkatze. Spätestens nach einigen Lektionen aus dem »Katzen-Knigge« sind beide ideale Spielgefährten.

Neue Partner und Kinder

KATZE UND SÄUGLING

Dass Katzen Säuglinge in ihren Bettchen ersticken, ist ein Ammenmärchen. Dennoch sehen die meisten Mütter das Kinderbett nur ungern als Katzenliegeplatz, schon allein wegen der in der Regel nicht ausbleibenden Haare auf eben diesem. Schon ein Netz über dem Bettchen schafft Abhilfe. Wenn Ihre Katze Ihren Nachwuchs rasch toleriert, richten Sie ihr doch einen eigenen Liegeplatz im Kinderzimmer ein. Vielleicht gehört sie ja auch zu den Katzen, die sich zu guten Aufpassern entwickeln.

Sprechen Sie oft und in den freundlichsten Tönen mit Mieze, während Sie sich um Ihr Baby kümmern. Lassen Sie sie, in aller Gelassenheit, auch am Baby riechen, etwa, indem Sie den Arm des Säuglings in Ihre Hand nehmen und streicheln, während Mieze daran schnuppert. Abwechselnde Streicheleinheiten fördern zusätzlich das Vertrauen und den Austausch des veränderten »Nestgeruchs«.

Einer unsicheren Katze können Sie helfen, Ihr Kind zu akzeptieren, indem Sie möglichst alle für sie wichtigen Rituale einhalten und sogar ein neues einführen, wenn sich Mieze zu Ihnen und dem Baby gesellt. Nicht zuletzt kann Ihr Sofatiger sich durch ausgiebiges Spielen gut abreagieren und die Veränderungen besser akzeptieren.

Wenn die Katze anlässlich des schreienden Babys die Flucht ergreift, versuchen Sie nicht, sie zu beruhigen, sondern ermöglichen Sie ihr, sich zurückzuziehen. Ihre Furcht nimmt meist nur größere Ausmaße an, wenn der Mensch auf jedes Schreien hektisch reagiert. Nicht etwa, dass Sie Ihr Baby ignorieren sollten, aber Mütter, die grundsätzlich gelassen bleiben, machen auch auf Katzen einen eher beruhigenden Eindruck.

gehen. Sie kommen im Katzenkot (auch bei reinen Wohnungskatzen) sowie in rohem Fleisch vor. Wenn Ihnen niemand die Säuberung des Katzenklos abnehmen kann, reichen auch Einweghandschuhe, um eine Infektion zu verhindern. Eine regelmäßige Entwurmung von Katzen mit Freigang versteht sich von selbst.

Vor der Geburt: Als Schwangere sollten Sie Ihre Katze rechtzeitig vor der Geburt auf den kleinen Neuankömmling und die Veränderungen in ihrem Leben vorbereiten. Vielleicht ist es möglich, dass eine Freundin mit ihrem Säugling Sie öfter mal besucht. Andernfalls können Sie die Katze auch mithilfe einer CD mit Babygeschrei an die neuen Geräusche gewöhnen, indem Sie sie wiederholt abspielen, erst leise, dann allmählich immer etwas lauter. Auch mit dem künftigen neuen Geruch können Sie Mieze schon vorab vertraut machen, wenn Sie Babyöl und -puder selbst verwenden.

Lassen Sie Ihre Katze das Kinderzimmer und auch die Möbel darin genau untersuchen. Wenn Sie einige der vielen Veränderungen, die auf Ihre Katze zukommen, frühzeitig und nach und nach durchführen, erleichtern Sie ihr die Umstellung. Dazu gehören ebenso einige Änderungen in ihrem Tagesablauf, den Sie schon im Vorfeld etwas flexibler gestalten sollten, sprich, die Zeiten für sämtliche Zuwendungen gelegentlich verschieben und vielleicht ein wenig kürzen – wenn Mieze bisher Ihr einziges Baby war. Spätestens nach der Geburt sollten Sie Ihrer Katze jedoch sehr viel Aufmerksamkeit zukommen lassen, damit sie sich nicht benachteiligt fühlt.

Über die Artgrenzen hinweg – Katzen und andere Tiere

Katzen, die lange als Einzelkatze gelebt haben oder schlechte Erfahrungen mit ihresgleichen gemacht haben, kann man nur schwer oder gar nicht mit Artgenossen vergesellschaften – erst recht nicht, wenn sie nur in Haus oder Wohnung leben (→ Seite 118). Ganz anders sieht es aber oft mit Tieren anderer Arten aus. Diese sind meist interessant, eben weil sie »anders« sind.

Katzen und Hunde

Am besten kommen beide miteinander aus, wenn sie bereits miteinander oder zusammen mit Vertretern der anderen Art aufgewachsen sind und schon früh gute Erfahrungen damit sammeln konnten (→ auch Seite 134). In der Regel ergeben sich dann feste und sehr innige Freundschaften, die beiderseitiges Spiel, gemeinsame Ruhe- und Schlafphasen, Spaziergänge und mehr einschließen. Die Beziehung kann so ausgeprägt sein, dass jeder von beiden extrem leidet, wenn der andere fort oder gar gestorben ist. Eine rassebedingte Veranlagung spielt dabei keine Rolle. Die ausgebildeten und geführten Jagdhunde meines Vaters pflegten alle eine sehr freundschaftliche Beziehung mit den Hofkatzen unterschiedlichster Herkunft. Wir hatten sie einander »ordentlich« vorgestellt (siehe unten). Keiner von ihnen ist je eine unserer Katzen angegangen – mit wenigen Ausnahmen, wenn angesichts einer rennenden »Beute« kurz der Jagdeifer mit ihnen durchging, jedoch nur, bis Pussy oder Peter stehen blieben. Katzen lernen schnell, dass sie Verfolgungsjagden mit befreundeten Hunden vermeiden und abbrechen können, indem sie einfach anhalten. Auch wenn Hund oder Katze schon älter sind, ist die Prognose für eine Zusammengewöhnung noch gut, vorausgesetzt, die Tiere sind nicht vorbelastet, das heißt, der Hund ist kein ausgesprochener Katzenjäger und die Katze wurde noch nicht von Hunden gejagt. Leider muss man bei Katzen mit Freigang davon ausgehen, dass sie derartige negative Erfahrungen schon mehrfach gemacht haben. Schließlich besuchen Katzen oft und gern andere Gärten, selbst wenn diese von Hunden bewohnt werden, die ihrerseits gern Eindringlinge verjagen. Solche unfreundlichen und wiederholten Begegnungen merken sich beide gut, ein wirklich entspanntes Zusammenleben ist danach kaum mehr zu erreichen.

Von wegen »wie Hund und Katze«! Wenn die Voraussetzungen stimmen, können Bello und Mieze ein Herz und eine Seele werden.

Katzen und Hunde

DER ERSTE KONTAKT

Der erste Eindruck ist auch bei Hund und Katze wichtig für die Qualität ihrer weiteren Beziehung. Daher lohnt es sich, die erste Begegnung gut zu planen und vorzubereiten. Es liegt nahe, dass die Katze fliehen und der Hund sie verfolgen will – die übliche Verteilung der Beute- und Jäger-Rollen, was Sie aber unbedingt verhindern sollten.

Der Hund lässt sich am einfachsten an der Leine unter Kontrolle halten, während die Katze erhöhte Plätze benötigt, die der Hund nicht erreicht und die eine Flucht unnötig machen. Hilfreich kann auch sein, in die eine oder andere Tür Kindergitter einzusetzen mit einzelnen entfernten Streben, sodass Mieze hindurchpasst, nicht aber Bello. Vor allem: Bleiben Sie ruhig und souverän, tun Sie wenigstens so, als hätten Sie die Situation im Griff. Und lassen Sie beide nicht unbeaufsichtigt miteinander alleine, bis Sie sicher sind, dass sie sich mögen.

Hund kommt zur Katze

Bringen Sie schon einige Wochen vor der Ankunft des Hundes Futternapf und Katzenklos an einem für den Hund nicht erreichbaren Ort unter. So kann sich Ihre Mieze schon vorab daran gewöhnen, und ihr Leben wird mit dem Einzug von Bello nicht völlig auf den Kopf gestellt. Wie bei der Einführung einer Zweitkatze müssen Sie auch hier Ihre Mieze eine Zeit lang deutlich gegenüber dem Hund bevorzugen (→ Seite 118) und wie bei einem gefürchteten Menschen zur Not in ihrem Exil besuchen und mit Zuwendung bedenken (→ Seite 154). Sobald sie sich einigermaßen stressfrei mit dem Hund in einem Zimmer aufhält, sollten Sie beide – auf Abstand – mit Leckerlis füttern und ausgiebig streicheln.

Nicht jede Katze flieht aber vor einem fremden Hund. Ein sehr selbstbewusster Sofatiger kann auch recht unerschrocken auf den »Alien« losgehen. Vor allem einen Hundewelpen müssen Sie vor Angriffen bewahren – einen Welpenschutz genießt er gewiss nicht. Gehen Sie mit Strafen aber äußerst vorsichtig um, da an der heftigen Abwehr der Katze in aller Regel auch Angst beteiligt ist, und Mieze den Hund doch mögen soll.

Katze kommt zum Hund

Am schnellsten lebt sich eine Katze in einem Hundehaushalt ein, wenn sie zunächst ein eigenes Zimmer erhält, das eventuell mit einem Gitter gegen Besuche des Hundes gesichert werden kann. Dort stehen (übergangsweise) auch ihr Futternapf und die Katzenklos.

Wenn Sie sich nicht sicher sind, wie »gastfreundlich« Ihr Hund gegenüber dem Neuling ist, halten Sie ihn an der Leine. Möglicherweise ist auch ein Maulkorb angebracht, an den Sie Bello aber schon vor Miezes Ankunft langsam gewöhnen müssen – er soll die Katze ja nicht gleich mit einer negativen Erfahrung in Verbindung bringen. Derart vorbereitet, können Sie bei den ersten Begegnungen von Hund und Katze gelassen bleiben. Verschenken Sie keine Streicheleinheiten mehr »gratis« an Ihren Hund, sondern setzen Sie Streicheln und Futter gezielt als Belohnung für sein freundliches Verhalten gegenüber der Katze ein. Eine freundliche Kontaktaufnahme seinerseits können Sie mit lobender Stimme kommentieren.

Nach einer so begleiteten »Aufwärmphase« werden beide, Hund wie Katze, einander schnell zu schätzen lernen.

Ein solches »Katzenkino« lässt Katzenherzen höher schlagen. Nur zu gerne würde Mieze mit dem verlockenden, aber unerreichbaren Leckerbissen »spielen«.

Katzen und andere Heimtiere

Kleintiere können den Alltag einer Hauskatze versüßen, indem sie etwas »Leben in die Bude« bringen, ohne eine Bedrohung oder Konkurrenz für unseren Sofatiger darzustellen. Doch: Sämtliche Tiere, die deutlich kleiner sind als Ihre Katze, passen in Miezes Beuteschema und müssen in der Regel vor ihren Angriffen geschützt werden.

Beute oder nicht Beute?

Wenn eine Katze schon in frühester Jugend sehr häufig mit bestimmten Kleintieren in Kontakt kam und auch die Katzenmutter diese nicht als potenzielle Beute behandelte, stehen die Chancen sehr gut, dass sie die Tierchen eher als Sozialpartner betrachtet denn als Futter. Das gilt umso mehr, je weniger kätzische Spielkameraden dem Katzenkind zur Verfügung standen. Selbst Mäuse werden von entsprechend geprägten Kätzchen später nicht erbeutet, erst recht nicht, wenn sie die gleiche Fellfarbe wie ihre früheren Spielpartner haben. Manche Katze überträgt dies auch auf andersfarbige Mäuse, jedoch nicht jede. Zumindest anfangs ist in jedem Fall Vorsicht geboten, da kleine Tiere durch schnelle Bewegungen im Allgemeinen das Beutefangverhalten von Katzen auslösen, und so, wie Klein Mieze nach der Schwanzspitze ihrer Mutter hascht, kann sie dies »automatisch« auch mit ihren späteren, artfremden Mitbewohnern tun, nur sind diese eben nicht so robust wie Muttern. Ich habe jedoch schon erwachsene Katzen kennengelernt, die mit Mäusen zusammenlebten, andere mit Vögeln, und auch auf jegliches Spiel mit ihnen verzichteten, selbst wenn sie mitten in deren Käfig standen.

Keine Experimente!

Auch wenn Ihre Katze mit Mäusen, Hamstern oder Vögeln aufgewachsen ist, müssen Sie sämtliche Neuzugänge vor ihr schützen. Der Anblick eines Fressfeindes löst bei allen Kleintieren Furcht aus und versetzt sie in Fluchtbereitschaft. In einem Käfig besteht die Gefahr, dass die Insassen sich bei der Flucht verletzen oder der Dauerstress durch einen nahen Feind zu gesundheitlichen Schäden führt.

Die richtige Unterbringung: Am besten schützt man die Tierchen durch Unterbringung in ausreichend großen Käfigen beziehungsweise Volieren, Aquarien oder Terrarien, die darüber hinaus mit genügend Rückzugsmöglichkeiten ausgestattet sind, damit sie den Blicken der Katze entgehen können. Platzieren Sie die Quartiere der Kleintiere nach Möglichkeit erhöht, denn wenn Mieze zu ihnen aufschauen muss, wirkt sie viel weniger bedrohlich, als wenn sie auf dem Käfigdach lauert. Ein zweites, um den Käfig herumgestelltes, aber etwas höheres Gitter kann hier Abhilfe schaffen: Zum einen lässt es nicht so leicht zu, dass die Katze auf den Käfig springt, zum andern verhindert es einen direkten Kontakt durch die Gitterstäbe und damit zu viel Stress und mögliche Verletzungen.

Wenn Sie Mieze einen schönen Aussichtsplatz vor und leicht unterhalb des Käfigs anbieten, wird sie ihn sicher gerne nutzen und eher auf eine direkte Belästigung der Insassen verzichten. Ihre Katze zu strafen, wenn sie die Käfigbewohner zu attackieren versucht, nützt äußerst wenig. Sie bringt die unangenehme Erfahrung höchstens mit Ihnen in Verbindung und wartet einfach, bis Sie Haus oder Wohnung verlassen (→ Seite 192). Sie können Miezes Angriffsversuche nur freundlich, aber konsequent zu verhindern versuchen. Lässt sie sich auf Dauer nicht davon abbringen, sollten Sie die Kleintiere besser in einem für die Katze nicht zugänglichen Raum unterbringen.

Vorsicht beim Freilauf oder Freiflug: Vorsicht ist natürlich geboten, wenn Sie Ihren Kleinnagern oder Reptilien Auslauf bieten möchten. Nach meiner persönlichen Erfahrung ist dies eher kontraproduktiv, da bei Mäusen ein Bedürfnis nach Erkundung der weiteren Umwelt geweckt wird, was zur Folge hat, dass die Tierchen ständig auszubrechen versuchen. Reptilien gehören sowieso in ihr Terrarium, in dem Temperatur und Luftfeuchte ihren Bedürfnissen entsprechen; außerhalb leiden sie meist unter der Zugluft, die in jedem geheizten Raum entsteht, von Stress und Verletzungsgefahr ganz zu schweigen.

Für Vögel jedoch ist ein täglicher Freiflug wichtig für ihre Gesunderhaltung, sofern sie nicht in einer riesigen Voliere oder einem eigenen Zimmer untergebracht sind. Es versteht sich von selbst, dass Mieze keinesfalls unbeaufsichtigt mit den frei fliegenden Vögeln in einem Zimmer bleibt.

Größere Kleintiere

Alle Tiere, die größer oder ungefähr gleich groß wie eine Katze sind, wirken auf diese oft ebenfalls anziehend, auch wenn sie nicht in ihr Beuteschema passen. Allerdings besteht hier für beide Arten eine nicht geringe Verletzungsgefahr. Grüne Leguane, Warane und natürlich Riesenschlangen können eine Katze nicht unerheblich verletzen oder sogar töten und sollten schon aus diesem Grund ihr Gehege nicht verlassen. Abgesehen davon kann umgekehrt auch die Katze diesen Tieren mit ihren Krallen erhebliche Wunden zufügen.

Kaninchen, Meerschweinchen & Co. bleiben als erwachsene Tiere von den meisten Katzen eher unbehelligt, vor allem die großen Rassen wie Deutsche Riesen, Widder oder die großen Cuy (Meerschweinchen). Selbstverständlich können Sie dessen erst sicher sein, wenn Sie beide lange genug miteinander beobachtet haben, und auch dann sollten Sie die beiden Parteien zur Sicherheit nicht ohne schützende Gitter alleine lassen. Bedenken Sie vor allem, dass Ihre Katze die Jungtiere sehr wohl als Beute oder zumindest als Spielzeuge betrachten kann.

Was heißt hier Räuber und Beute? Gemeinsam aufgewachsen, haben beide in dieser Hinsicht keine Vorurteile, sondern genießen die traute Zweisamkeit.

Katzen sind lernfähig – fast ihr ganzes Leben lang

»Kasi, komm!« Kasimir hört es deutlich, das freundliche Rufen seiner Menschen. Sie sind hinter der Tür. Da ist jetzt ein komisches Loch in der Mitte, das ist neu. Er kann aber nicht hindurch, weil es eine Fensterscheibe drin hat. Dabei klingen sie doch durch das Loch am deutlichsten, die lockenden Rufe: »Kooomm, Kasi, komm doch!« Kasimir maunzt energisch. Das hat bisher fast immer geholfen. Aber heute hilft noch nicht einmal sein Kratzen. Er ist sehr aufgeregt. Sein Lieblingsfutter liegt auf der anderen Seite der Türe, er kann es riechen. Energisch drückt er seine Nase gegen das Fenster. Klack – plötzlich gibt es nach. Vorsichtig schiebt er seinen Kopf weiter und schaut ins Wohnzimmer. Schnell schlüpft er jetzt ganz durch die Katzenklappe, und noch etwas aufgeregt frisst er die Häppchen, die für ihn bereitliegen. »Endlich kein Türdienst mehr«, hört er seine Menschen sagen. Er versteht diese Worte nicht, sehr wohl aber »Kluger Kasi!« und dass sich alle mit ihm freuen.

Was Katzen lernen können

Katzen, Tiere mit Köpfchen – Lernen und Intelligenz

Wie alle Säugetiere sind auch Katzen geradezu zum Lernen geschaffen. Anders als die angeborenen Verhaltensweisen, die weitgehend starr und gleichförmig ablaufen, ermöglicht Lernen, das eigene Verhalten zu verändern und an unterschiedliche Situationen anzupassen. Denn auch Katzen können auf eigene Erfahrungen zurückgreifen und dadurch Misserfolge vermeiden und Erfolgserlebnisse optimieren – wichtige Aspekte im Leben eines eleganten Perfektionisten.

Was Katzen lernen können

Besonders gut lernen Katzen – wie andere Tiere auch – Verhaltensweisen, die ihrer Lebensweise entsprechen und die sich für sie lohnen. Mit ein wenig Einfühlungsvermögen können Sie Ihrer Katze zum Beispiel das Warten auf einem bestimmten Platz beibringen (→ Seite 191), »Sitz« und »Platz« sowie alles, bei dem sie ihre Pfoten einsetzen kann, da dies ihrem Naturell entspricht. Schwierigkeiten werden Sie dagegen bekommen, wenn Sie ihr etwa das Hüten einer Mäuseherde oder einen Schutzdienst beibringen wollen.

Individuelle Intelligenzunterschiede

So manche Katze hat das Geheimnis einer Katzenklappe schon nach zehn Minuten gelüftet, andere, wie Kasimir, brauchen Tage oder gar Monate und auch unsere Hilfe, um den Gebrauch zu kapieren. Doch nicht immer lässt sich von der Reaktion einer Katze in einer bestimmten Situation ein sicherer Rückschluss auf ihre Intelligenz ziehen. Womöglich findet sie es nur bequemer, sich eine Tür öffnen zu lassen. Eine solche Katze ist vielleicht ein wenig faul, aber nicht unklug.

Intelligente Katzen lernen allgemein schnell Zusammenhänge und sind auch in der Lage, ihr Wissen auf neue Situationen zu übertragen (→ Seite 143). Ebenso begreifen sie Verbote schnell, sind jedoch gerne bereit, alle Bedingungen auszutesten,

> Katzen sind schlaue Tiere, gar keine Frage. Aber nicht alle sind gleich schlau.

um die Herausforderung, die wir ihnen gestellt haben, doch noch zu meistern. Schlaue Katzen sind neugierig, interessiert, unternehmungslustig – und schnell unterfordert. Es ist ein zeitaufwendiger Job, eine kluge Katze zu beschäftigen.

Ursachen unterschiedlicher Intelligenz

Wie beim Menschen sind genetische Einflüsse auf die Intelligenz durchaus denkbar, aber bei Katzen noch nicht nachgewiesen. Eine Mangelernährung der Katzenmutter während der Trächtigkeit kann aber die Entwicklung der Kätzchen verzögern und deren Lernverhalten beeinträchtigen. Einen großen Einfluss haben auch die Erfahrungen in den ersten Lebenswochen der Kätzchen. Wachsen sie in einer reizarmen Umgebung auf, so reagieren sie als erwachsene Katzen in neuen Situationen oft zurückhaltend und lernen nur langsam. Die Lernfähigkeit selbst bleibt jedoch bis ins hohe Alter bestehen.

Prägung – wichtige Lernerlebnisse in den ersten Lebenswochen

Zahlreiche Informationen sind nötig, um das Leben erfolgreich zu meistern und in allen Lebenslagen zu bestehen. Und es sind vielerlei Lebenslagen, in denen wir unsere anpassungsfähigen Hauskatzen finden – vom Single in einer Stadtwohnung über den Mäusejäger in einer Bauernhofkolonie bis zum Streuner auf einer Müllhalde.

Frühe Erfahrungen, die ein für alle Mal »sitzen«

Die für ihr Leben wichtigen Kenntnisse erwerben Kätzchen schon in den ersten Lebenswochen innerhalb sogenannter sensibler Phasen, in denen sie sehr lernbereit sind. Sie saugen Informationen geradezu auf wie ein Schwamm. Viele der in dieser Zeit gemachten Erfahrungen bleiben langfristig im Gedächtnis gespeichert. Die Kätzchen werden regelrecht auf bestimmte Lebensbedingungen geprägt; die jetzt stattfindenden Lernvorgänge bezeichnet man daher als Prägung.

Alles zu seiner Zeit

Unterschiedliche Lerninhalte werden dabei in jeweils eigenen sensiblen Phasen erlernt, die einander teilweise überlappen. Ungefähr zwischen der zweiten und fünften Lebenswoche entsteht die Bindung zur Mutter. Etwa von der zweiten bis siebten Woche findet eine Objekt- und Milieuprägung statt, in der das Kätzchen vielfältige Umgebungsreize kennenlernt. Dazu gehört der Tumult in der Wohnung ebenso wie Straßenlärm von draußen oder die diversen Elektrogeräte im Haushalt, aber auch zum Beispiel die Benutzung eines Transportkorbs. Daher ist für junge Katzen eine »reizvolle« Umgebung in den ersten Lebenswochen wichtig, um zu unerschrockenen und ausgeglichenen Katzenpersönlichkeiten heranzuwachsen.

Freund oder Feind?

Ebenfalls zwischen der zweiten und siebten Lebenswoche werden Kätzchen auf andere Lebewesen geprägt, sprich: sozialisiert. Damit wird die Grundlage für ihre spätere Geselligkeit und Umgänglichkeit mit Menschen und mit anderen Tieren gelegt – oder aber ihre Furcht. Der Umgang mit Mutter und Geschwistern ist je-

TIPP

FRÜHER UND FREUNDLICHER UMGANG LOHNT SICH

Sorgen Sie für eine gute Sozialisation Ihrer Kätzchen, indem Sie häufige, positive Kontakte mit vielen verschiedenen Menschen einrichten. Lassen Sie junge Katzen bis zum Alter von mindestens zwölf Wochen bei Mutter und Geschwistern. Die Katzen reagieren später bei Umzug, Aufnahme eines weiteren Haustiers oder Ähnlichem deutlich toleranter und weniger gestresst als Katzen mit fehlenden Erfahrungen und verkraften spätere, schlechte Erlebnisse besser.

Frühe Erfahrungen, die ein für alle Mal »sitzen«

doch noch bis zur zwölften Woche wichtig zur Entwicklung der Selbstbeherrschung der Kätzchen, sowohl emotional als auch körperlich. Früher »entführte« Katzenkinder verlieren als erwachsene Katze schnell die Beherrschung und haben Zähne und Krallen schlecht unter Kontrolle. Ihnen fehlt schlichtweg die soziale Kompetenz.
Die Sozialisation gegenüber Artgenossen und anderen Tieren verläuft unabhängig voneinander, jedoch immer nach dem gleichen Schema:

• **Fehlen Erfahrungen** in der Jugend, führt dies später zu Vorsicht und Angst gegenüber den unbekannten Lebewesen. Zwar kann sich eine Katze auch nach Abschluss der sensiblen Phase noch an Menschen oder Tiere gewöhnen, aber meist nur an einzelne Individuen. Ein Leben in einer Gruppe wird sie schnell verängstigen. Außerdem erfordert diese Gewöhnung bei einer Jungkatze schon deutlich mehr Geduld, da die Lernphase dann länger dauert.

• Nur nach überwiegend **guten Erfahrungen** gehen die Kätzchen später enge Bindungen an Menschen und Tiere ein. Positive Erfahrungen mit mehreren Individuen lassen die Katzen später so ziemlich jeden dieser Art als harmlos betrachten. Von einer Einzelperson liebevoll aufgezogen, muss sich jeder andere Mensch ihre Sympathie erst neu verdienen.

• Leider werden auch **negative Erfahrungen** nicht vergessen, wenn es die häufigsten in Miezes Kinderzeit waren. Und sie sind kaum wiedergutzumachen. Es erfordert sehr viel Geduld und Fingerspitzengefühl, um panikartige Reaktionen vorbelasteter Katzen einigermaßen abzubauen. So findet man nicht selten Katzen, die in einer Katzenkolonie ohne Kontakt zu Menschen aufgewachsen sind, als Halbwüchsige eingefangen und tierärztlich »rundumversorgt« wurden – und später große Angst vor Menschen haben, aber ganz prima mit anderen Katzen auskommen. Oder andere, die von Menschenhand als Einzelkätzchen fürsorglich aufgezogen wurden und bei ihren ersten Besuchen im Garten von der Nachbarkatze Prügel bekamen – und sich fortan Artgenossen gegenüber feindselig verhalten, aber äußerst anhänglich gegenüber Menschen.

Freundliche Kontakte in den ersten Lebenswochen werden so schnell nicht wieder vergessen. Bei diesem etwa zwei Wochen alten Kätzchen reichen dazu täglich wenige Minuten Streicheln.

Gewöhnung – so lernt Mieze, gelassen zu bleiben

Katzen zählen zwar zu den »Raubtieren«, werden aber wegen ihrer relativ geringen Größe ihrerseits von vielen Feinden und Gefahren bedroht. In ungewohnten Situationen, meist bei plötzlichen Bewegungen und/oder lauten Geräuschen, reagieren Katzen daher oft mit Flucht, einer angeborenen Reaktion, die im Zweifelsfall ihr Überleben sichert. Da ständiges Wegrennen und Sichverstecken auf Dauer aber sehr anstrengend sind, lohnt es sich für jede Katze, wichtige von unwichtigen Situationen unterscheiden zu lernen. Sie lernt, spezielle Eindrücke, die häufig und vor allem ohne schlimme Folgen für sie auftreten, zu tolerieren und die Situation einfach auszusitzen. Diesen sehr einfachen Lernvorgang nennt man Gewöhnung oder Habituation.

Häufig und harmlos

Feldernde Katzen gewöhnen sich an vorbeifahrende Traktoren oder an den nahen Straßenverkehr (manchmal zu sehr) und Wohnungskatzen an haushaltsübliche Elektrogeräte und Besucher. Voraussetzung ist jedoch, dass die jeweiligen, ursprünglich Angst auslösenden Reize immer wieder auftreten und sich als nicht übermäßig bedrohlich erweisen. An Spül- und Waschmaschine zum Beispiel gewöhnen Katzen sich recht schnell, während der Staubsauger viele in eine kopflose Flucht schlägt. Der Unterschied liegt hauptsächlich darin, dass die erstgenannten Geräte ihren Platz nicht verlassen und auch von uns weitgehend ignoriert werden, während sich der Staubsauger früher oder später lärmend und drohend der Katze nähert – mit einem hektischen Menschen im Schlepptau. Die Flucht, so lernt die Katze, garantiert ihr Überleben. Dies hat bisher schon immer funktioniert – sie ist geflohen und hat überlebt. Und so reagiert sie im Laufe der Zeit immer früher und auch heftiger, sobald der Staubsaugergebrauch auch nur angedeutet wird.

Schritt für Schritt

Katzen gewöhnen sich recht problemlos an einen neuen Gegenstand und an eine neue Situation, wenn sie Zeit haben, sich damit langsam und in kleinen Schritten anzufreunden beziehungsweise sie als unbedenklich einzustufen. Die Gewöhnung ist ein Lernprozess, der erst nach mehreren bis vielen Wiederholungen »wirkt«. Sie erfolgt umso rascher, je unerschrockener die Katze von Haus aus ist und je einfühlsamer Sie bei den ersten Kontakten vorgehen.

> Gewöhnung ist die einfachste Form zu lernen, das Resultat besteht in – keiner Reaktion.

Im Beispiel des Staubsaugers bedeutet dies, dass dieser zuerst einige Male leise in Erscheinung tritt, zum Beispiel nur im Nebenzimmer bei geschlossener Tür, am Tag darauf bei geöffneter Tür, bevor Sie mit ihm das Katzenzimmer betreten. Dort sollte sich das laute und aus Katzensicht monströse Gerät zunächst durchaus harmlos zeigen, indem es sich möglichst nicht auf die Katze zubewegt. Wenn Sie dann doch in Richtung Ihrer Katze saugen, dann zuerst nur ein kurzes Stück, bevor Sie den Sauger wieder von ihr fort »jagen«. Die fehlende Zimmerhälfte kann auch einige Tage auf die Teppichreinigung warten. Als Lohn erhalten Sie eine Katze, die den Staubsaugereinsatz für den Rest ihres Lebens ignoriert, anstatt jedes Mal zu fliehen.

Damit Ihre Katze sich an eine bisher unbekannte Situation gewöhnt, braucht sie keine Belohnung – es reicht aus, wenn sie darin keine Gefahr sieht. Wir können jedoch leckeres Futter, ein tolles Spiel oder eine begehrte Streicheleinheit als angenehme Begleiterscheinung einsetzen, um schneller zum Ziel zu kommen (→ auch Seite 141).

Angst systematisch abbauen

Nicht immer ist eine »einfache« Gewöhnung möglich, damit eine Katze in eigentlich ungefährlichen Situationen gelassen bleibt. Sie reicht dann nicht aus, wenn die Katze mit einem bestimmten Gegenstand bereits schlechte Erfahrungen verknüpft hat, etwa den Transportkorb mit einer unangenehmen Behandlung beim Tierarzt. Auch wenn sie zum Beispiel vor dem Staubsauger oder vor Besuchern regelmäßig und schon seit Langem flieht, ohne dass uns ein wirklich schlechtes Erlebnis der Katze bewusst wäre. Sobald sie panikartig flieht, empfindet sie große Angst. Und Angst verhindert jegliches Lernen. Um die Katze von der Harmlosigkeit der Situation zu überzeugen, ist ein systematisches Umlernen mithilfe von Belohnungen, zum Beispiel begehrten Leckerlis, erforderlich – die Desensibilisierung. Wie bei der Gewöhnung muss man schrittchenweise vorgehen und darauf achten, dass die Katze jede neue Stufe als kaum bedrohlich auffasst. Es braucht eine gehörige Portion Einfühlungsvermögen und sehr viel Geduld, damit die Katze ihre Angst überwindet. Manchmal kann es sogar sinnvoll sein, die Therapie durch Beruhigungsmittel zu unterstützen (nur in Absprache mit dem Tierarzt oder Verhaltenstherapeuten), damit die Katze nicht in Panik gerät und so ruhig bleibt, dass sie sich mit der Situation auseinandersetzt und die angebotenen Leckerbissen überhaupt annimmt. Da sich die Reaktion der Katze bei unbedachtem Vorgehen noch verschlimmern kann, ist eine Betreuung durch einen katzenerfahrenen Tierverhaltenstherapeuten sinnvoll.

Besonders rate ich von dem Versuch ab, die Angst der Katze allzu unbedarft durch Reizüberflutung bekämpfen zu wollen, indem man sie »gnadenlos« etwa mit einem gefürchteten Besucher konfrontiert. »Sie wird dann schon merken, dass ihr nichts passiert«, ist eine typisch menschliche Vorstellung. Das Resultat ist meist ein blutender Mensch und eine verschwundene Katze. Bedenken Sie: Auch ein Mensch verliert seine Angst vor dem Schwimmen nicht durch einen Stoß ins tiefe Wasser.

Die Katze an laute Störfaktoren zu gewöhnen, ist ein lohnendes Unterfangen. Von Nachteil kann dann höchstens sein, dass sie beim Staubsaugen im Weg liegt.

Wissen, was kommen wird – Signale lernen

Alle Lebewesen sind bestrebt, auf kommende Ereignisse vorbereitet zu sein, um Vorteile wahrnehmen zu können und Nachteile zu vermeiden. Menschen lesen die Wettervorhersage oder Horoskope und achten auf Ampelschaltungen, und auch Katzen suchen Signale oder Hinweise, die ihnen zum Beispiel andeuten, wann es Futter oder Streicheleinheiten gibt und wann eine Flucht angebracht ist, um Schreck oder Schmerzen zu verhindern.

Signale und Erwartungen

Bestimmte Reize oder Signale lösen unwillkürliche Reaktionen und Erwartungshaltungen aus, nachdem sie in immer gleichen, emotionalen Situationen aufgetreten sind. Denken Sie einmal an das Geräusch des Zahnarztbohrers. Es verursacht bei sehr vielen Menschen ein gewisses Unbehagen, manchen bricht gar der Schweiß aus, wenn sie dieses schrille Kreischen nur hören.

Ähnlich heftig reagieren Katzen, die große Angst vor Besuchern haben, auf die Türklingel. Schon nach ganz wenigen Besuchern – die sich mit Türklingeln angekündigt haben – reicht das Klingeln alleine aus, um die Katze panikartig fliehen zu lassen. Die Klingel wurde zu einem konditionierten Signal, den Lernvorgang bezeichnet man daher als klassische Konditionierung. Katzen ohne Angst vor fremden Menschen verbinden mit dem Geräusch in etwa das Gleiche wie wir, nämlich netten Besuch.

DER NAME DER KATZE

Sprechen Sie Ihre Katze mit ihrem Namen an – in vielen Situationen, die sie als angenehm empfindet. Erwähnen Sie Miezes Namen nur beim Füttern, wird sie auch nur ans Fressen denken, wenn Sie sie rufen, und nur kommen, wenn sie hungrig ist. Hat sie ihren Namen aber auch beim Spielen oder Streicheln gehört, versetzt er sie später allgemein in eine freudige Erwartung. Da die beteiligten Gefühle nicht sehr stark sind, braucht es viele Wiederholungen, bis Mieze unwillkürlich auf den Klang ihres Namens hin aufmerksam wird.

Starke Gefühle – schnelles Lernen

Signale werden umso schneller mit Emotionen verknüpft, je intensiver diese sind.
Oh weh! Vor allem Schreck und Schmerz führen sehr bald dazu, dass eine Katze bereits auf den leisesten Hinweis darauf mit Angst und Flucht reagiert. Hier reicht oft schon ein einmaliges Erlebnis für eine Verknüpfung aus, wie der erste Kontakt mit einem Transportkorb, gefolgt von dem unangenehmen Transport und einer vielleicht schmerzhaften Behandlung beim Tierarzt. Danach reicht der Anblick des Korbes, um die Katze in Panik zu versetzen. Spätestens nach ein bis zwei weiteren Fahrten in die Tierarztpraxis reagieren sehr sensible Katzen bereits auf das vorherige Verschließen einer Zimmertür oder die Anspannung ihrer Menschen. So mancher Halter

schwört daher, dass seine Katze schon verschwindet, wenn er nur an den Tierarzt denkt.

Hurra, jetzt kommt's gleich: Klassisch konditionierte Signale können auch äußerst freudige Erwartungen bei einer Katze auslösen, etwa das Öffnen einer Packung mit leckerem Futter. Nach einigen Wiederholungen verknüpft sie das Knistern der Verpackung mit ihrer Freude über die Leckerchen. Sehr viele Haustiere fühlen sich daher vom Geräusch einer Plastikverpackung magisch angezogen. So auch unsere Katze Christa. Sie lernte aber auch, das Knistern ihrer Leckerli-Packung von dem meiner Schokoriegel zu unterscheiden, das anfangs ebenfalls große Freude bei ihr auslöste. Seit ich ihr mehrmals das für sie unattraktive Essen in der dünneren Verpackung zeigte, reagiert sie nicht mehr, wenn ich meinen Snack auspacke, sondern nur noch auf das »richtige« Knistern. Katzen können also bestimmte Signale sehr genau von ähnlichen unterscheiden.

War wohl nichts: Ein Signal kann seine Bedeutung auch wieder verlieren, dann nämlich, wenn es oft alleine auftritt. Nach häufigem Knistern mit der Futtertüte, ohne dass die Katze etwas zu fressen bekommt, verliert sie das Interesse daran. Und auch ihre Fluchtbereitschaft verschwindet, wenn die Türklingel sehr oft ertönt, ohne dass ein Besucher kommt – die Angst vor Fremden jedoch nicht (→ Seite 153).

Kommandos lernen

Wenn Ihre Katze beim Anblick und Geruch Ihres Wurstbrots »Männchen macht« oder angesichts einer verschlossenen Tür daran kratzt, sind sicher auch hier Emotionen beteiligt sowie eine klassische Konditionierung. Die Verknüpfungen mit so komplexen Verhaltensweisen wie beide Vorderbeine hoch zu nehmen oder Kratzen sind jedoch von Erfolg oder Misserfolg abhängig, und die Katze handelt bewusst und überlegt (→ Seite 140). Alle Signale oder Kommandos, auf die Ihre Katze etwas Bestimmtes machen soll, etwa »Komm!«, »Bleib!« oder »Sitz!«, müssen von ihr erlernt werden. Damit sie das Kommando mit einer bestimmten Verhaltensweise verknüpft, müssen beide gemeinsam auftreten und auch wiederholt werden, geradezu wie Vokabeln-Lernen. Es ist wenig zweckmäßig, die spielende oder hübsch dasitzende Katze mit »Komm, komm« zu überschütten, solange diese gar nicht daran denkt, sich in Ihre Richtung zu bewegen. Hört sie Ihr freundliches »Komm« aber, während sie schon auf dem Weg zu Ihnen ist, und bekommt sie von Ihnen dann etwas Angenehmes, wird sie Ihr Wortsignal mit ihrer Annäherung verbinden. Einen Hinweis darauf, was sie erwartet, lernt Mieze immer gern. Ob sie auch folgt, ist eine andere Frage, die hauptsächlich von ihrer Persönlichkeit, ihrer momentanen Motivation und Ihrem Training abhängt.

Eine Dose mit Signalcharakter – während Herrchen noch liest, freut Mieze sich schon auf ihre Mahlzeit.

So geht's! – Lernen am Erfolg (und Misserfolg)

Lernen am Erfolg ist die häufigste Lernform und wie das Signallernen mit guten und schlechten Erfahrungen verbunden. Eine Katze verknüpft dabei ihr eigenes Verhalten mit den unmittelbaren Konsequenzen, die sie erfährt. Erfolge führen dazu, dass sie sich in den nächsten, ähnlichen Situationen wieder genau so verhalten wird, Misserfolge lassen sie gleiche Situationen in Zukunft eher vermeiden.

Die meisten neu erlernten Verhaltensweisen entstehen rein zufällig, etwa wenn eine Katze ihren Kopf an der Trockenfutterbox reibt und diese vom Regal herunterfällt – und das Futter herauskullert. Ist Mieze sensibel und erschreckt sich vor dem lauten Geräusch, wird sie den Ort mit der Futterbox in Zukunft eher vorsichtig betreten. Eine weniger schreckhafte Katze freut sich einfach über das Extrafutter. Die Futterbelohnung wird sie wahrscheinlich dazu bringen, sich wiederholt im Regal herumzudrücken, spätestens wenn sie wieder hungrig ist.

Versuch und Irrtum

Mieze hat jetzt vielleicht eine vage Idee davon, dass Regal, Box, Kopfreiben und Futter in einem Zusammenhang stehen, aber noch nicht das volle Erfolgsrezept, das Herunterwerfen, erfasst. Die wesentlichen Verhaltensweisen für ein garantiertes Erfolgserlebnis erlernt sie – wenn man sie lässt – durch Ausprobieren. So kann sie die effektivste Methode herausfinden, die zu einem Erfolg führt, ebenso wie beim Mäusefangen. Man bezeichnet dies als Lernen durch Versuch und Irrtum.

Die operante Konditionierung

Was so kompliziert klingt, ist nichts anderes als das Prinzip des Lernens am Erfolg. Es wird angewendet, wenn Tiere zum Beispiel in wissenschaftlichen Experimenten Lernaufgaben lösen oder wir ihnen Kunststückchen beibringen (→ Seite 191). Der Forscher lässt seine Probanden dabei Hebel oder Knöpfe drücken oder sie am Touchscreen »arbeiten«. Als Familienmitglied lernt Mieze auf diese Weise zum Beispiel »Männchen« zu machen, oft aber leider auch, so lange zu maunzen, bis wir sie füttern (→ Seite 166). Eine Schlüsselfunktion fällt dabei stets den unmittel-

Ein unbewachtes Würstchen ist für sie geradezu eine Einladung zum Essen. Statt Strafen wäre allemal besser, die Katze gar nicht erst in Versuchung zu führen.

Versuch und Irrtum

IGNORIEREN – ZUSTIMMUNG ODER STRAFE?

Auch wenn sie nicht im eigentlichen Sinne bestraft wurde, kann eine Katze einen Misserfolg erleben, nämlich wenn sie schlichtweg nicht bekommt, was sie sich durch ihr Verhalten erhofft hat. Dies gilt insbesondere für alle ausbleibenden Belohnungen, sei es, dass sie Ihre Aufmerksamkeit nicht erhält oder dass Sie nicht darauf eingehen, wenn Ihre Katze Sie zum Spiel auffordert. Wählt Mieze eine unerwünschte Verhaltensweise, um ihr Ziel zu erreichen, etwa Kratzen an der Tapete, reicht es in diesen Fällen aus, sie zu ignorieren. Das bedeutet, die Katze nicht anzusprechen, auch nicht zu schimpfen, noch nicht einmal anzuschauen. Krönen kann man das eigene ignorante Verhalten noch, indem man zügig den Raum verlässt. Aber schon nach einer halben Minute können Sie Mieze eine neue Chance geben, sich eine alternative, »bessere« Verhaltensweise auszusuchen – die Sie dann durch Spiel oder Aufmerksamkeit belohnen. Vor allem, wenn Sie ihr Kratzen früher immer »belohnt« haben, wirkt das Ignorieren als Strafe, da die erwartete Zuwendung ausfällt.

Geht es Mieze jedoch nicht um Ihre Aufmerksamkeit, sondern will sie nur ihre Krallen wetzen, um sie zu pflegen und ihren Duft zu hinterlassen, ist ihr Verhalten selbstbelohnend. Der Katze dabei zuzuschauen und nicht weiter zu reagieren, fasst diese als Ihre Zustimmung auf und wird in Zukunft immer wieder an derselben Stelle fleißig kratzen – schließlich spricht ja nichts dagegen.

Was Ihre Katze mit ihrem Verhalten bezweckt, können Sie gut herausfinden, indem Sie den Raum verlassen, sobald Mieze mit dem unerwünschten Verhalten beginnt: Kratzt sie weiter, ist es selbstbelohnend. Hört sie auf, sucht sie Ihre Zuwendung.

baren Konsequenzen ihres Verhaltens zu, nämlich Erfolg oder Misserfolg beziehungsweise Belohnung oder Strafe.

Erfolge und Belohnungen

Gute Erfahrungen führen also dazu, dass das vorher gezeigte Verhalten wiederholt beziehungsweise verstärkt wird, die gezielte Belohnung wird daher auch Verstärkung genannt.

Positive Verstärker: Durch sie wird der Katze etwas Gutes zugefügt. Es kann sich um Futter oder Spiel handeln, aber auch um eine Streicheleinheit, Ansprache, Aufmerksamkeit oder das Öffnen einer Tür, um nur einige Beispiele zu nennen. Entscheidend ist, dass die Katze es – in der jeweiligen Situation – als angenehm empfindet. Auch eine Katze, die sich an und für sich gerne auf den Arm nehmen und streicheln lässt, wird dies nicht toll finden, wenn sie eigentlich gerade spielen möchte. Genauso wenig wird sie Futter als Belohnung empfinden, wenn sie pappsatt ist.

Negative Verstärker: Auch sie wirken belohnend, nämlich indem etwas Unangenehmes entfernt wird. Wann immer Sie die Transportbox öffnen, die Ihrer Katze verhasst ist, oder Ihre Katze loslassen, nachdem Sie sie gegen ihren Willen festgehalten haben, verstärken Sie Miezes aktuelles Verhalten, sei es ruhiges Abwarten oder seien es heftige Fluchtversuche (→ Seite 189).

Selbstbelohnende Verhaltensweisen: Sie bedürfen, wie der Name schon sagt, keiner Belohnung oder Verstärkung durch den Menschen. Die Krallen wetzen, spielen (auch an den Vorhängen hochzuklettern), andere Katzen oder Tiere jagen – all das macht meist prinzipiell Spaß, die Katze belohnt sich damit selbst.

Schneller Erfolg – beste Lernhilfe: Dass Katzen verschiedene »Tricks« unterschiedlich schnell lernen, hängt auch davon ab, wie schnell sie zum Erfolg kommen. Ein einfacher Sprung auf den gedeckten Tisch und ein Biss in den Braten werden sofort miteinander verknüpft. Für kompliziertere Sachverhalte, die Bedingungen und Signale beinhalten, braucht es etliche Wiederholungen – da geht es der Katze nicht anders als uns.

Am schnellsten lernt eine Katze eine neue Aktion, wenn auf diese sofort eine Belohnung folgt. Sie kann die Zusammenhänge zwar auch begreifen, wenn sie erst später oder nicht für jede Aktion belohnt wird, allerdings dauert der Lernprozess dann länger. Nachdem Mieze den Zusammenhang erkannt hat, eignen sich später gereichte Belohnungen hervorragend, um ihre Ausdauer, etwa beim Warten, zu trainieren (→ Seite 191).

Misserfolge und Strafen

Misserfolge führen dazu, dass eine Katze das jeweilige Verhalten in Zukunft vermeidet. Die schlechten Erfahrungen können dabei Strafen im eigentlichen Sinne sein, etwa Schimpfen oder eine »Dusche«, aber auch das Umfallen des neuen Kratzbaums bei der Erstbesteigung. Ebenso wie bei der Belohnung können auch hier positive und negative Strafen wirken. Bei der positiven Strafe erfährt die Katze etwas Unangenehmes, etwa Wasserspritzer oder laute Geräusche, bei der negativen Strafe wird etwas Angenehmes entfernt, zum Beispiel, indem das gemeinsame Spiel oder Streicheln eingestellt wird – auch dies sind keine angenehmen Erfahrungen. Und auch Ignorieren kann eine Strafe darstellen, wenn ein erhoffter Erfolg ausbleibt (→ Kasten Seite 141).

Wenn schon, dann richtig strafen: Wenn Sie Ihrer Katze eine bestimmte Verhaltensweise verbieten wollen, ist ganz wichtig, dass Sie sie zum einen immer und zum andern sofort korrigieren. Gelegentliche Strafen führen letztendlich noch zu einer Verfestigung des unerwünschten Verhaltens oder im Zweifelsfall dazu, dass Ihre Katze Sie für unberechenbar und launisch hält. Bestrafen Sie Ihre Katze zu spät, wird sie in der Folge meist nur flinker, oder sie verändert die Ausführung ihrer »Tat« in dem Bestreben, doch einen Erfolg zu verbuchen. Wenn Sie nicht sicher sind, ob und wie Ihre Strafe wirkt, sollten Sie besser ganz darauf verzichten. Viel vorteilhafter ist es zu verhindern, dass die Katze ihr unerwünschtes Verhalten überhaupt startet, jedoch steht und fällt dieses Unterfangen mit Ihrer guten Beobachtungsgabe und schnellen Reaktion (→ Seite 191).

Wasserspritzer wirken so abschreckend auf Katzen, dass sie damit verbundene Orte lieber meiden.

Was Katzen sonst noch draufhaben – weitere Lernformen

Lernen heißt, dass Informationen beziehungsweise Verknüpfungen wahrgenommen, gespeichert und bei Bedarf abgerufen werden können. Tatsächlich sind die meisten Lernvorgänge jedoch deutlich komplizierter.

Jede lernt auf ihre Weise

Nicht zuletzt wird das Lernen durch die Persönlichkeit der Katze beeinflusst, speziell durch ihre ersten Lernerfahrungen während der sensiblen Phasen (→ Seite 134), durch ihre individuellen Bedürfnisse und ihre momentane Motivation. Es ist daher nicht immer einfach zu erkennen, wie eine Katze zu einer neuen Erkenntnis gekommen ist.

Lernen durch Beobachtung und Nachahmung

Katzen können auch allein durch Beobachten und Nachahmen zu neuen Erfahrungen gelangen. Solche echten Imitationen kommen nur bei hochintelligenten Tieren vor, nachgewiesen wurden sie bisher außer bei Menschen auch noch bei Affen, Elefanten und Hunden. Sie ahmen bevorzugt Verhaltensweisen ihrer Mutter und ihrer Geschwister nach, wenn diese durch ein ganz bestimmtes Vorgehen erfolgreich sind oder dies selbst gerade erlernen, etwa sinnvolle Lektionen im Umgang mit Beute, Spielzeug oder Menschen. Befreundete Katzen und Menschen werden ebenfalls nachgeahmt, jedoch meist erst nach einer längeren Beobachtungszeit, und fremde Katzen müssen ihr Verhalten schon recht häufig zeigen, bis es imitiert wird. Zu den solcherart erlernten Verhaltensweisen zählen zum Beispiel auch das Benutzen einer Katzenklappe oder die Betätigung einer Türklinke.

Einsichtslernen

Die schwierigste Art zu lernen ist zweifellos einsichtiges Verhalten, bei dem ein Tier ursächliche Zusammenhänge begreift und dieses Wissen in einer neuen Situation anwendet, ohne vorher geübt zu haben. Einsichtiges Verhalten kann daher nur bei wenigen Tierarten mit hoch entwickelter Intelligenz beobachtet werden und ist schwer zu beweisen, da ja auch ausgeschlossen werden muss, dass der Proband es zuvor schon einmal versucht hat.

Ein Beispiel für einsichtiges Verhalten ist das von Kater »Kater«, der trotz seines simplen Namens ein überaus cleverer Kerl war. Er wohnte mit seinem Menschen in einer Hausgemeinschaft, wo ihm fast das gesamte Haus zur Verfügung stand, inklusive der Bewohner, die ihm im Alter von etwa einem Jahr eine junge Katze zugesellten, die »Kater« sofort adoptierte. Eines Tages führte er sich vor seinem Herrchen derart ungewöhnlich auf, dass dieser ihm letztendlich auf den Speicher folgte, bis hin zu einer Lücke in der Dachverkleidung, in die das Kätzchen gerutscht war und von selbst nicht wieder herauskam. »Kater« hatte Hilfe geholt – ein ungewöhnliches Verhalten für Tiere, die uns sonst höchstens zum leeren Futternapf lotsen. Als seine kleine Freundin endlich wieder neben ihm stand, war seine Welt wieder in Ordnung.

Unerwünschtes Verhalten

Kapitel 3 WENN MIEZE TUT, WAS SIE NICHT SOLL, HEISST ES, DEN GRUND DAFÜR HERAUSZUFINDEN, UM ABHILFE SCHAFFEN ZU KÖNNEN.

Schatten im Paradies

KATER GISMO ist unternehmungslustig. Nach einem ausgiebigen Schläfchen hat er ein Mahl zu sich genommen und sich sorgfältig geputzt. Jetzt kann der Tag beginnen. Er startet seinen Rundgang wie immer im Wohnzimmer mit dem Weg zum Fenstersims. Seit einigen Tagen muss er dabei einen Umweg machen, denn neue Möbel verstellen seinen gewohnten Weg. Aber Gismo lässt sich nicht beirren. Er hat schon einige Möglichkeiten gefunden, die neuen Dinger zu nutzen.

Sie eignen sich prima als Beobachtungsplatz oder gemütliche Schlafstatt. Der Geruch sagt ihm auch zu und ebenfalls das »griffige« Material. Und so reckt er sich, am Sessel angekommen, mit den Vorderpfoten an der Lehne empor und schlägt genüsslich seine Krallen ins Leder. Perfekt! Nach etwa zehn »Zügen« über den vermeintlich neuen Kratzbaum springt Gismo auf die Lehne und von dort auf das Fenstersims. Er hat seinen täglichen Rundgang zufriedenstellend erweitert.

Ist Mieze nicht mehr normal?

Gestörte oder störende Katze? – Wenn Mieze sich danebenbenimmt

Kater Gismo ist weit davon entfernt, verhaltensgestört zu sein. Das Krallenwetzen gehört schließlich zum normalen Komfort- und Markierverhalten von Katzen (→ Seite 76, 99). Nur ist Gismo einer der Kandidaten, die gerne neue Gelegenheiten dazu ergreifen, erst recht, wenn sie wie der neue Sessel am passenden Ort dazu einladen. Sein Verhalten ist allenfalls störend – wenn der Mensch nicht möchte, dass sein Glattleder- zum Wildledersofa mutiert (→ Seite 164).

Ist Mieze nicht mehr normal?

Obwohl schnell davon die Rede ist, handelt es sich bei problematischem Verhalten glücklicherweise nur selten um eine echte Verhaltensstörung (→ Seite 177). Oft wird diese Bezeichnung im allgemeinen Sprachgebrauch zur Feststellung benutzt, dass die Katze eben »nicht mehr normal« ist. Aber was ist normal bei einem derart eigenwilligen Tier wie unserer Hauskatze?

Verhaltensstörungen

Das normale Verhalten hilft einer Katze, ihre Bedürfnisse zu stillen, sodass sie sich wieder oder weiterhin wohlfühlt. Ihren Hunger stillt sie durch Fressen, ihre Neugier durch Erkunden, und so weiter. Eine verhaltensgestörte Katze versucht ebenfalls, ihre Bedürfnisse zu befriedigen, es gelingt ihr aber nicht. Sie verfehlt nicht nur ihr Ziel, nicht selten wird sie sogar gesundheitlich beeinträchtigt, zum Beispiel durch Fressen unverdaulicher Stoffe, die zu inneren Verletzungen oder Verstopfung führen können. Darüber hinaus lässt sich auch ständige Furcht als Verhaltensstörung betrachten, wenn die Katze sich etwa nur noch versteckt. Der dadurch hervorgerufene chronische Stress kann wiederum zu Gesundheitsschäden, zum Beispiel an den Nieren, führen. Und das, obwohl Angst im Grunde etwas sehr Sinnvolles ist, weil sie uns vor Schaden bewahren kann – sofern sie in der richtigen Situation und nicht andauernd auftritt (→ Seite 153).

Störendes Verhalten

In den meisten Fällen hängt jedoch der Haussegen zwischen Mensch und Katze wegen eigentlich völlig normaler Verhaltensäußerungen von Mieze schief. Etwa, weil sie ihr Territorium markiert oder der Jagd frönt. Nur leider belässt sie es beim Markieren vielleicht nicht bei den Düften ihrer Wangen, sondern setzt auch ihre Harnmarken oder wie Gismo die Krallen auf den guten Möbeln ein, oder sie bevorzugt als Jagdbeute vorbeieilende menschliche Fußknöchel. Derartige Vorkommnisse können ein harmonisches Zusammenleben empfindlich stören. Weil sich aber viele solcher Probleme durchaus beheben oder zumindest mildern lassen, lohnt es sich, die Ursache auch für solche normalen, aber störenden Verhaltensweisen zu suchen. Zumal viele Verhaltensauffälligkeiten auch als Hilferuf der Katze zu verstehen sind. Eine aufgeweckte Katze, die keine ansprechende Beschäftigung findet, sieht sich geradezu dazu gezwungen, Füße und Knöchel zu attackieren, um nicht vor Langeweile zu vergehen. Wird sie dafür noch bestraft, sucht sie sich ein anderes »Ventil« – oder zieht sich völlig zurück. Und das kann wohl kaum in unserem Sinne sein.

Warum denn nur? – Gründe für abweichendes Verhalten

Warum eine Katze sich im konkreten Fall nicht so verhält, wie wir es erwarten, kann äußerst unterschiedliche Ursachen haben. Die meisten Katzenhalter akzeptieren die Eigenheiten ihrer Samtpfoten, quasi als Bestandteil deren Selbsts, und das ist bis zu einem gewissen Grad auch gut so. Die Toleranz mancher Katzenhalter geht jedoch so weit, dass »Unannehmlichkeiten« jahrelang hingenommen werden, bis sie ein nicht mehr erträgliches Maß erreicht haben. Die Frustrationstoleranz von Katzenbesitzern ist unter Tierpsychologen und Tierärzten jedenfalls schon legendär. Spätestens wenn die Katze mit ihren Äußerungen jedoch ein gewisses Unwohlsein bekundet, sollten Sie dies auf jeden Fall beachten und unbedingt zu ergründen versuchen.

Auch eine Katze hat ihre Grenzen

Katzen gelten zwar als anpassungsfähig und einfach zu halten, aber wenn ihre Flexibilität überstrapaziert wird, zeigen sich viele auch erstaunlich einfallsreich in ihren Reaktionen.
Man kann zum Beispiel nicht von jeder Katze erwarten, dass sie sich in jeder Situation jedem Menschen gegenüber zutraulich verhält. Zwar kann man geduldig daran arbeiten, muss aber immer ihre Persönlichkeit und ihre momentanen Befindlichkeiten berücksichtigen.

Hausgemachte Probleme

Auf Dauer wird es auch nicht gut gehen, wenn man die Bedürfnisse einer Katze vernachlässigt und ihren Anspruch auf eine katzengerechte Wohnungseinrichtung ignoriert. Katzen sind geborene Jäger, Beschäftigung ist ihnen daher ebenso wichtig wie geeignete Kratzgelegenheiten und »stille Örtchen«. Sich darüber hinwegzusetzen, provoziert geradezu ein »Fehlverhalten«.
Ungenügende Beschäftigung: Für uns unangenehmes Verhalten ist ebenfalls zu erwarten, wenn eine junge Katze nicht ausreichend beschäftigt wird. Sie wird sich zwar selbst eine Beschäftigung suchen, aber ob wir diese für gut befinden, ist die Frage. Und wenn das Kätzchen dann erwachsen wird, nicht mehr ganz so süß ist

> **INFO — ERKRANKUNGEN AUSSCHLIESSEN**
>
> Verhaltensauffälligkeiten einer Katze können auch Anzeichen für ein organisches Leiden sein. Unsauberkeit zum Beispiel kann durch verschiedene Erkrankungen ausgelöst werden. Häufig ist etwa eine schmerzhafte Blasenentzündung der Grund, aber auch andere Schmerzen können die Katze aus ihrem Kistchen vertreiben. Erst wenn organische Ursachen als Auslöser des abweichenden Verhaltens ausgeschlossen wurden, ist eine Verhaltenstherapie angebracht. Fragen Sie daher bei Verhaltensauffälligkeiten Ihrer Katze immer zunächst einen Tierarzt.

Auch eine Katze hat ihre Grenzen

und unser Interesse an ihm und seinem Spiel langsam einschläft, ist die Gefahr groß, dass das Tier sich vernachlässigt fühlt. Oft ist Frustration die Folge – und Verhaltensprobleme.

Familiäre Veränderungen: Nicht jede Krise einer jeden Katze lässt sich von vornherein vermeiden. Bei einem Umzug etwa, bei der Geburt eines Kindes oder anderen Ereignissen, die den routinierten Tagesablauf der Katze durcheinanderbringen, ist ein besonderes Augenmerk auf Mieze angebracht. Einige Kompromisse, durch die ihre Bedürfnisse – vor allem das nach Sicherheit – trotz allem gestillt werden, helfen ihr über die schwierige Zeit hinweg.

»Mitgebrachte« und früh erworbene Ursachen

Einige Verhaltensprobleme wie auch Eigenheiten von Katzen sind allerdings auch angeboren und als solche höchstens in engen Grenzen beeinflussbar. Mit einer Rassekatze mit großem Wildblutanteil kauft man oft »die Katze im Sack«, da nicht klar ist, wie viel Wild- und wie viel gemäßigtes Hauskatzenverhalten sie zeigen wird. Unnötig zu erwähnen, dass ein rüder Umgang mit der Katze diese nicht zu einer umgänglichen Mitbewohnerin werden lässt.

Auch von Menschenhand und ohne Artgenossen aufgezogene Kätzchen können zu Problemtieren werden. Sie leiden in den meisten Fällen unter Fehlprägungen und einem Erziehungsdefizit, was beides nur schwer zu beheben ist. Solche Kätzchen sind wie alle anderen äußerst liebenswert, Sie müssen sich jedoch darüber im Klaren sein, was damit auf Sie zukommt: eine meist sehr anhängliche Katze mit großen Erwartungen an ihre Mitbewohner als »Untertanen«.

Die sorgfältige Wahl der »richtigen« Katze, die sich unter den von Ihnen angebotenen Lebensbedingungen auch wirklich wohlfühlt und mit der Sie Ihrerseits gut zurechtkommen, trägt viel zu einem harmonischen Zusammenleben bei (→ Seite 184).

Altersbedingte Eigenheiten

Jede erwachsene Katze zeichnet sich durch ihre höchst eigenen Vorlieben, Abneigungen und Charaktereigenschaften aus, die im gesetzten Alter meist verstärkt auftreten. Auch alte Katzen sind noch lernfähig, und man kann mit ihnen durchaus Kompromisse schließen, die für beide Parteien das Zusammenleben erleichtern. Kaum zu ändern sind jedoch Alterserscheinungen wie Demenzerkrankungen, die leider auch vor manchen Katzen nicht haltmachen. Vergesslichkeit, Orientierungslosigkeit, Unsauberkeit, nächtliche Unruhe, lautes und häufiges Maunzen sind einige der Symptome, die eine alte Katze zeigen kann. Nehmen Sie Rücksicht auf sie. Vor nachlassendem Seh-, Hör- und Denkvermögen bleibt nun einmal nicht jeder verschont.

Ein Umzug stellt das gesamte Leben der Katze auf den Kopf. Lassen Sie ihr ihre Lieblingsmöbel, solange es geht, und die Lieblingsrituale, sooft es geht.

Wehret den Anfängen – erste Anzeichen für gestörtes Verhalten

Viele Katzenhalter sitzen die Verhaltensauffälligkeit ihres Stubentigers erst einmal aus und warten, ob es sich von alleine wieder legt, etwa bei Unsauberkeit, Harnmarkieren und aggressivem Verhalten, die häufigsten Probleme mit Hauskatzen. Ist dieses Verhalten für die Katze jedoch erst einmal zur Gewohnheit geworden, lässt es sich nur schwer erreichen, dass sie etwa ihre »Geschäfte« wieder auf das Katzenklo beschränkt. Wenn Sie hingegen frühzeitig eingreifen, das heißt, die Ursache suchen und entsprechend vorgehen, können Sie die meisten Probleme schnell lösen oder zumindest Schlimmeres vermeiden – sofern sie denn nicht schon im Vorfeld verhindert werden konnten.

Geht es ihr wirklich gut? Sie wirkt etwas unsicher. Mimik und Verhalten während der täglichen Rituale sind wichtige Hinweise auf Miezes Wohlergehen.

Gefahr erkannt, Gefahr gebannt

Die großen Verhaltensunterschiede, die unsere kätzischen Individualisten zeigen, lassen ahnen, dass verschiedene Katzen auf dieselbe »Unannehmlichkeit« ganz unterschiedlich reagieren können. Ausdrucksstarke, offene Katzen äußern ihre Befindlichkeit meist direkt durch eine deutliche Körpersprache. Solch offensichtliche Äußerungen wie Harnmarkieren (→ Seite 162) oder Angriffe auf ihre Mitbewohner sind allgemein recht gut zu erkennen. Gehemmte Katzen neigen dagegen eher zum »Verstecken« von Symptomen – und von sich selbst. Das macht die Aufgabe, gestörtes Verhalten bei ihnen überhaupt zu erkennen, nicht gerade leicht.

Schleichende Verhaltensänderungen

So manche Verhaltensauffälligkeit entwickelt sich schleichend und wird kaum von uns bemerkt. Hat unser Sofatiger ein Problem, kann er zum Beispiel mehr oder weniger aktiv werden, kürzer oder länger schlafen, mehr oder weniger markieren (mit allen Duftquellen), reizbarer oder anhänglicher sein, sich seltener oder häufiger putzen oder auch sich mehr zurückziehen. Ein einzelnes Symptom liefert uns jedoch noch lange keinen Schlüssel zu Miezes »Innenleben«. Den erhalten wir eher durch die Entwicklung bestimmter Verhaltensweisen im Lauf der Zeit, durch die Kombination der Auffälligkeiten und die eingetretenen Veränderungen in Miezes Leben. Genau hier liegen aber oft die Schwierigkeiten. Zum einen reagieren nicht alle Katzen sofort auf eine für sie unakzeptable Ände-

Gefahr erkannt, Gefahr gebannt

rung ihres Lebensraums oder ihres Tagesablaufs, sondern erst später. Der Zusammenhang ist für uns daher nicht immer direkt erkennbar. Zum andern werden gravierende Änderungen im Katzenleben meist durch uns selbst verursacht oder betreffen uns mindestens gleichermaßen, zum Beispiel der eigene Nachwuchs, der neue Partner oder veränderte Arbeitszeiten. In solchen Situationen die Katze und ihr Wohlbefinden im Auge zu behalten, ist oft nicht leicht, da wir »Wichtigeres« zu tun haben. Aber vergessen Sie trotz aller Turbulenzen Ihre Katze nicht! Wenn Mieze in die Veränderungen mit eingeplant wird und Sie wenigstens weitgehend auf ihre Bedürfnisse eingehen, fühlt sie sich nicht vernachlässigt, über- oder unterfordert. Die Zeit, die wir trotz der neuen Aufgaben in unserem Leben in die Katze »investieren«, vergütet sie uns durch ihre Gelassenheit und Lebensfreude.

Die Neue

Noch schwieriger ist es, ein problematisches Verhalten bei einer Katze zu beurteilen, die Sie gerade erst aufgenommen haben, vor allem wenn diese schon erwachsen ist. Sie kennen ja höchstens einige Aspekte ihrer Persönlichkeit, und auch Mieze muss Sie und Ihre Wohnung erst kennenlernen. Geben Sie ihr und sich Zeit dazu. Sie können ihr die Eingewöhnung erleichtern, indem Sie unseren Empfehlungen zum Einzug einer neuen Katze folgen (→ Seite 185). Wenn sich das Verhalten der Neuen jedoch nach spätestens vier Wochen noch nicht zu ihrem Vorteil verändert hat, sollte das Zusammenleben mit ihr noch einmal gründlich durchdacht werden. Eventuell ist es sinnvoll, die Unterkunft der Katze zu verändern oder den Umgang mit ihr. Es kann sogar angebracht sein, ein neues Heim in Betracht zu ziehen, wo diese Katze besser aufgehoben ist. Tierliebe bedeutet nicht, eine Katze auf Biegen und Brechen zu behalten, sondern ihr das bestmögliche Zuhause zu bieten, in dem sie sich wohlfühlt.

Hilfe holen, bevor es zu spät ist

Im folgenden Kapitel finden Sie Beschreibungen einer Reihe von Verhaltensauffälligkeiten, die bei Katzen häufiger vorkommen und mit denen Katzenbesitzer meiner Erfahrung nach oft ihre liebe Not haben. Als verantwortungsvoller Tierhalter sollten Sie reagieren, bevor die Katze-Mensch-Beziehung oder gar die Gesundheit der Katze ernsthaften Schaden nimmt.

> **DAS KATZENTAGEBUCH** — TIPP
>
> Auch Katzen verhalten sich manchmal »komisch« und legen bisher unbekanntes oder ungewöhnliches Verhalten an den Tag. Wenn kein akuter Bedarf besteht, sofort den Tierarzt aufzusuchen, ist es sinnvoll, ihr Verhalten zunächst in einem Tagebuch festzuhalten. Damit können Sie (und eventuell später auch der Tierarzt) sowohl die Entwicklung von Verhaltensauffälligkeiten nachvollziehen als auch besondere Ereignisse und Veränderungen im Tagesablauf der Katze damit in Zusammenhang bringen. Aber auch Miezes allgemeine Entwicklung ist sicherlich interessant genug, um die Erinnerungen daran festzuhalten.

Wenden Sie sich im Zweifelsfall an einen katzenerfahrenen Tierverhaltenstherapeuten oder auf Verhaltenstherapie für Katzen spezialisierten Tierarzt, um rechtzeitig ein eventuelles Problem ihrer Katze zu behandeln, statt so lange zu warten, bis sich Miezes Verhaltensauffälligkeiten gefestigt haben. Tagebuchaufzeichnungen können ebenfalls helfen, rasch eine Diagnose und Prognose zu stellen (→ Kasten).

Verhaltensauffälligkeiten

KIRA WOHNT IN EINER SCHÖNEN WOHNUNG. Durch das Fenster kann sie manchmal Vögel im Kastanienbaum beobachten. Sie besitzt schicke Keramiknäpfe und einen großen Kratzbaum mit Höhlen, Liegemulden und integriertem Spielzeug. Normalerweise steht ihr nur ein Zimmer sowie die Toilette mit ihrem Katzenklo zur Verfügung. Nur manchmal darf sie auch in die anderen Räume der Wohnung. Sie würde sonst zu viel Unfug anstellen, sagt ihr Frauchen.

Die junge Kira langweilt sich. Erneut erkundet sie das Zimmer und entdeckt eine Lücke im Bücherregal. Ein gezielter Sprung bringt sie dorthin. Hoppla! Plötzlich fallen einige Bücher zu Boden, und ein Stapel loser Seiten verteilt sich flatternd durchs Zimmer. Kira stürzt freudig hinterher. Sie springt, einen kleinen Zettel zwischen den Vorderpfoten, in die Luft – und wirft dabei den Papierkorb um. Zusammengeknülltes Papier kullert heraus. Kira ist begeistert: Endlich passiert etwas!

Erfolgreiche Strategien

Schnell verschwunden und selten zu sehen – die ängstliche und scheue Katze

Angst gehört zu den häufigsten und zugleich problematischsten Verhaltensauffälligkeiten bei Katzen. Häufig, weil unsere kleinen Räuber sich vor vielen Gefahren und Feinden in Acht nehmen müssen und Angst vor ursprünglichen Feinden angeboren und daher auch in der »zivilisierten« Hauskatze noch vorhanden ist. Problematisch ist es, da ängstliches Verhalten doch zu oft für normal gehalten wird und viele Katzen sich unnötig lange mit angstauslösenden Situationen auseinandersetzen müssen, erst recht dann, wenn die Katze »nur« flieht. Wehrt sie sich hingegen, wird sie oft missverstanden und als »böse« bezeichnet.

Erfolgreiche Strategien

Eine Katze, die einmal durch Flucht einer brenzligen Situation entkam oder einmal ihren Feind vertreiben konnte, war aus ihrer Sicht mit dieser Strategie erfolgreich. Sie wird ihr Verhalten daher in Zukunft nicht verändern, sondern eher versuchen, noch früher zu entkommen oder sich noch früher zu wehren. Bestrafen wir sie für ihre Abwehrmaßnahmen oder versuchen wir, sie zu beruhigen, verschlimmern wir die Situation meist nur noch, da wir die ängstliche Katze zusätzlich bedrängen.

Doch warum verhält sich Mieze so ängstlich? Als Ursachen kommen neben traumatischen Ereignissen und anderen schlechten Erlebnissen, fehlender Sozialisation und Gewöhnung auch organische Beschwerden in Betracht, etwa Schmerzen oder eingeschränkte Seh- oder Hörfähigkeit. Ein Besuch beim Tierarzt verschafft Ihnen darüber Klarheit.

Hilfe, meine Katze flieht vor mir!

Haben Sie eine scheue Katze aufgenommen, stehen Sie zunächst vor der Herausforderung, ihr Vertrauen zu gewinnen. Eine solche Katze braucht genügend Rückzugsmöglichkeiten, um Stress zu entgehen. Lassen Sie sie jedoch völlig in Ruhe, bekommt sie auch nie die Gelegenheit, sich an Sie zu gewöhnen.

- Zeigen Sie sich Ihrer Katze von Ihrer besten Seite, indem Sie sich auch nach der Eingewöhnung (→ Seite 185) lange und ruhig im selben Zimmer mit ihr aufhalten, jedoch ohne sie zu »belauern«. Beschäftigen Sie sich anderweitig, zum Beispiel mit Handarbeiten oder Lesen, sprechen Sie leise und freundlich mit ihr, und zwinkern Sie ihr gelegentlich einmal zu, wenn sie Sie anschaut.
- Gutes Futter, das Sie ihr häppchenweise hinlegen, oder ein schönes Spielzeug, das Sie vorsichtig vor ihr bewegen, lösen am besten ihre Anspannung.
- Streicheleinheiten am Kopf, bevorzugt an Wange, Kinn und Stirn, bewirken Ähnliches – wenn sie erst einmal so weit ist, dass sie sich anfassen lässt. Hat Mieze noch Angst vor Ihrer Hand, können Sie als Brücke eine stabile, lange Feder benutzen, die eine harmlose Verlängerung Ihres Arms darstellt.
- Bewegen Sie sich ruhig, nicht hektisch.
- Versuchen Sie, zunächst immer die gleichen Wege im Katzenzimmer zu nehmen. Katzen lieben jegliche Routine – vor allem ängstliche Katzen. Konstante Abläufe in ihrem Leben verleihen ihnen Sicherheit, dadurch können sie abschätzen, was sie erwartet.

Unerwünschtes Verhalten

Flucht vor Unbekannten und Unbekanntem

Besucher bekommen eine scheue Katze, die sich vor Menschen fürchtet, meist gar nicht erst zu Gesicht. Die Abneigung gegen einzelne Personen oder bestimmte Situationen kann durch eine geeignete Verhaltenstherapie meist zumindest gemildert werden. Dabei helfen uns die Maßnahmen der Gewöhnung und der Desensibilisierung (→ Seite 136).

● Wenn Ihre Katze Ihnen vertraut, können Sie ihr in beängstigenden Situationen als gutes Vorbild vorangehen. Ignorieren Sie die Angst Ihrer Katze – sie hat ja schließlich keinen Grund – und auch das angstauslösende Etwas, und demonstrieren Sie ihr, dass die Situation völlig belanglos ist: durch Essen, Trinken, Putzen (Katzenhaare vom Pullover zupfen), Zeitunglesen, Gähnen und so weiter.

● An Besucher gewöhnt Ihre Katze sich am schnellsten, wenn diese sich weder laut noch hektisch verhalten und die ängstliche Katze einfach ignorieren. Traut Mieze sich dann endlich heran, können Sie sich mit ihr beschäftigen, gut geeignet sind wieder Spiel und gutes Futter. Bevor die Besucher wieder gehen möchten, locken Sie Miez am besten in ein Nebenzimmer. Dort wird sie sich nicht vor dem Tumult fürchten, den der Aufbruch des Besuchs für sie bedeutet. Zeigt sich die Katze im Laufe der Zeit gelassener, »darf« ein Besucher sich auch mehr bewegen und vorsichtigen Kontakt mit ihr aufnehmen.

Rückzug vor neuen Mitbewohnern

Wenn Ihre Katze sich angesichts Ihres neuen Partners, Babys, Hundes oder der neuen Mitkatze häufig zurückzieht, sollten Sie dies nicht lange hinnehmen. Es besteht sonst die Gefahr, dass sie sich Ihnen völlig entzieht. So mancher Freigänger wanderte in solch einer Situation schon aus in ein neues Heim mit angenehmeren Lebensbedingungen. Besuchen Sie Mieze möglichst oft in ihrem selbst gewählten Exil und beschäftigen Sie sich ausgiebig mit ihr. Dies vermittelt ihr die Sicherheit, ihren geliebten Sozialpartner doch nicht zu verlieren. Mit einer geeigneten Therapie können Sie ihr dann den neuen Mitbewohner schmackhaft machen, sofern Mieze keine prinzipielle und überwältigende Angst zeigt (→ Seite 125).

Selbstverteidigung

Problematisch kann es allerdings werden, wenn eine ängstliche Katze nicht flieht, sondern Sie oder andere abwehrt. Bei panikartiger Angst beißt und kratzt eine Katze wahllos um sich und kann ihrem »Peiniger« schlimmste Wunden zufügen. Ihre Selbstverteidigung ist zwar angstmotiviert, zählt wegen ihrer einschüchternden oder beschädigenden Wirkung aber zu den aggressiven Verhaltensweisen, man bezeichnet sie als Angstaggression (→ Seite 157).

Wenn schon mit dem Rücken zur Wand, dann wenigstens mit Dach über dem Kopf. Dies ist allemal besser, als den »Feind« auf offenem Feld zu treffen.

Resolut mit Krallen und Zähnen – die aggressive Katze

Aggressives Verhalten ist ein recht komplexes Thema. Nach einer der gängigen Theorien werden unter dieser Bezeichnung alle Verhaltensweisen zusammengefasst, die das Wohlbefinden eines anderen beeinträchtigen. Für Katzen bedeutet dies den »unsanften« Umgang mit ihrer Beute ebenso wie mit Artgenossen, Menschen und anderen Tieren in den unterschiedlichsten Situationen.

Da aggressive Katzen ihre Waffen oft erbarmungslos einsetzen, können ihre Übergriffe zu schweren Verletzungen führen. Strafen sind denkbar ungeeignet, denn sie werden meist zu spät eingesetzt und verstärken Miezes Ablehnung noch. Die Katze lernt höchstens, noch schneller anzugreifen, und das heißt, ihre Reaktionen können unberechenbar werden.

Warum Mieze angreift

Ursache und Auslöser des aggressiven Verhaltens einer Katze sind manchmal nur schwer zu finden. Hilfreich ist es, die genauen Umstände zu ermitteln, in denen das Tier angreift: Wann? Wo? Wer war anwesend? Wer machte was mit der Katze oder eben nicht? Und so weiter.

Verschiedene Formen der Aggression

Überdruss: Meist recht harmlos, weil kontrolliert, geht der Übergriff der Katze aus, wenn sie im Laufe des Streichelns, das sie soeben noch genossen hat, plötzlich in die Hand beißt oder nach ihr schlägt. Hält man die Hand ruhig, gibt es keine oder nur ganz kleine Wunden. Eigentlich zeigt Mieze es an, wenn das Streicheln sie »nervt«. (Man vermutet, dass manche Katzen wiederholtes Streicheln derselben Stelle irgendwann als schmerzhaft empfinden.) Sie spannt sich an, zuckt mit der Schwanzspitze, dem Kopf oder wenigstens einem Ohr. Übersieht man diese Zeichen, wird sie eben deutlicher. Ignoriert man Miezes Andeutungen grundsätzlich, lässt sie ihre Warnungen irgendwann einfach aus und wehrt den »Störfaktor« sofort ab.

> Aggression gehört zum normalen Verhalten von Katzen, mit dem Konflikte gelöst werden können.

Respektieren Sie den Wunsch Ihrer Katze, nicht weiter berührt zu werden. Wenn Sie wissen, ungefähr nach welcher Zeit Ihre Katze abweisend reagiert, sollten Sie schon vorher mit dem Streicheln aufhören. Dadurch unterbrechen Sie die bisherige, für beide unangenehme Routine und geben einer guten Beziehung eine neue Chance. Die meisten Katzen gewöhnen sich bei einem derart rücksichtsvollen Umgang mit ihnen nicht nur bald an längere Streicheleinheiten, sondern genießen diese dann auch. Einem aufmerksamen Menschen, der sein Gegenüber respektiert, vertraut man eben auch als Katze leichter.

Spiel und Jagd: Beim Spiel und bei umgerichteter Jagd geht es nicht immer völlig kontrolliert zu. Vor allem Kätzchen, denen die Erziehung fehlt, können beim Spielen mit Menschenhänden und auch mit Artgenossen schnell über die

UNERWÜNSCHTES VERHALTEN

Stränge schlagen. Kampfspiele mit der eigenen, nackten Hand sollten Sie daher generell vermeiden. So manche Katzen, auch erwachsene, suchen aber geradezu ein Ventil für ihre Auslastung. Wenn Sie dicke Handschuhe anziehen, können Sie entsprechende Kampfspiele recht entspannt führen.

Richtet eine Katze ihr Jagdverhalten auf menschliche Körperteile aus, ist sie meist schlichtweg frustriert. Hatte sie etwa früher Freigang und muss jetzt immer in der Wohnung bleiben? Vielleicht mangelt es ihr aber auch nur an Beschäftigung und einem geeigneten Objekt zum Jagen.

TIPP — MANAGEMENT AGGRESSIVER KATZEN

Der Umgang mit einer aggressiven Katze gleicht einer Gratwanderung. Vermeiden Sie es, sowohl Angriff als auch Angstaggression Ihrer Katze zu provozieren. Ermitteln und verhindern Sie möglichst alle Situationen, die bisher zu solchen Übergriffen geführt haben, aber lassen Sie sich nicht von ihr »erpressen«. Halten Sie Abstand oder verschaffen Sie sich diesen durch Hilfen wie eine vorgehaltene Decke. Ignorieren Sie das aggressive Verhalten Ihrer Katze, und belohnen Sie sofort jegliches friedliches Verhalten, indem Sie ihr genau dann ihren Willen lassen.

In jedem Fall sind ausgiebige Spiele mit dem Menschen angesagt, um Langeweile und Frust zu vertreiben.

Konkurrenz und Eifersucht: Territorium, Spielzeug, Kratzbaum, Futter und Sozialpartner sind für viele Katzen so wichtig, dass sie sie gegen Konkurrenten – Artgenossen wie Menschen – verteidigen. In einem Mehrkatzenhaushalt kommen solche Auseinandersetzungen recht häufig vor. Manche sind unschwer als solche zu erkennen: Die Katze greift ihre Artgenossin an, verfolgt sie, kratzt und beißt. Oft wird jedoch »nur« gemobbt, der »Feind« durch Anstarren eingeschüchtert, am Verlassen des Verstecks, auch des Katzenklos, oder am Betreten eines Zimmers gehindert. Für die bedrohte Katze bedeutet dies großen Stress, vor allem wenn sie sich derartigen Situationen nicht entziehen kann.

Unter Katzen, die sich gerade erst kennenlernen, ist Aggression eine recht normale Umgangsform, durch die der »Gegner« getestet und Ansprüche geklärt werden. Wenn Sie bei der Zusammenführung zweier Katzen jedoch einen unmittelbaren und sehr heftigen Angriff erleben, müssen Sie die beiden Kontrahenten sofort voneinander trennen! Ein Verhaltenstherapeut für Katzen kann Ihnen helfen, die Lage einzuschätzen, und Ihnen eine geeignete Therapie empfehlen.

War eine Katze vorübergehend abwesend, zum Beispiel beim Tierarzt, kann es vorkommen, dass sie anschließend von ihrer Mitkatze einfach nicht erkannt wird. Insbesondere der fremde Geruch, aber auch ein wankender Gang nach dem Aufwachen aus der Narkose oder ein verändertes Aussehen nach dem Scheren kann dazu führen, dass die eigentlich befreundete Katze als vermeintlicher Eindringling angegriffen wird. Hat eine Ihrer Katzen einen solchen tierärztlichen Eingriff überstanden, sollten Sie sie daher besser zunächst in einem separaten Raum unterbringen, bis sie wieder völlig wach ist. Durch abwechselndes Streicheln der Katzen können Sie den gemeinsamen Nestgeruch wieder herstellen.

Unkontrollierte Angriffe: Schwieriger ist es, mit unkontrollierten Angriffen einer Katze umzugehen. Wenn das Tier Mensch oder Artgenossen zudem noch ohne vorherige Drohung, also unvorhersehbar, attackiert, kann dies höchst gefährlich werden. In diesem Fall sollten Sie unbedingt einen Tierarzt aufsuchen, um Erkrankungen auszuschließen, da unter anderem Schmerzen, Infektionskrankheiten oder Tumore für das Verhalten der Katze verantwortlich sein können. Ist sie klinisch gesund, hilft Ihnen ein Verhaltenstherapeut für Katzen zu entscheiden, ob eine Therapie möglich ist oder Mieze doch in ein neues Heim kommen sollte, weil sich ihr Verhalten schon zu fest etabliert hat.

Umgerichtete Aggression: Nicht selten kommt es vor, dass zwei Katzen, die lange gut miteinander auskamen, sich plötzlich in heftige Auseinandersetzungen verstricken, sobald sie einander nur sehen. In der Regel war zunächst ein äußerer Auslöser die Ursache. Es kann zum Beispiel sein, dass eine der Katzen durchs Fenster eine fremde beobachtet, die ihre Emotionen aufflammen lässt. Kommt jetzt – rein zufällig – die Mitkatze oder der Mensch ins Spiel, richtet sie ihre Aggression womöglich gegen diese. Als Mensch sieht man am besten einfach darüber hinweg, oft genug scheint die Katze ihren Irrtum auch einzusehen und beruhigt sich nach ihrem fehlgeleiteten Angriff schnell wieder. Der Mitkatze fehlt jedoch das Verständnis für diese Zusammenhänge und die Überreaktion der Artgenossin. Sie fühlt sich schlichtweg angegriffen, wehrt sich – und das Schicksal nimmt seinen Lauf: Beide misstrauen fortan einander. Je öfter sie sich in dieser miesen Laune begegnen und bekämpfen, desto schwieriger ist es, das ursprüngliche Vertrauen zwischen ihnen wiederherzustellen. Trennen Sie die Kontrahenten daher so rasch wie möglich und so lange, bis sich beide wieder völlig beruhigt haben.

Angstaggression: Viele Menschen interpretieren das Abwehrverhalten einer Katze nicht als Selbstverteidigung, sondern als »bösartigen« Angriff und strafen die Katze dafür. Dadurch wird das Tier aber bloß noch stärker unter Druck gesetzt, seine Angst vergrößert sich. Durch eine gute Kenntnis der Körpersprache von Katzen können Sie solche Missverständnisse vermeiden (→ Seite 100/101). Aber auch unsere Versuche, sie zu beruhigen, kann eine Katze als zusätzliche Bedrohung auffassen. Ziehen Sie sich daher zurück, wenn Ihre Katze Sie abwehrt, und sorgen Sie dafür, dass Mieze gute Erfahrungen machen kann (→ Seite 153).

Sonstige Aggressionsformen: Sämtliche Erkrankungen, vor allem schmerzauslösende, können Aggressionen hervorrufen. Schmerz wird außerdem häufig mit der entsprechenden Situation verknüpft, in der er aufgetreten ist. Ist die Katze wieder gesund, können die damit verknüpften Umstände alleine das aggressive Verhalten auslösen. Übrigens führt in manchen Fällen eine Krankheit auch dazu, dass die betroffene Katze sich so reserviert verhält, dass sie von ihrer Mitkatze als Opfer für Jagdspiele herhalten muss. Ein Besuch beim Tierarzt und die vorübergehende Trennung der Katzen sind in einem solchen Fall sinnvoll.

Grimmig verteidigt er seinen Platz und verlagert schon sein Gewicht, um die linke Pfote zum Schlag bereitzuhalten. Es ist riskant, sich ihm weiter zu nähern.

UNERWÜNSCHTES VERHALTEN

Immer am Rockzipfel – die anhängliche Katze

Anhängliche Katzen empfinden wir als besonders liebenswert. Kein Wunder, schmeicheln sie uns doch geradezu im Überfluss, indem sie uns ihre Zuneigung sehr oft und ausgiebig zeigen, sodass wir zu dem – überaus angenehmen – Schluss kommen, wir werden geliebt. Gelegentlich hört man jedoch die vorsichtigen Einwände, dass die allzu anhängliche Katze tatsächlich aufdringlich ist und keine Ruhe gibt, bis sie die volle Aufmerksamkeit ihres Menschen genießt.

Was zu viel ist, ist zu viel

Manche Katzen lassen uns keinen Schritt ohne sie machen, immer müssen sie dabei sein, ja im Weg sein, und ganz schlecht vertragen sie es, nicht im Mittelpunkt des Geschehens zu stehen. Und schon befinden wir uns in einer Zwickmühle: Einerseits fühlen wir uns geschmeichelt, dass Mieze uns braucht, andererseits stehen wir unter dem Druck, sie ständig beachten zu müssen und vor allem sie nicht lange alleine lassen zu können.

»Angeborene« Anhänglichkeit: Alle zutraulichen Katzen fordern unsere Aufmerksamkeit, einige mehr, andere weniger. Die Vertreter einiger Katzenrassen zeigen sich aber besonders anhänglich, etwa die Siamkatzen und ihre nahen Verwandten, die Balinesen sowie die Orientalisch Kurz- und Langhaar, die auch zu den aktivsten Katzenrassen gehören und uns außerdem immer gerne »in ein Gespräch verwickeln«. Diese angeborenen Merkmale zählen neben ihrem eleganten Aussehen zu den Hauptgründen für ihre Beliebtheit. Doch das bedeutet nicht zwangsläufig eine lästige »Überanhänglichkeit«. Auch diese Katzen entwickeln sich zu selbstständigen Persönlichkeiten, wenn wir ihnen die Gelegenheit dazu geben.

Anerzogene Anhänglichkeit: Meist ist es, man muss es so deutlich sagen, unsere Erziehung, die Katzen übertrieben anhänglich und von uns abhängig werden lässt. Vor allem junge Kätzchen, die von den besorgten Besitzern über die Maßen verhätschelt und verwöhnt wurden, denen jeder Wunsch von den Augen abgelesen wurde, können eine extreme Abhängigkeit entwickeln – sowohl von ihren Menschen als auch von ihren täglichen Ritualen. Wenn sie die gewohnte Beachtung nicht erhalten oder der Mensch nicht zur gewohnten Zeit nach Hause kommt, leiden solche Katzen nicht wenig. Viele entwickeln in ihrer Not auch andere Verhaltensauffälligkeiten, zum Beispiel Unsauberkeit (→ Seite 160).

Problem Handaufzucht: Besonders häufig findet man extrem anhängliche Katzen unter denen, die ohne Mutter und Geschwister von Menschenhand aufgezogen wurden. Oft ist es ja die einzige Möglichkeit für das Kätzchen zu überleben, aber aufgrund der fehlenden Erziehung durch Mitkatzen und durch unsere übertriebene Fürsorge wurden einer solchen Katze nie Grenzen gesetzt. Meist bekommt sie, was sie will, und fordert dies nicht selten durch Einsatz von Krallen und Zähnen ein.

Auf einen fixierenden Blick, der jede »normale« Katze einschüchtert, reagieren von Hand aufgezogene Katzen übrigens völlig anders: Sie empfinden dies nachgerade als Unverschämtheit

Was zu viel ist, ist zu viel

(»Was, du willst mir drohen?«) und ahnden die Respektlosigkeit des Menschen sehr oft mit einem offensiv aggressiven Angriff, anstatt sich zurückzuziehen.

Sicherheit vermitteln und Distanz schaffen

Bedenkt man, wie sehr eine anhängliche Katze leidet, wenn wir die täglichen Rituale nicht einhalten, etwa wenn wir es uns wider unserer Gewohnheit erlauben, nach der Arbeit noch einzukaufen, oder vielleicht irgendwann mit anderen Menschen zusammenleben möchten, wird klar, dass sich ihre Lebensqualität nur verbessern kann, wenn wir ihre extreme Abhängigkeit von uns zumindest ein wenig lösen. Eine Katze wegen ihrer Anhänglichkeit zu bestrafen, wie etwa sie entnervt wegzuscheuchen, wenn sie gerade nicht passt, oder sie ab sofort nur noch zu ignorieren, kann für sie jedoch ebenfalls ein traumatisches Erlebnis bedeuten. Ihr Liebling kommt deutlich besser damit zurecht, wenn Sie ihm nur vereinzelte Forderungen verwehren, zum Beispiel indem Sie Mieze ignorieren, wenn sie Sie bei der Hausarbeit begleitet. Sprechen Sie dann nicht mit ihr, ja, schauen Sie sie noch nicht einmal an. Streicheln, Spiel und Füttern sind in solchen Situationen natürlich ebenfalls tabu. Widmen Sie sich ihr aber ausgiebig während der vielen anderen Rituale, etwa bei den geliebten Streicheleinheiten oder dem Spielen. Diese gibt es von jetzt an zu festen Tageszeiten (an denen Sie sicher zu Hause sind) und nur an bestimmten Orten statt immer und überall.

Sie können die Unabhängigkeit Ihrer Katze auch dadurch fördern, indem Sie sie ignorieren, wenn sie Sie verfolgt, sich ihr aber äußerst freundlich zuwenden, sobald sie sich zum Beispiel auf ihrem Kratzbaum niederlässt. Nach einigen Tagen lassen Sie sie auf dem Kratzbaum etwas warten, bevor Sie sich mit ihr beschäftigen, zunächst nur Sekunden, im Lauf der Zeit dann immer länger. Dadurch vermitteln Sie ihr die Sicherheit, auf jeden Fall »zu ihrem Recht« zu kommen.

Jede menschenbezogene Katze hat ein Recht auf ihre täglichen Schmusestunden, keine Frage. Wird sie darüber hinaus jedes Mal gestreichelt, wenn sie dies möchte, so fordert sie bald, immer im Mittelpunkt zu stehen.

UNERWÜNSCHTES VERHALTEN

»Geschäfte« außerhalb des Katzenklos – Unsauberkeit und Markieren

Katzen sind nicht zuletzt deshalb so beliebte Haustiere, weil sie so sauber sind. Sie putzen sich gründlich und benutzen für ihre »Geschäfte« ein Katzenklo – wenn alles gut geht. Denn es kommt gar nicht so selten vor, dass Katzen ihren Urin oder auch Kot nicht mehr oder nicht nur in ihrem Kistchen absetzen. Die Gründe dafür können sehr unterschiedlich sein.

Hilfe, Mieze ist unsauber! Was nun?

Die Folgen der Verunreinigungen durch die Katze sind meist recht unangenehm und reichen von der massiven Geruchsbelästigung bis zur Zerstörung von Möbeln und Bausubstanz, erst recht, wenn die Nichtbenutzung des Katzenklos Mieze zur Gewohnheit geworden ist. Da außerdem einige Erkrankungen die Ursache für das Malheur sein können, sollten Sie so früh wie möglich reagieren, das Problem der Katze finden und beseitigen. Dies ist allerdings oft leichter gesagt als getan.

Erste Maßnahmen

Wer war's? Im Mehrkatzenhaushalt stellt sich zunächst die Frage, wer der »Übeltäter« ist. Gut, wenn Sie ihn auf frischer Tat ertappen. Doch freuen Sie sich nicht zu früh: Nicht zwangsläufig ist die Katze, die Sie erwischt haben, die einzige Schuldige. Sie ist möglicherweise nur eine »Trittbrettfahrerin«, die die Verunreinigungen einer Mitkatze mit ihrem eigenen Geruch zu überdecken sucht. Um den oder die Täter zu ermitteln, können bestimmte Farbstoffe unter das Futter gemischt werden, etwa Fluorescein, das unter UV-Licht aufleuchtet und für eine Markierung des Harns eingesetzt wird, oder Lebensmittelfarbe für eine Kotfärbung. Fragen Sie Ihren Tierverhaltenstherapeuten danach.

Strafen bringt nichts: Bestrafen Sie Ihre Katze nicht für ihre vermeintliche »Ungezogenheit«, sperren Sie sie auch nicht ins Katzenklo. Sie wird es dadurch auch nicht häufiger aufsuchen. Eher wird sie in Zukunft andere Stellen des Hauses verunreinigen. Außerdem leidet dadurch die Beziehung Ihrer Katze zu Ihnen nicht unerheblich, was das Problem meist noch verschlimmert.

Waschen Sie einen von der Katze verunreinigten Teppich mehrere Male und sehr gründlich, sonst verleitet der Geruch sie zu Wiederholungstaten.

Hilfe, Mieze ist unsauber! Was nun?

Die Suche nach dem Grund: Wenn Sie Ihre Katze in flagranti ertappen, können Sie anhand ihres Verhaltens bestimmen, ob sie sich löst (→ Seite 87) oder ob sie einen bedeutenden Punkt ihres Territoriums markiert (→ Seite 98) – wichtig zu wissen für die weitere Vorgehensweise. Ihr Katzentagebuch (→ Seite 151) mit Aufzeichnungen darüber, wann, wie oft und wohin sie gemacht hat, ob jemand und, wenn ja, wer anwesend war, kann zusätzlich eine große Hilfe bei der Ursachensuche sein.

Reinigen und schützen: In jedem Fall müssen Sie die verunreinigten Stellen gründlich reinigen (→ Tipp). Damit Mieze sich dort nicht gleich wieder »verewigt«, decken Sie die Plätze anschließend mit Folie ab oder machen Sie diesen Ort vorübergehend für Ihre Katze unzugänglich. Oft hilft es auch, die Bedeutung des Orts für die Katze zu verändern, etwa indem Sie dort eine Futterstelle einrichten oder oft mit ihr dort spielen.

Boykott des Katzenklos

Sofern Sie Ihre Katze direkt beim Absetzen des Urins beobachten, können Sie ihr Verhalten gegebenenfalls eindeutig der Ausscheidung zuordnen (→ Seite 85). Andere Hinweise darauf erhalten Sie durch die recht großen Harnmengen, die sich in der Regel auf dem Boden befinden, und die Tatsache, dass die Katze ihr Katzenklo nicht mehr oder nur noch selten benutzt.

Erkrankungen und Schmerzen: Wenn Sie hingegen mehrere kleine Harnpfützen finden, die darüber hinaus noch bräunlich verfärbt sind, sollten Sie mit Ihrer Katze sofort den Tierarzt aufsuchen, da Harngries oder -steine oder eine andere Erkrankung des Urogenitaltraktes die Ursache sein können! Weil Blasenentzündungen meist durch Stress verursacht werden, ist sowohl eine tierärztliche als auch verhaltenstherapeutische Behandlung erforderlich. Auch verschiedene andere Erkrankungen, wie Diabetes, Infektionen oder allgemein Schmerzen, können einen Boykott des Katzenklos bewirken, insbesondere, wenn das Tier die Schmerzen beim Harnabsatz mit seinem Kistchen verbindet. In solchen Fällen wechselt die Katze ihren Ausscheidungsort häufig und weigert sich auch nach ihrer Genesung, das in ihrer Erinnerung mit Schmerzen verknüpfte Katzenklo wieder zu betreten.

RICHTIG REINIGEN TIPP

Durch die Katze verunreinigte Stellen müssen gründlich gesäubert werden, ansonsten wird sie durch den Geruch immer wieder dazu animiert, sich dort zu lösen. Verwenden Sie dazu aber keine Reiniger, die Ammoniak oder Chlor enthalten, da diese den »Katzengeruch« nur leicht verändern, statt ihn zu entfernen. Auch wenn die Menschennase keinen Geruch mehr wahrnimmt, ist er für Mieze meist noch deutlich vorhanden. Eine an die Reinigung anschließende Behandlung mit hochprozentigem Alkohol zerstört die Fette im Urin als Geruchsträger, spezielle Enzymreiniger (erhältlich in der Apotheke) bauen die Proteine ab.

Gleiches gilt für das Absetzen von Kot außerhalb des Katzenklos. Bei Durchfall schafft es die Katze vielleicht einfach nicht schnell genug bis zu ihrem Örtchen.

Besteht der Grund, warum Mieze ihre Toilette meidet, in deren Verknüpfung mit Schmerzen, hilft nach der Genesung oft ein Neubeginn unter völlig veränderten Bedingungen: anders aussehendes Klo, andere Streu, anderer Standort.

Das Kistchen passt Mieze nicht: Ist die Katze organisch gesund, liegt die Ursache für eine

Unsauberkeit meist beim Katzenklo selbst. Sie sollten es daher kritisch überprüfen (→ Seite 86).

- Obwohl manchen Katzen ihr Leben lang tatsächlich ein einziges Katzenklo reicht, gilt dies noch lange nicht für alle. Wenn Ihre Katze also früher oder später plötzlich einen weiteren Platz als »Örtlichkeit« benutzt, heißt das oft nichts anderes, als dass ihr eine Toilette nicht (mehr) ausreicht.

Vor allem bei sehr jungen, aber auch bei alten und kranken Katzen, die ein großes Haus bewohnen dürfen, sollten Sie bedenken, dass die Wege zum Kistchen vielleicht zu lang sind, und entsprechend mehr Klos zur Verfügung stellen.

- Ebenso sollte die Größe der Klos kritisch überprüft werden. Passt Ihre stattliche Maine Coon in das enge Kistchen überhaupt hinein?
- Des Weiteren gilt es, die Art der Katzenstreu inklusive deren Einstreutiefe und deren Sauberkeit zu überprüfen. Ein völlig verschmutztes Klo ist selbstredend unzumutbar, manche Katzen empfinden jedoch auch schon ein nur einmal benutztes als nicht akzeptabel.

Oft übersehen wird allerdings, dass auch ein zu häufig und mit stark riechenden Reinigern gesäubertes Kistchen abstoßend auf Katzen wirken kann, vor allem in Verbindung mit parfümierter Einstreu und womöglich noch mit Deckel samt verschließbarer Klappe. Denken Sie an den empfindlichen Geruchssinn der Tiere.

Verunsicherungen: Ziehen Sie auch Verunsicherungen aller Art in Betracht, die Ihre Katze vom Katzenklo vertreiben könnten, etwa Störungen und schlechte Erfahrungen durch andere Katzen, Hunde oder den normalen Trubel im Haushalt. Überprüfen Sie daher die Standorte sorgfältig: Kann Mieze auf dem Klo ihre Umgebung im Auge behalten, oder muss sie zur Verrichtung in eine geschlossene »Höhle«? Steht ihr zur Not ein Fluchtweg zur Verfügung, oder besser zwei? Kann sie von einer Mitkatze oder einem Hund belagert oder überfallen werden?

Reagieren, bevor es zu spät ist: Auch hier gilt wieder: Reagieren Sie frühzeitig! Wenn Mieze erst einmal mehrere Jahre lang unsauber ist, können, wenn überhaupt, nur noch drastische Maßnahmen helfen, sie wieder an die Benutzung ihrer Katzenklos zu gewöhnen, zum Beispiel ein Umzug, Ihre ganztägige Anwesenheit zu Hause oder schlimmstenfalls sogar die Abgabe der Katze.

Verunreinigungen trotz normaler Benutzung des Katzenklos

Benutzt Ihre Katze anstandslos die Katzenklos und Sie finden dennoch Pfützen in der Wohnung, so hat Mieze diese wahrscheinlich zu Kommunikationszwecken hinterlassen (→ Seite 97). Sofern Sie Ihre Katze dabei beobachten können, fällt Ihnen sicherlich die deutlich andere Körperhaltung auf als beim normalen Harnabsetzen. Selbst Katzen, die ähnlich dem Urinieren im Hocken markieren, zittern dabei mit der Schwanzspitze.

Unbeobachtet hinterlassene Botschaften geben durch die Lage der benetzten Stellen Hinweise darauf, dass die Katze markiert und nicht einfach ihren Harn abgesetzt hat. In der Regel werden zur Kommunikation nämlich senkrechte Strukturen, etwa Wände oder Türrahmen, benutzt, beim Markieren in hockender Position sind meist Unterlagen mit besonderer Bedeutung betroffen, zum Beispiel Wäschestücke.

Starke Erregung: In der Regel setzen Katzen Harnmarken, wenn sie stark erregt sind – negativ wie positiv. Ein solches Verhalten in emotional geladenen Situationen entspricht ihrem normalen Ausdrucksverhalten etwa während (seltenen) Besuchs von Menschen, Hunden oder anderen Katzen, aber auch bei einer ausgeprägten Erwartungshaltung Ihrer Katze, zum Beispiel einer verspäteten Fütterung. Solche »Aussagen« von Katzen lassen sich denn auch bestenfalls in Grenzen halten, selten völlig verhindern. Unnötig zu sagen, dass durch drastische Strafen auch das Markieren nicht beseitigt wird, sondern sich höchstens die Beziehung zum Menschen verschlechtert.

Verunsicherung und Angst: Markiert die Katze auffällig häufig, wird dies meist durch Verunsicherung oder durch Angst ausgelöst. Vereinfacht kann man sagen, dass die Katze versucht, sich in Stresssituationen durch ihren intensiven Eigengeruch Sicherheit zu verschaffen. Wollen Sie also die Ursache für das übersteigerte Kommunikationsbedürfnis Ihrer Katze finden, müssen Sie deren Lebensbedingungen genau unter die Lupe nehmen, vor allem sämtliche Veränderungen in ihrem Leben und Umfeld. Oft helfen hierbei die markierten Orte weiter:

- Fenster, Vorhänge, Türen und Katzenklappe geben meist einen Hinweis auf einen »Feind« außerhalb des Hauses. Eine einfache Maßnahme ist, die Sicht nach draußen zu verhindern.
- Mit Harn verunreinigte Kleidung, Wäsche, Hunde- und Katzendecken, aber auch Zimmertüren und -wände weisen auf einen Konkurrenten im Haus hin, die erstgenannten Stellen direkt auf den kritisierten Mitbewohner. Hier gilt es, die Beziehung zum »Kontrahenten« zu verbessern (→ Kapitel »Die Katzengesellschaft«, ab Seite 114).
- Werden bevorzugt neue Objekte markiert, sind es die fremden Gerüche, die Mieze verunsichern. Neue Objekte sollten Sie beizeiten in Sicherheit bringen oder sie mit angenehmen Düften überdecken, zum Beispiel mit Katzenminze.
- Allerdings können wie beim Harnabsatz auch unakzeptable Katzenklobedingungen und organische Ursachen das Markierverhalten auslösen. Eine Überprüfung der Katzenklos und ein Besuch beim Tierarzt bringen in dieser Hinsicht Klarheit.
- Wenn Sie mehr als zehn Katzen in Ihrer Wohnung oder im Haus ohne Freigang beherbergen, können Sie ziemlich sicher mit Harnmarken rechnen, da eine so große Katzengesellschaft kaum stressfrei zusammenlebt. Hier hilft es nur, sich von einigen der Tiere zu trennen, so schwer es auch fallen mag. Aber für das Wohlbefinden aller Katzen ist es dringend notwendig.

Nicht zur Gewohnheit werden lassen: Schwierig zu lösen sind diejenigen Fälle, in denen das Harnmarkieren der Katze schon zur Gewohnheit geworden ist. Solche Tiere markieren häufig an den unterschiedlichsten Stellen, auch reflexartig, ohne vorher zu schnuppern. Dieses schon fast als manisch zu bezeichnende Verhalten läuft irgendwann unabhängig vom ursprünglichen Auslöser ab. Oft wurde es vom Menschen selbst konditioniert, meist durch Aufmerksamkeit (auch in Form von Strafen), die er der Katze dann schenkte. Auch bei Harnmarkierungen gilt: Je schneller Sie sich um eine Lösung des Problems bemühen, desto schneller kann es wieder behoben werden. Eine Katze, die schon jahrelang Harnmarken setzt, kann gelegentlich durch einen Umzug, manchmal auch durch Freigang wieder davon abgebracht werden.

Solche senkrechten Strukturen eignen sich hervorragend als Träger von Geruchsbotschaften. Dieser Kater bereitet sich gerade zum Markieren vor.

Mit spitzer Kralle – Kratzen an Tapeten und Möbeln

Die Krallen gehören zu den bekanntesten Körperteilen einer Katze und neben den Zähnen auch zu den gefürchtetsten. Sie können zu unliebsamen Verletzungen führen, aber ebenso dazu beitragen, die Wohnungseinrichtung nicht unerheblich umzudekorieren.

Katzen müssen kratzen dürfen

So lästig uns Miezes Kratzen erscheinen mag, es zählt zum normalen Ausdrucksverhalten auch der liebenswürdigsten Samtpfote. Daher braucht jede Katze außer ihren Schlaf- und Ruheplätzen auch unbedingt mindestens eine Stelle, an der sie nach Herzenslust kratzen darf. Andernfalls sucht sie sich selbst eine, was selten mit den Vorstellungen ihrer Menschen übereinstimmt. Ideal als Kratzgelegenheit, weil für die Katze vielseitig nutzbar, ist der allbekannte Kratzbaum, aber auch Kratzbretter und -matten werden gerne angenommen.

Geeignete Kratzmöbel

Beim Kratzen zeigen Katzen meist vollen Körpereinsatz (→ Seite 76). Energisch werden die Krallen ins Material geschlagen, das dann ordentlich »durchgekämmt« wird. Selbstverständlich muss ein guter Kratzbaum daher einen stabilen Stand haben. Denn wenn er unter Mieze nachgibt oder gar mit ihr umfällt, wird sie sich zu Recht weigern, ihn noch einmal zu benutzen. Entsprechendes gilt für Kratzmatten oder -bretter, die gut befestigt sein müssen.

Schön rau: Als Oberfläche des Kratzbaums eignet sich eine raue Bespannung, zum Beispiel Sisal, aber auch Holz mit oder ohne Rinde, wenn Sie rustikales Design lieber mögen. Im Idealfall verläuft die Faserrichtung senkrecht, in Kratzrichtung, damit Mieze ihre Krallen auch ordentlich durch das Material ziehen kann.

Auf das Wo kommt es an: Ein ganz wichtiger Punkt beim Thema Kratzbaum ist sein Standort in der Wohnung. Muss Mieze zum Kratzen erst ein abgelegenes Zimmer aufsuchen, verwundert es nicht weiter, wenn sie lieber das näher gelegene Sofa benutzt. Gute Kratzgelegenheiten stehen in der Nähe von Miezes Schlaf- und Ruheplätzen sowie an strategisch wichtigen Orten in ihrem

> **TIPP**
> **DEN NEUEN KRATZBAUM SCHMACKHAFT MACHEN**
>
> Nicht immer wird ein neuer Kratzbaum von Mieze bereitwillig angenommen. Oft sind es die Macht der Gewohnheit und die hinterlassenen Spuren, die Mieze weiter an unseren Sitzmöbeln kratzen lässt, manchmal weiß sie auch schlichtweg nicht, wozu das lustige neue Objekt da ist. Inspirieren Sie Ihre Katze, am Kratzbaum zu kratzen, indem Sie ihr genau dort ein Spielzeug zum Fangen anbieten – und sie ausgiebig loben, wenn sie ihre Krallen in den Bezug schlägt. Durch solche Aktionen in Kombination mit dem Pfotengeruch und Ihrem Lob wird sie das neue Kratzmöbel gerne annehmen.

Revier, nämlich dort, wo sie sich häufig aufhält. In einer großen Wohnung oder in einem Haus empfehlen sich daher mehrere Stellen, an denen die Katze ihr Kratzbedürfnis ausleben kann.

Viel mehr als nur Krallenpflege

Die Krallenpflege ist nicht der Hauptgrund für das Kratzen. Vielmehr zählt es zum Markierverhalten der Katzen, bei dem sowohl der eigene Geruch als auch sichtbare Spuren hinterlassen werden (→ Seite 76). Wie auch das Harnmarkieren (→ Seite 162) tritt das Kratzen in besonders aufregenden Situationen im Leben der Katze auf und hilft dem Tier, Stress und Anspannung zu lösen. Wenn der Kratzbaum zwar allgemein Miezes Anforderungen entspricht, sie aber trotzdem in bestimmten Situationen die Wände oder Möbel »verziert«, sollten Sie zunächst nicht nur ermitteln, wann sie kratzt, sondern ebenso, wer dabei anwesend ist. Schließlich ist das Kratzen auch ein Kommunikationsmittel. Eine Katze kann damit zum Beispiel andere Katzen, aber auch Menschen, zum Spiel auffordern, aber auch ihre Selbstsicherheit demonstrieren. Da jede Katze durch ihr Kratzen quasi Besitzansprüche am bearbeiteten Objekt anmeldet, wird es von einer selbstbewussten Katze durchaus oft »geahndet«, sobald sich eine Mitkatze am eigenen Kratzmöbel zu schaffen macht, der »Täter« wird verfolgt und gelegentlich sogar verprügelt. Es empfiehlt sich daher, für jede Katze eine separate Kratzgelegenheit einzurichten. Zwar muss nicht jede eine eigene Kratzlandschaft besitzen, aber für jede sollte es zumindest einen Pfosten geben.

Vom Sofa zum Kratzbaum

Die Katze vom Kratzen an falscher Stelle abzubringen, ist ein etwas heikles Thema, da es sich dabei um selbstbelohnendes oder aber aufmerksamkeitheischendes Verhalten handeln kann

Hektisch und mit bewegtem Schwanz bearbeitet Mieze den Teppich mit ihren Krallen. Dies hilft ihr, Spannung abzubauen oder auch Aufmerksamkeit zu erregen.

(→ Kasten Seite 141). So merkwürdig es im ersten Moment klingen mag: Am besten, Sie ignorieren Ihre Samtpfote, wenn sie »falsch« kratzt. Wenden Sie sich ihr nämlich immer gleich zu, sobald sie zum Beispiel Ihr Sofa »kämmt«, lernt Mieze schnell, durch provokatives Kratzen am Sofa Ihre Aufmerksamkeit einzufordern. Dies gilt selbst für Strafen, vor allem, wenn Ihre Katze ansonsten wenig Zuwendung erhält.

Kümmern Sie sich hingegen gezielt um sie, schmusen oder spielen Sie mit ihr, wenn und sobald sie »ordnungsgemäß« ihren Kratzbaum benutzt. Die gezielte Zuwendung am Kratzmöbel nehmen Katzen meist schnell zum Anlass, genau dort häufiger zu kratzen.

Bereits »missbrauchte« Möbel machen Sie zusätzlich am besten für Miezes Krallen unzugänglich, indem Sie sie zum Beispiel für einige Zeit mit einer glatten, festen Oberfläche verkleiden.

UNERWÜNSCHTES VERHALTEN

Kätzische Quasselstrippen – übermäßiges Maunzen

Maunzen ist der direkte und deutlichste Weg der Katzen, mit uns zu sprechen. Die Gesprächigkeit unserer Sofatiger erweist sich allerdings als ebenso unterschiedlich wie die von Menschen. Ich kenne sowohl Katzenhalter, die froh sind, dass Ihre Katze endlich auch einmal etwas sagt, als auch solche, die einschließlich ihrer Nachbarn vom stundenlangen Schreien der lieben Mieze völlig entnervt wurden. Zum Glück zeigen sich die meisten Katzen als moderate Gesprächspartner, die allerdings recht genau wissen, wann und wie sie sich bei uns Gehör verschaffen können.

Angeborene Lautgebung

Das Maunzen einer Katze stellt eine sehr persönliche Art, sich auszudrücken, dar, schon deshalb, weil es sich überhaupt erst im Lauf des Zusammenlebens mit Menschen so ausgeprägt entwickelt hat und Katzen meist auch nur im Umgang mit uns Menschen maunzen oder miauen (→ Seite 94). Theoretisch ist es durchaus möglich, dass das verstärkte Maunzen durch gezielte Verpaarungen von gesprächigen Katzen gezüchtet wurde. Einen Hinweis darauf liefern uns die Siamkatzen, die für ihre rassetypische Geschwätzigkeit bekannt sind. Ebenso gut kann ihr angeborener Hang zum Maunzen aber auch genetisch an andere Gene gekoppelt sein und damit den Nachkommen eher zufällig mitgegeben werden.

Jeder Katzenhalter kann sicher bestens nachvollziehen, dass eine maunzende Katze ihren Willen sehr oft durchsetzt. Daher ist es gleichfalls denkbar, dass das verstärkte Maunzen sich dadurch entwickelt hat, dass schon in früher Geschichte maunzende Katzen mehr Futter, Zuwendung und Pflege erhielten als ihre stimmschwächeren Artgenossen und durch diesen Vorteil mehr Nachkommen großziehen konnten, die ihrerseits viel maunzten und wiederum bevorzugt wurden.

Wirkungsvolles Maunzen will gelernt sein

In der Regel maunzen Katzen, um uns ihre unerfüllten Bedürfnisse anzuzeigen. Und dabei erweisen sie sich als sehr einfallsreich und ausdauernd. Eine Katze kann eine ganze Bandbreite verschiedener Maunzer einsetzen, auch mit eingebettetem Schnurren, die je nach Bedarf bittend oder fordernd klingen. Als besonders wirkungsvoll haben sich hohe Klagetöne erwiesen, dem Schreien von Kleinkindern ähnlich, denen wir kaum widerstehen können.

Ich habe Hunger! Sehr oft setzen Katzen ihr Maunzen ein, um uns zum Füttern zu überreden. Und je länger wir uns bitten lassen, bevor wir ihnen eine Leckerei geben, desto ausdauernder werden sie dabei. Reichen Sie Ihrer Katze die guten Gaben nach besonders lieblichen Maunzern, können Sie diese damit gezielt trainieren. Einige Katzen haben auf diese Weise sogar gelernt, so etwas Ähnliches wie »Mama« zu sagen, wenn sie hungrig sind. Sehr oft reagieren wir jedoch erst, wenn monotones Schreien an unseren Nerven zerrt – und auch das wird durch die anschließende Belohnung verstärkt (→ Seite 140).

Angeborene Lautgebung

Lass mich raus! Aber auch andere Missstände werden von Katzen oft mit Maunzen angezeigt, zum Beispiel eingesperrt zu sein. Wurde sie versehentlich eingeschlossen, freut sich jeder über die lautstarke Beschwerde seiner Mieze und öffnet ihr bereitwillig die Tür. Muss die Katze jedoch zum Auskurieren einer Erkrankung oder nach dem Umzug »inhaftiert« werden und Sie können und dürfen sie nicht nach draußen lassen, kann sie Ihre Nerven durch anhaltendes Maunzen oder Schreien enorm strapazieren.

Strafen bringt nichts: Eine anhaltend maunzende Katze zu bestrafen, ist für diese meist bedrohlich und unverständlich, kann aber auch als Belohnung wirken, wenn Mieze es als Antwort versteht. Ignorieren ist hier die bessere Wahl, so schwer es auch fällt. Gleiches gilt für rollige Katzen und intakte Kater, bei denen sich das Geschrei allerdings auf die Fortpflanzungszeit beschränkt. Wenn Sie Katzen züchten möchten, müssen Sie damit leben. Ansonsten kann diese Ursache des häufigen Maunzens durch eine Kastration behoben werden (→ Seite 111).

Bei einer Katze, die anhaltend maunzt, wenn sie alleine ist, lässt sich dies als Trennungsangst interpretieren (→ Seite 158), hauptsächlich nachts maunzende Katzen sind oft gelangweilt beziehungsweise unterbeschäftigt (→ Seite 172).

Gesprächig im Alter und bei Krankheit

Auch einige Erkrankungen können dazu führen, dass Mieze häufig maunzt. Vor allem taube Katzen schreien oft in einer enormen Lautstärke, aber auch Schmerzen können sie dazu bringen, ihr Unwohlsein durch vermehrtes Schreien, Jaulen oder Miauen zu äußern. Bei therapierbaren Erkrankungen kann Ihr Tierarzt weiterhelfen, bei (angeborener) Taubheit kann eine Verhaltenstherapie helfen, in der beide Partner alternative Kommunikationsformen erlernen.

Ältere Katzen werden oft einmal sehr laut, vor allem wenn das Gehör nachlässt und sie sich selbst kaum noch verstehen. Wenn zusätzlich noch die kognitiven Fähigkeiten nachlassen, etwa bei Demenzerkrankungen (→ Seite 149), von denen leider nicht alle Katzen verschont bleiben, äußert sich die Katze zu den verschiedensten Tages- und Nachtzeiten, und dies laut und monoton. Das Maunzen ist hier meist Ausdruck ihrer Verwirrung und fehlenden Orientierung, und wir können ihr oft und schnell helfen, indem wir ihr antworten und sie am besten auch berühren beziehungsweise streicheln. Seniorkatzen führen zwar ein deutlich ruhigeres Leben als »in den besten Jahren«, dennoch haben sie meist ein ausgeprägtes Bedürfnis nach menschlicher Zuwendung, wenn auch nur zu bestimmten Tageszeiten. Zeigen Sie Verständnis für Ihre ältere Katze, wir werden alle nicht jünger.

Lautstark begehrt sie Einlass. Als Aufforderung zum Türöffnen ist ihr Maunzen für uns allemal angenehmer als ein Kratzen an Scheibe oder Dichtung.

UNERWÜNSCHTES VERHALTEN

Die Naschkatze –
Betteln und Essenstehlen

Dem schmachtenden Blick einer Katze kann kaum ein Katzenfreund widerstehen. Erst recht nicht, wenn sie sich gekonnt immer wieder in unser Blickfeld rückt, putzig nach Leckerbissen pfötelt oder mit zartem Maunzen darum bittet.

Allzu viel ist ungesund

Zu viele Leckereien vom Esstisch können jedoch Miezes Gesundheit schaden, sei es, dass sie zu stark gewürzt sind, sei es, dass sie zu reichlich ausfallen und ihr Gewicht dadurch in rekordverdächtige Höhen schießen lassen. Dieser gesundheitliche Aspekt ist ebenso einer der Gründe, warum Sie sich Ihre Mahlzeit von Mieze auch nicht stehlen lassen sollten – ganz davon abgesehen, dass Sie sicherlich auch selbst etwas zu essen haben möchten.

Die Bettlerin

Katzen betteln nur dann um Essen, wenn es sich für sie lohnt. Wir blieben jahrelang völlig von solchen Bemühungen unserer Katzen verschont, da sie niemals auch nur ein Häppchen von unseren Mahlzeiten bekamen. Die Katzen zeigten sich desinteressiert, verschliefen das Essen oder gingen ihrer Wege – bis wir auf die Idee kamen, Fleisch für sie zu garen. Vorbei war's mit der Ruhe bei der Zubereitung fleischlicher Kost. Bitten, Betteln, Drängeln und Quängeln waren nur einige der Versuche der Katzen, uns zum Essenteilen zu überreden. Da ich aus meiner Praxis jedoch nur zu gut weiß, dass die Essensvorbereitung zum Spießrutenlauf werden kann, haben wir den diesbezüglichen Bemühungen unserer Katzen rasch Einhalt geboten. Denn wann sich ihre Mühen lohnen und wann nicht, lernen Katzen – gerade im Zusammenhang mit leckerem Essen – anhand der beteiligten Signale (→ Seite 139), ihres eigenen Vorgehens und natürlich der Belohnungen (→ Seite 141).

Meine erste Katze Pussy in der Bauernhofpension meiner Eltern konnte auch so schmachtende Blicke werfen, dass meine Großmutter ihr jeden Abend beim Anrichten der Aufschnittplatten ein kleines Stückchen Wurst abgab. Allerdings nur abends,

Viele Gesten, mit denen Mieze uns um Essen bittet, entstammen kindlichen Verhaltensmustern.

Allzu viel ist ungesund

und obwohl auch morgens und fast jeden Mittag Fleisch angerichtet wurde, lag sie währenddessen zusammengerollt auf der Küchenbank oder war draußen. Niemals verpasste sie aber die abendliche Zeremonie – die nach den Regeln meiner Großmutter ablief: Auf dem Tisch sind Pfoten verboten, und Quengeln bringt auch nichts. So hatten sich die beiden arrangiert, und Pussy bekam jeden Abend ihre Wurst, wenn sie vornehme Zurückhaltung übte.

Ein solches Vorgehen empfehle ich jedem Katzenhalter mit ähnlichen Problemen. Letztendlich schafft es fast niemand, eine bettelnde Katze völlig zu ignorieren und alle ihre Bemühungen ins Leere laufen zu lassen. Belohnen Sie jedoch zurückhaltendes Verhalten mit leckeren Zuwendungen, wird Mieze sich dies schnell merken und ihre Belästigungen aufgeben, sofern diese tatsächlich zu keinem Erfolg führen. Hilfreich ist auch, ihr einen für uns akzeptablen Warteplatz schmackhaft zu machen – natürlich mit entsprechender Belohnung, zuerst sofort, nachdem sie sich dort hingesetzt hat, und peu à peu immer später (→ Seite 191).

Die Diebin

Ganz ähnliche Bedingungen gelten auch für das Essenstehlen. Eine Katze, die gelernt hat, dass es überhaupt nicht im Bereich des Möglichen liegt, etwas vom Tisch zu fressen, weil Sie ihre Bemühungen immer und bereits im Ansatz vereitelt haben, wird Sie weder bei der Zubereitung noch beim Essen stören. Wie lange Sie Mieze dann aber mit dem Braten alleine lassen können, ist eine ganz andere Frage. Katzen sind schließlich nicht dumm. Haben Sie ihr verboten, auf den Tisch zu gehen, wird sie eben warten, bis Sie das Zimmer verlassen haben. Typisch Katze.

Wenn Sie öfter in die Verlegenheit kommen, Katze und Essen in einem Raum alleine zu lassen, müssen Sie dies mit ihr trainieren. Als Hilfe dienen eine unregelmäßige Verlängerung Ihrer Abwesenheit und anonyme Strafen (→ Seite 193). Setzen Sie als Belohnung für Miezes Zurückhaltung aber nicht das Essen vom Tisch ein. Dies käme einer Einladung zur Selbstbedienung gleich. Generell sind Futterbelohnungen in diesem Fall nicht förderlich, sie bringen Mieze nur auf schlechte Gedanken. Eine aufmerksame Katze können Sie aber gut mit einem beliebten Spielzeug belohnen.

WETTRÜSTEN VERMEIDEN

Eine Katze, die einmal gelernt hat, sich vom Esstisch selbst zu bedienen, wird sich diese Gelegenheiten künftig kaum entgehen lassen. Wenn Sie nun Ihr Essen nur halbherzig sichern, indem Sie etwa lediglich eine Folie über den Aufschnitt legen, steigern Sie bloß die Herausforderung für Mieze. Sobald sie gelernt hat, diese kleine Aufgabe zu meistern, stellt sie sich auch gerne der nächsten und lernt dabei, dass sie Erfolg hat, wenn sie sich nur ausdauernd genug darum bemüht. Verwenden Sie daher besser feste, schwere und dicht schließende Abdeckhauben, die Miezes »Angriff« standhalten und Ihr Essen sicher schützen.

Eine schlafende Katze wecken Sie besser gar nicht erst auf, hier greifen auch die Prinzipien der Gewöhnung (→ Seite 136). Hat sich Ihre Katze schon zu einer gewieften Diebin entwickelt, kommt viel Training auf Sie zu, damit das Tier Ihr Essen in Ihrer Abwesenheit nur friedlich betrachtet. Und länger als zwei Augenblicke sollten Sie dem Frieden auch dann nicht trauen. Denn denken Sie daran: Gelegenheit macht Diebe.

Heikles Fressverhalten – auch unter Katzen gibt es Suppenkasper

Im Gegensatz zum bekannten Comic-Kater Garfield, der dank seiner Leibspeise Lasagne deutlich übergewichtig ist, müssen manche Katzen zum Fressen regelrecht überredet werden. Dabei stellt eine »normale« Mäkeligkeit von Katzen meist nicht wirklich ein Problem dar. Dass Mieze kein Billigfutter anrührt, gibt uns höchstens die Beruhigung, dass sie eine Genießerin ist. Und seine Katze gut zu »bekochen« und ihr hochwertige Nahrung selbst zuzubereiten, mag dem Menschen das gute Gefühl vermitteln, sich bestens um sie zu kümmern.

Wenn Mäkeligkeit besorgniserregend wird

Gesundheitlich bedenklich kann es werden, wenn Mieze etwa ausschließlich Leber zu sich zu nehmen gedenkt (was auf Dauer zu einer Vitamin-A-Vergiftung und Calciummangel führen kann), und finanziell bedenklich wird es, wenn sie bei jeder Mahlzeit auf eine noch bessere Qualität besteht. Sollte Mieze jedoch von heute auf morgen ihr gewohntes Futter verweigern, ist das ein Alarmsignal. War sie bisher nicht mäkelig, ist ein Gang zum Tierarzt anzuraten, da von der Zahnfleischentzündung bis zum Nierenversagen alle möglichen Ursachen vorliegen können.

Dieses Futter und nichts anderes!

Katzen sind Gewohnheitstiere, und das Futterangebot vor allem in ihren ersten Lebensmonaten bestimmt ihre geschmacklichen Vorlieben und Abneigungen meist ihr ganzes Leben lang. Aber auch viele Menschen sind Gewohnheitstiere, und so freut sich mancher Halter, wenn ein vollwertiges Futter der jungen Katze zusagt. So bekommt sie es tagaus, tagein serviert, und nach einiger Zeit ist »ihr« Futter das einzige, was Mieze in ihrem Napf akzeptiert. Andere Futtersorten werden verschmäht und wir mit vorwurfsvollen Blicken, leidendem Maunzen und vielleicht sogar mit einem Bächlein an ungeeigneter Stelle bedacht. Das Tier hat eine Neophobie entwickelt, eine Angst vor Neuem, hier speziell vor neuem Futter.

Umgewöhnen: Das Verlangen einer mäkeligen Katze aussitzen zu wollen und darauf zu bestehen, dass sie etwas anderes frisst, ist eine leidige Aufgabe. Manche Katzen treten in einer solchen Situation durchaus in einen mehrtägigen Hungerstreik.

> In den meisten Fällen sind die Probleme mit heiklen Katzen hausgemacht, sprich anerzogen.

Die Umgewöhnung erfolgt besser in kleinen Schritten. Mischen Sie zunächst nur einen Teelöffel eines neuen Futters sorgfältig unter das gewohnte und erhöhen Sie diese Dosis so langsam, dass Miezes Futter erst nach etwa zwei Wochen komplett umgestellt ist. In die neue Futtersorte mischen Sie wiederum und genauso langsam eine dritte.

Den Appetit Ihrer Katze können Sie dadurch steigern, dass Sie sie vor der Fütterung etwas »arbeiten« lassen. Oft wirkt ein ausgiebiges Jagdspiel vor dem Fressen Wunder.

Wenn Mäkeligkeit besorgniserregend wird

Bitte täglich etwas Neues!

Eine andere, extreme Form der Mäkeligkeit zeigen Katzen, die sich weigern, dieselbe Futtersorte an zwei aufeinanderfolgenden Mahlzeiten zu fressen. Hier hat der Halter die fürsorgliche Abwechslung im Speiseplan der jungen Katze etwas übertrieben. Und bei der erwachsenen Katze meist auch schon frühzeitig resigniert und bei jedem Zögern und Miauen des Tiers gleich eine neue Dose oder Schale geöffnet, wohl in der Vermutung, das erste Futter sei verdorben. Einige Tipps, damit es gar nicht erst zu Wehklagen kommt:

- Achten Sie darauf, dass das Futter tatsächlich noch gut ist. Im Zweifelsfall sind kleinere Verpackungseinheiten besser geeignet als die große »Spardose«.
- Wenn Sie die angebrochenen Futterpackungen im Kühlschrank aufbewahren, kann es sein, dass durch die niedrige Temperatur keine oder zu wenig Gerüche freigesetzt werden, die Miezes Appetit anregen könnten. Erwärmen Sie das Futter kurz, bis es handwarm ist.
- Auch hier helfen kleine sportliche Einlagen vor der Fütterung, den Appetit des Tieres zu steigern.
- Sehr viele Katzen bekommen heutzutage so reichlich zu fressen, dass sie selten oder nie Hunger verspüren. Wenn die Ihre auch zu denen gehört, deren Silhouette von oben eher einem Football ähnelt, wäre es ohnehin besser, ihre Futterrationen etwas zu kürzen. Aber bitte langsam, sonst müssen Sie sich mit dem Problem einer aufdringlichen Katze beschäftigen. Fragen Sie Ihren Tierarzt, falls Sie bei der optimalen Futtermenge unsicher sind.

Mir schmeckt's nur in Gesellschaft

Auch sie gibt es: die Katzen, die sich weigern, alleine zu speisen. Katze Clarissa etwa frisst nur, solange einer ihrer Menschen ihr gut zuredet und regelmäßig über ihren Rücken streichelt. Ihre Fütterung gestaltet sich zu einer zeitaufwendigen Prozedur, dreimal täglich. Bezeichnenderweise ist Clarissa eine Einzelkatze, wie übrigens die meisten mäkeligen Stubentiger. Die freundliche Aufforderung zum Fressen hat sich bei ihr so fest etabliert, dass ihr ohne dieses ausgefeilte Ritual regelrecht der Appetit vergeht.

Sie können eine solche Katze wieder zum selbstständigen Fressen umziehen, indem Sie Ihre Aufmerksamkeiten ganz allmählich verringern, sozusagen »ausschleichen«. Das Streicheln kann zunächst in langsameren Strichen erfolgen, anschließend verlängern Sie nach und nach die Pausen zwischen zwei »Handstreichen«. Dann reduzieren Sie Ihre Kommentare, verlängern auch hier die Pausen – bis nach einigen Wochen eine kurze Aufforderung zum Fressen ausreicht.

Eine Katze, die länger als 24 Stunden ihr Futter völlig verweigert, ist ein Fall für den Tierarzt.

Wecker auf vier Pfoten – nächtliche und morgendliche Unruhe

Kurze Nächte sind das Los nicht weniger Katzenhalter. Bei manchen zeigt die Katze abends zur Bettzeit aktive Höhen, bei anderen galoppiert sie mitten in der Nacht wie eine Besessene durch die Wohnung. In den meisten Fällen aber sind es die frühen Morgenstunden, in denen Mieze darauf besteht, dass Ausschlafen nur für Nichtkatzenhalter zulässig ist. Die Mehrzahl der betroffenen Katzenfreunde akzeptieren die höchst eigenen Aktivitätszeiten ihrer Stubentiger bis zu einem gewissen Grad. Spätestens jedoch, wenn sich tagsüber unerträgliche Müdigkeit ausbreitet oder auch die Nachbarn leiden, ist guter Rat gefragt.

Wenn der Tagesablauf nicht zum Katzenrhythmus passt

Da Katzen sehr gerne während der Dämmerung und je nach Jahreszeit auch nachts aktiv sind (→ Seite 79), wundert es nicht, dass Ihnen nachtaktive Menschen und Frühaufsteher besonders zusagen. Wer arbeitsbedingt jahrzehntelang sehr früh aufstehen musste und sich schon frühmorgens um die Bedürfnisse seiner Katze kümmern konnte, wird verstehen, dass Mieze diesen Rhythmus beibehalten möchte, auch wenn ihr Mensch zum Beispiel in den Ruhestand getreten ist. Kein Problem, solange dieser dann weiterhin früh aufsteht. Konfliktträchtig kann es aber werden, wenn man wochentags Miezes Wunsch nach frühem Frühstück nachkommt, weil einen der Beruf ohnehin aus dem Bett zwingt, am Wochenende jedoch gerne ausschlafen möchte. Ebenso, wenn der Mensch im Schichtdienst arbeitet und einen unregelmäßigen Tagesablauf hat. Zwar können die meisten verstehen, dass unregelmäßige Tagesabläufe auf das Gewohnheitstier Katze verwirrend wirken und fast nur Freigänger mit Katzenklappe dies gelassen hinnehmen, dennoch zerrt es enorm an den Nerven, tatsächlich jeden Morgen von der Katze mehr oder weniger unsanft geweckt zu werden.

Gut trainiert

Die morgendliche Weckerfunktion haben wir der Katze in aller Regel selbst beigebracht, indem wir auf ihr Klagen reagiert haben, aufgestanden sind und sie gefüttert oder bespielt haben. Ausgangspunkt ist meist das kleine Kätzchen, bei dem uns das Nachgeben leichtfällt, ist es doch bedürftig und braucht natürlich Futter, wenn es darum bittet. Also kümmern wir uns auch bereitwillig frühmorgens um das kleine Wesen. Dann wird Mieze älter und besteht auch weiterhin auf diesen Service. Der Mensch empfindet es zunehmend als lästig und findet, dass sie gut noch eine halbe Stunde warten könne. Also versucht er, sie zu ignorieren – prinzipiell genau die richtige Vorgehensweise, wenn sie denn konsequent und bis zu angenehmem Verhalten der Katze durchgehalten wird. Aber genau damit hapert es meist. Gibt man zu schnell auf, weil die Katze allzu sehr nervt oder gar militant wird oder weil man letztendlich sowieso aufstehen muss, während Mieze noch durchs Schlafzimmer turnt, trainiert man lediglich deren Ausdauer. Hat die Katze Sie heute fünf Minuten lang terrorisiert, bis Sie aufgestanden sind, hält sie morgen garantiert auch zehn

Minuten lang durch. Manche Katze-Mensch-Paare haben dieses leidige Ritual schon auf mehr als eine Stunde Dauer ausgeweitet – ein beachtliches Trainingsergebnis.

Aber auch, wenn Sie Mieze ignorieren, bis sie wieder ruhig ist, und erst dann aufstehen, müssen Sie dies eine ganze Weile durchhalten. Nur am Wochenende zu üben und sich wochentags wieder aus dem Bett treiben zu lassen, kommt einer unregelmäßigen Belohnung gleich und sorgt lediglich dafür, dass Mieze ihr Vorgehen nicht so schnell wieder vergisst (→ Seite 191).

Gut umtrainiert

• Gegen spätabendliche und nächtliche Spielzeiten der Katze hilft oft eine ausgiebige Spielstunde vor dem Schlafengehen – zusätzlich zu den täglichen Spielzeiten – bis etwa eine Stunde vor der Nachtruhe, damit Mieze sich auch wieder beruhigen kann.

• Morgendliches Wecken, bei dem meist Hunger der Auslöser ist, lässt sich vermeiden, indem man der Katze nachts genügend Futter anbietet. Auch wenn Sie tagsüber das Futter zeitlich begrenzen, ist ein nächtliches Mahl zu Miezes freier Verfügung in diesem Fall sinnvoll. Als einfachste Lösung können Sie auch einen per Zeitschaltuhr gesteuerten Futterautomaten bestücken und auf Öffnung in den frühen Morgenstunden einstellen.

• Weitaus anstrengender ist eine Alternative, für die ein Urlaub und eine Packung Ohropax die besten Voraussetzungen sind: nämlich, das unangenehme Weckverhalten Ihrer Mieze tatsächlich so lange zu ignorieren, bis sie ruhig ist. Dies ist genau der Moment, in dem Sie dann aufstehen sollten, nämlich bevor sie wieder anfängt zu randalieren. Nach den ersten Erfolgen dehnen Sie die Wartezeit der Katze bis zu Ihrem Aufstehen langsam aus. So bringen Sie ihr bei, dass nur ruhiges Abwarten – eigentlich eine normale »Arbeitsweise« jeder Katze – zum Erfolg führt. Bei uns trägt dieses Training so weit Früchte, dass alle Katzen, die morgens trotz Nachtmahl hungrig sind, geduldig im Bett liegen, um bloß nicht zu verpassen, wenn ein »Bediensteter« aufsteht.

Es ist Zeit zum Aufstehen, findet der getigerte Kater. Gestern reichte der Besuch unter der Bettdecke aus, Frauchen zu mobilisieren. Heute muss er wohl eine »Fußmassage« anschließen, um sein Ziel zu erreichen.

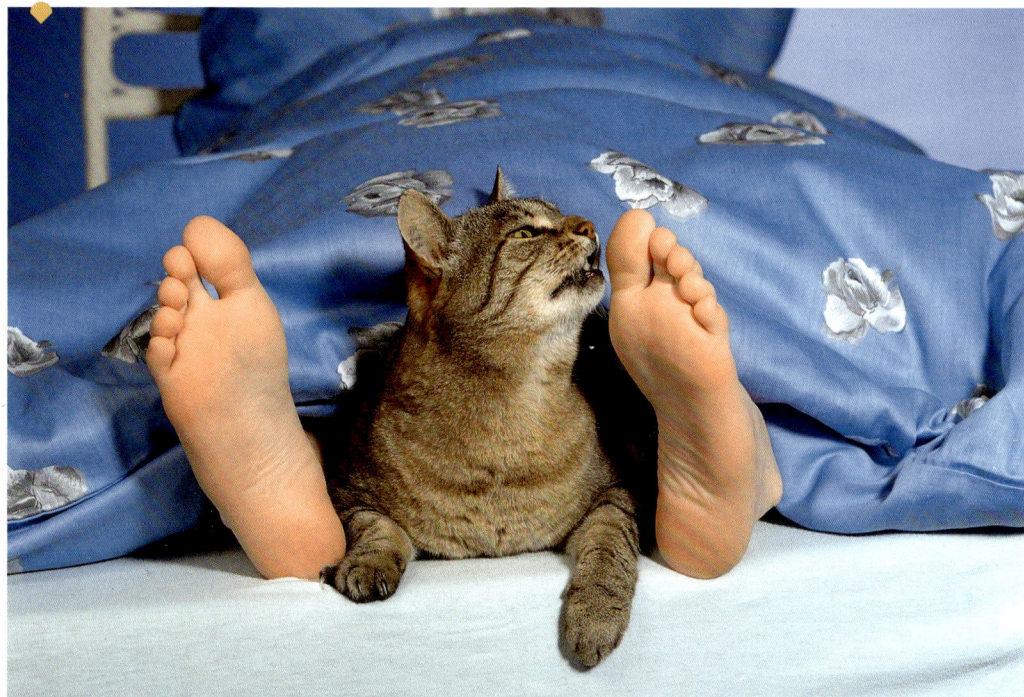

Alles andere als samtpfotig – Vandalismus bei Katzen

Geschmeidig und elegant schreitet sie auf Samtpfoten geräuschlos durch die Wohnung, die ideale Hauskatze. So mancher Katzenfreund wünscht sich ein anschmiegsames Kätzchen. Was aber, wenn dieses durch die Zimmer poltert, die Vorhänge erklimmt, dabei Dutzende hässliche Fadenschlingen zieht und reihenweise die Regale und Fensterbänke abräumt? Vor allem Menschen mit langen Haaren kennen auch die Variante von Krallen in Rücken und Kopfhaut und erbeutetem Haarschmuck, von der zerstörten Frisur ganz zu schweigen.

Aktive Katzen brauchen ein gut strukturiertes Revier mit erhöhten Plätzen wie diesen Schrank. Ohne Aufstiegshilfe benutzen sie zum Erklimmen ihre Krallen.

Richtig gedacht und falsch gehandelt

Die meisten Menschen verstehen zwar recht schnell, dass das Umhertoben der Katze nicht an unterschiedlichen Vorstellungen von Dekoration liegt, sondern dass das Tier schlicht und einfach nicht ausgelastet ist und sein Toben ein Zeichen, dass ihm der Sinn nach Spiel steht. Doch Achtung: Wenn man Mieze rasch ein Spielzeug anbietet, sobald sie ins Regal mit den guten Porzellanpüppchen springt, hat man zwar die Dekoration für den Augenblick gerettet, aber die Katze hat zugleich gelernt, dass sie ein Spiel damit provozieren kann, indem sie in just dieses Regal springt. Was wird sie wohl am nächsten Tag tun, wenn sie wieder mit ihrem Menschen spielen möchte?

Auf solche oder ähnliche Weise wird rasch eine unerwünschte Handlung einer Katze unbewusst von uns unterstützt. Gleiches gilt für das Spiel mit Haaren und das »Erbeuten« von Haarschmuck oder interessanten Kleidungsaccessoirs, das sich bis zur Jagdaggression auswachsen kann (→ Seite 155), vor allem wenn es von uns in irgendeiner Art bestätigt wird, sei es auch nur durch Schimpfen und Strafen.

Bedürfnisse erkennen und akzeptieren

Vandalismusprobleme treten überwiegend bei jungen Katzen auf, bis diese mit ein bis zwei Jahren langsam etwas ruhiger werden. Wohl gemerkt, sie werden langsam ruhiger. Und ein sehr aktives

Richtig gedacht und falsch gehandelt

Kätzchen, das man selbst durch mehrstündige tägliche Beschäftigung kaum auslasten kann, wird auch später nicht zum dauerschlafenden »Couch-Potato«. Bei der Mehrzahl der Kätzchen, deren Vandalismus sich meist nur auf die »verrückten fünf Minuten« beschränkt, kann ich Sie allerdings beruhigen. In gewünschte Bahnen gelenkt, »wächst« sich dieses auffällige Verhalten in einigen Monaten aus. Selbstverständlich müssen Sie aber auch die Bedürfnisse Ihrer Katze nach Spiel, Spaß und Spannung berücksichtigen. Im Klartext bedeutet das, dass Sie für eine reine Wohnungskatze täglich mindestens zwei Stunden ausschließliche Beschäftigung einplanen müssen. Zum Ausleben ihres Erkundungsverhaltens und um sich durch Bewegung fit zu halten, braucht jede Katze ausreichend Freiraum. Und sie muss die Möglichkeit haben, ihr Territorium auch von oben zu erkunden und zu betrachten, Fensterbänke, Regale, Kommoden und Schränke zu erklimmen und zu besetzen. Wenn Sie ihr dies verwehren, ohne dass sie Ausweichmöglichkeiten hat, werden Sie schnell mit anderen Verhaltensauffälligkeiten Ihrer Katze konfrontiert werden. Die deutlich bessere Alternative wäre, Ihre Katze würde Sie zum Umdenken veranlassen. Denn zu viel Nippes und Dekoration ist auf wenig Raum nur schlecht mit einer aktiven Katze vereinbar. Im Zweifelsfall müssen Sie eine Wahl treffen zwischen ihr und dem Raumschmuck.

Bei einer überaus aktiven Katze, die auch im Alter nicht ruhiger wird, oder bei einer Katze, die erst im Alter hyperaktiv wird, kann auch eine Überfunktion der Schilddrüse die Ursache sein. Ein Blutbild wird Ihnen beziehungsweise Ihrem Tierarzt Gewissheit darüber geben.

»Spielausbrüchen« vorbeugen

Aktive Katzen müssen ausgelastet werden. Aber achten Sie darauf, was Ihre Katze gerade macht, wenn Sie ihr ein Spiel anbieten. Am besten agie-

> **TIPP**
>
> ### EINE ZWEITKATZE ALS SPIELKAMERAD
>
> Meist sind es junge Katzen, die sich als besonders ausgeprägte Vandalen zeigen, wenn die Spiellust mit ihnen durchgeht. Da es gar nicht leicht ist, als Mensch eine sehr übermütige Katze ausreichend zu beschäftigen, bietet sich der Gedanke an eine Zweitkatze geradezu an. Idealerweise ist diese etwa gleichaltrig und mit etwa gleichem Temperament gesegnet. Sie haben damit zwar zwei solche Racker im Haus, die sich aber gut miteinander beschäftigen. Sofern Sie ihrem Bewegungsbedürfnis genügend Raum bieten, geht hierbei nur selten etwas zu Bruch, denn Klirren und Scheppern vertreibt ja den netten Spielkameraden nur.

ren Sie früh genug, bevor Mieze auf dumme Gedanken kommt. Nach ein bis zwei Tagen kennen Sie die bevorzugten Aktivitätszeiten Ihrer Katze und können selbst fünf bis zehn Minuten früher aktiv werden. Damit nehmen Sie ihr den Wind aus den Segeln. Ist sie gut ausgelastet, sollten Sie gelegentliche Verfehlungen Ihrer Katze einfach ignorieren. Warten Sie, bis sie wieder ruhig ist, oder noch besser, bis sie sich eine andere Spielaufforderung ausdenkt, die Sie akzeptieren und getrost belohnen können.

Der Kratzbaum eignet sich hervorragend als Startpunkt für solche Aktivitäten. Wenn Mieze sich dort vergnügt, gehen Sie unverzüglich durch ein nettes Spiel darauf ein. Kommt sie nicht selbst auf diesen Gedanken, können Sie es ihr durch deutliches Kratzen mit den Fingernägeln am Kratzbaum klarmachen. Für die meisten Katzen reicht diese kurze Provokation, um sofort zum Kratzmöbel durchzustarten.

Verhaltensstörungen

Frau Kaiser seufzt. Auch das noch! Dass Lucy runder und schwerer geworden war, hatte sie ja eigentlich schon vor etlichen Wochen bemerkt, aber immer wieder verdrängt. Es war halt einfacher, Lucy einige Hühnerherzen in den Napf zu legen und in der knappen Freizeit, die ihr seit einigen Monaten noch geblieben war, die neue Zukunft zu planen. Wegen der gravierenden Umstellung ihres Lebens gab es so viel zu bedenken, dass sie einfach keine Zeit mehr für Lucy gefunden hatte – ganz anders als früher –, sogar die abendlichen Kuschelstunden waren weggefallen. Dann hatte Frau Kaiser Lucys nackten Bauch entdeckt: kein einziges Haar auf dem gesamten Unterbauch. Der Tierarzt empfahl ihr nach der Untersuchung, sich mehr um Lucy zu kümmern, was sie auch tat, aber es hat nicht geholfen. Frau Kaiser greift zum Telefon. Vor ihr liegt die Rufnummer einer Tierverhaltenstherapeutin, die ihr der Tierarzt empfohlen hat. Ob die helfen kann?

Hier ist professionelle Hilfe nötig

Hilfe, meine Katze tickt nicht mehr richtig!

Nicht jede Katze reagiert wie Lucy auf Veränderungen in ihrem Leben, indem sie sich die Haare ausreißt und immer mehr frisst. Ob und wie sehr das Tier verunsichert wird, hängt zum großen Teil von seiner Persönlichkeit und den bisherigen Lebensbedingungen ab. Ausgeglichene Katzen mit einem gut strukturierten Lebensraum und ihnen angenehmen Artgenossen stecken so manche Veränderung leicht weg. Andere, sensible Katzen können zum Beispiel nach einem Umzug, bei einem völlig veränderten Tagesablauf oder deutlich weniger Sozialkontakt auch beginnen, mit Harn zu markieren (→ Seite 162), wieder andere greifen ihre Menschen aus heiterem Himmel an (→ Seite 155) oder liegen nur noch in ihrer Schlafhöhle. Ebenfalls von der Veranlagung hängt es ab, ob es bei Verhaltensauffälligkeiten bleibt oder ob auch Organe der Katze in Mitleidenschaft gezogen werden, zum Beispiel Magen, Nieren oder Haut. Vor allem bei einer dauerhaften Belastung ist es zudem fraglich, ob Mieze sich mit der Zeit umstellt und nach einigen Monaten an die veränderten Bedingungen anpasst, oder ob ihre Lebensqualität und Gesundheit anhaltend beeinträchtigt werden und sie eine echte Verhaltensstörung, wie etwa eine Depression, entwickelt.

Hier ist professionelle Hilfe nötig

Vor allem in den folgenden Fällen ist zunächst ein Besuch beim Tierarzt ratsam, um organische Erkrankungen der Katze auszuschließen. Außerdem helfen Ihnen verhaltensbiologisch geschulte Menschen durch Überprüfung von Miezes Lebensbedingungen und ihrem kompletten Verhaltensrepertoire bei der Suche nach der Ursache der Verhaltensstörung. Diese geben Ihnen auch eine Prognose und gegebenenfalls geeignete Therapieempfehlungen.

Übersteigertes Putzverhalten

Putzt eine Katze sich so intensiv, dass die Haare abbrechen, oder reißt sie sich die Haare in kleinen Büscheln aus, bezeichnet man dies als Alopezie. In erster Linie kann ein »einfacher« Juckreiz das Putzen auslösen, zum Beispiel aufgrund von Parasitenbefall oder Allergien. Hauterkrankungen entstehen aber, ebenso wie Blasenleiden (→ Seite 161), auch oft unter Beteiligung der Psyche, falls diese nicht sogar die alleinige Ursache ist. Einen Hinweis darauf liefert uns die Katze, wenn sie wie Lucy gleichzeitig sehr viel frisst und an Gewicht zunimmt, also weitere Verhaltensauffälligkeiten zeigt. Ursachen können alle möglichen Stresssituationen sein, in denen sich das Tier befindet, sowie alle möglichen Veränderungen inklusive dem Wegfall geliebter Rituale. Lucy hat übrigens wieder zu ihrem Gleichgewicht zurückgefunden, nachdem Frau Kaiser wieder feste und vor allem sehr intensive Beschäftigungszeiten eingeführt hat. Sensible Katzen wie Lucy merken schnell, wenn man sich nur nebenbei mit ihnen abgibt, und gehen ihrem Menschen dann oft lieber aus dem Weg. Durch wichtige Rituale, seien es Fütterungszeremonien, Streicheleinheiten oder interessante Spielstunden, vermitteln Sie Ihrer Katze Sicherheit und fördern ihr Selbstbewusstsein.

Ungeeignete Stoffe fressen

Von »Pica« spricht man, wenn Katzen an Textilien oder anderen nicht geeigneten Materialien saugen oder diese anfressen. In den meisten Fällen bevorzugen solche Katzen Wolle, aber auch Baumwolle, Leder oder synthetische Stoffe werden gelegentlich dazu missbraucht. Manche Katze nimmt fast alles an, während andere nur an ganz bestimmten Stoffen oder Gegenständen wie Kleidung, Kissen oder Decken fressen oder saugen.

TIPP: WIE FINDE ICH EINEN GUTEN THERAPEUTEN?

Fast jeder, der es möchte, kann sich als Katzenpsychologe oder Katzenverhaltenstherapeut bezeichnen, und Tipps über Katzen und ihr Verhalten erhält man von beinahe jedermann – allerdings oft mit fraglichem Inhalt. Ein guter Verhaltensberater und -therapeut sollte eine solide Ausbildung in allgemeiner Verhaltensbiologie, und speziell der von Katzen, aufweisen (Adressen → Seite 204) sowie über ausreichend Erfahrungen mit möglichst vielen Katzen verfügen. Fragen Sie auch Ihren Tierarzt, ob er zu den wenigen mit Zusatzausbildung in Verhaltenstherapie gehört oder Ihnen einen guten Therapeuten empfehlen kann.

Katzenstreu oder Sand zu fressen, kommt bei jungen Kätzchen nicht selten vor und ist insofern normal, als die Kleinen einfach alles ausprobieren. Sie merken dann schnell, dass das Zeug nicht gut schmeckt. Bei erwachsenen Katzen jedoch ist Sandfressen meist ein Hinweis auf eine Erkrankung, eventuell auf einen Mineralstoffmangel, dem Sie auf den Grund gehen sollten.

Manche Katzen kauen auch auf Holz herum, etwa an Möbelkanten oder hölzernen Teilen des Kratzbaums. Kater Floh kaute gelegentlich an der Ecke des Holztischs und an einem hingehaltenen Bleistiftende, in der Regel unterbrochen von gründlichem Gesichtsmarkieren. Solange eine Katze das Holz nicht frisst, kann dieses Verhalten als normal betrachtet werden und dient vermutlich dem Zweck, das Material aufnahmefähiger für die Gesichtsdüfte zu machen. Vorstehende Splitter sollten Sie jedoch regelmäßig entfernen, um Verletzungen zu vermeiden. Allgemein ist das Saugen nicht schädlich für die Katzen, das Fressen unverdaulicher Substanzen kann aber zu Verstopfung führen, bei Kunststoffen auch zu Verletzungen des Magen-Darm-Trakts. Die Dringlichkeit einer Behandlung hängt also vom Ausmaß der Verhaltensauffälligkeit ab.

Als Ursache nimmt man in vielen Fällen eine erbliche Vorbelastung an, da die Vertreter einiger Katzenrassen häufiger Stoffe fressen. Aber auch zu früh entwöhnte Kätzchen können ein ähnliches Verhalten als Ersatzhandlung zeigen, ähnlich wie Kleinkinder am Daumen lutschen. Sie saugen an Stoffen oder, häufiger noch, an nackter Haut. In meiner Kindheit zogen wir einmal drei Kätzchen, deren Mutter überfahren wurde, mit der Hand auf. Eine dieser Katzen saugte später an ihrer Schwanzspitze, eine am Ballen ihrer Hinterpfote und die dritte an einer Kissenecke. Auch in meiner Praxis begegnen mir oft Katzen, die mit sechs Wochen oder noch jünger von Mutter und Geschwistern getrennt wurden und an menschlicher Haut oder Stoffen saugen.

Jagd auf den eigenen Schwanz

Dass junge Katzen ihren eigenen Schwanz jagen, lässt sich recht häufig beobachten. Das entspricht einem natürlichen Spiel, dem sich auch jung gebliebene erwachsene Katzen manchmal

Hier ist professionelle Hilfe nötig

noch gerne hingeben. Startet eine Katze aber gezielte Angriffe auf den eigenen Schwanz, bei denen sie mit ausgefahrenen Krallen zuschlägt und hineinbeißt, haben wir es mit einer Verhaltensstörung zu tun. Ein deutlicher Hinweis darauf sind die damit verbundenen Schmerzensschreie der Katze. In solchen Fällen ist ein Tierarztbesuch unumgänglich, da organische Ursachen und Auslöser zu klären sind. Dies können zum Beispiel Erkrankungen des Nervensystems sein oder Schmerzen durch Verletzungen an Wirbelsäule oder Schwanz. Je nach Ausmaß und den bisherigen Folgen beziehungsweise Wunden ist dann eine Halskrause sinnvoll, die zwar die Lebensqualität der Katze drastisch mindert, aber schlimmere Verletzungen verhindert, bis die Ursache gefunden und beseitigt ist.

Auch das Schwanzjagen kann durch Stress ausgelöst werden. In diesem Fall kann eine geeignete Verhaltenstherapie und Verbesserung der Lebensbedingungen das Problem mildern oder beheben.

Depression

Bei dieser ernsthaften Störung zeigen Katzen sich deutlich weniger aktiv oder sogar völlig inaktiv, sie verkriechen sich häufig oder ständig, fressen kaum noch oder übertrieben viel, sie vernachlässigen ihre Körperpflege, und manche werden unsauber. Insgesamt sind sie reizbar und wirken ständig lustlos. Fast alle organischen Erkrankungen können zu den hier geschilderten Symptomen führen, da kranke Katzen sich tatsächlich meistens zurückziehen und sämtliche Aktivitäten möglichst einstellen. Selbstverständlich muss zuerst eine etwaige Krankheit abgeklärt und behandelt werden, bevor weiter verhaltenstherapeutisch vorgegangen wird.

Aber auch jedes traumatische Ereignis kann zu Depressionen führen, wie ein Unfall oder eine Operation. Viele Katzen zeigen depressive Zustände, nachdem ein menschlicher Sozialpartner gestorben oder ausgezogen ist, auch der Tod der Mitkatze oder des geliebten Hundes wird von vielen lange betrauert. In einem solchen Fall sind Ihr Einfühlungsvermögen und Ihre überaus freundliche Beschäftigung gefragt, damit das Tier sein Trauma rasch überwindet. Katzen brauchen eine entsprechende Trauerzeit von mindestens einigen Wochen, bevor man ihnen einen neuen Freund »schenkt« (→ Seite 120).

Wenn Ihre Katze häufig verängstigt wirkt, kann sie ebenfalls eine Depression entwickeln, bei gestressten Katzen schreitet dieser Prozess oftmals nur langsam voran und ist dadurch ohne genaues Beobachten nur schwer zu erkennen. Für die Behandlung ist eine Überprüfung der Lebensbedingungen wichtig, um mögliche Angstauslöser zu beseitigen. Meist sind jedoch geeignete Psychopharmaka notwendig, um die Stimmung der Katze langfristig aufzuhellen.

Es ist klein und bewegt sich – es muss wohl ein Spielzeug sein. Eine erwachsene Katze jedoch, die ihren eigenen Schwanz nicht als solchen erkennt, hat ein Problem.

Der Beginn einer Freundschaft

Kapitel 4 SIE WOLLEN EINE KATZE AUFNEHMEN? SO SORGEN SIE DAFÜR, DASS SIE UND MIEZE SICH MITEINANDER WOHLFÜHLEN.

Der optimale Start

Alles ist vorbereitet, als Frau Schneider ihre Gäste hereinbittet. Die Begrüßung fällt kurz aus, Frau Schneider hat nur Augen für den Transportkorb, den Köhlers auf den Boden stellen. Da sind sie: Max und Moritz. Nachdem alle es sich bequem gemacht haben, wird der Korb geöffnet. Ein grau getigertes Köpfchen erscheint und kurz darauf der Rest von Moritz. Neugierig schaut sich der kleine Kater in seinem neuen Zuhause um. Aber auch sein roter Bruder Max lässt nicht lange auf sich warten, verlässt den Korb und erkundet die andere Seite des großen Zimmers. Genauso furchtlos, wie Frau Schneider die beiden, die künftig ihre Familie bereichern sollen, bereits kennengelernt hat. Aber wo ist jetzt Moritz? Gut, dass alle Türen geschlossen sind. Da ertönt ein energisches Scharren aus einer Zimmerecke: Katzenstreu. Frau Schneider ist erleichtert, dass der erste sein »stilles Örtchen« schon gefunden hat.

Welche Katze passt zu uns?
Die Wahl der richtigen Katze

Viele Menschen sind schon zur Katze gekommen wie die Jungfrau zum Kinde – plötzlich stand sie vor der Tür, und begehrte Einlass und Essen. Meist entwickelt sich daraus eine sehr harmonische Beziehung – wo sich Mieze schon »ihren« Menschen selbst ausgewählt hat …

Eine gute Partnerschaft will wohlüberlegt sein

Wenn der Wunsch nach einem Zusammenleben aber nicht von der Katze, sondern von Ihnen ausgeht, ist es wichtig, die neue Mitbewohnerin gut auszusuchen. Das gibt Ihnen zwar noch keine Garantie für eine lebenslange, glückliche Beziehung, aber die Chancen dafür stehen dann deutlich besser als bei einer übereilten Entscheidung.

Eine oder mehrere Katzen? Soll Ihre Katze ausschließlich in der Wohnung leben, ist es sinnvoll, von vornherein zwei Katzen aufzunehmen, die charakterlich zueinanderpassen (→ Seite 118). Beachten Sie dabei, dass das optimale Alter für den ersten Umzug bei frühestens der zwölften Lebenswoche liegt (→ Seite 134), aber dass so junge Katzen zunächst sehr übermütig sind.

Wenn Sie grundsätzliche Bedenken haben, mehr als eine Katze zu adoptieren, so erkundigen Sie sich in Tierheimen nach »heimatlosen« Einzelkatzen, die erwiesenermaßen nicht mit Artgenossen auskommen und im Tierheim enorm leiden. Der Vorteil einer erwachsenen Katze ist ihre schon mehr oder weniger voll entwickelte Persönlichkeit, sodass Sie besser abschätzen können, ob sie zu Ihnen passt oder nicht.

Katze oder Kater? Diese Frage ist nicht leicht allgemein zu beantworten, geht es doch bei Katzen um ausgeprägte Individualisten. Tendenziell sind Kater oft etwas anhänglicher und auch verspielter, neigen aber eher zum Harnmarkieren als ihre weiblichen Pendants, die sich leicht einmal als »zickig« erweisen. Am besten suchen Sie Ihre(n) neue(n) Mitbewohner/in jedoch anhand des individuellen Temperaments und seiner/ihrer Selbstsicherheit aus.

> Im Idealfall wechselt eine Katze zwar Besitzer und Adresse, zieht aber in ein ähnliches Umfeld wie zuvor.

Rasse- oder Hauskatze? So mancher Katzenfreund hat sich schon aufgrund des Aussehens in eine bestimmte Katzenrasse verliebt. Da auch viele Charaktereigenschaften vererbt werden, können Sie sich anhand der Rassebeschreibungen auch für eine eher ruhige oder eine aktive Katze entscheiden, für eine anhängliche oder eher unabhängige, für eine »pflegeleichte« oder aufwendig zu pflegende. Doch gibt es in Bezug auf die Charaktere auch innerhalb einer Rasse erhebliche Unterschiede. »Gewöhnliche« Hauskatzen ohne Stammbaum sind nicht weniger liebenswert, in vieler Hinsicht sind sie sogar die »natürlicheren« Katzen. Besuchen Sie die Katzen Ihrer Vorauswahl am besten zunächst mehrmals in ihrem bisherigen Zuhause, und entscheiden Sie sich dann für diejenige, die charakterlich zu Ihnen und allen weiteren Mitbewohnern passt.

WELCHE KATZE PASST ZU MIR?

Was bieten Sie?	Geeignete Katze/n
ruhiger Haushalt	auch schlecht sozialisierte beziehungsweise ängstliche Katze/n, bei genügend Platz mehrere, aber gut zusammenpassende
lebhafter Haushalt	aus ebensolchem Haushalt, bei wenig Platz höchstens sehr nervenstarke Einzelkatze (aus Tierschutz); bei Kindern und Hunden auf gute Sozialisation achten
reine Haus- oder Wohnungshaltung	nur aus reiner Wohnungshaltung, auch Rassekatzen; Kastration empfehlenswert
– mit viel Zeit und Platz	gerne zwei, auch anhängliche Katzen, eventuell »Problemkatzen«
– mit wenig Zeit und Platz	keine eigene Katze! Werden Sie lieber Katzenstreichler im Tierheim.
– mit wenig Zeit und viel Platz	mindestens zwei Katzen, die gut harmonieren, auch scheue, aber keine allzu anhänglichen
– mit viel Zeit und wenig Platz	ruhige, ältere Einzelkatze oder Pflegestelle für Einzelkatze bis zu deren Vermittlung
Wohnung/Haus mit Freigang	ebenfalls aus Haltung mit Freigang, eine oder mehrere, gerne scheue Katzen (aus Tierheim); ausschließlich Kastraten!
– mit viel Zeit und Platz	fast jede Katze ist geeignet, eventuell auf die Sozialisation achten
– mit wenig Zeit und Platz	nur sehr unabhängige, wenig bis nicht anhängliche Katze/n; mehrere müssen sich gut vertragen
– mit wenig Zeit und viel Platz	gerne zwei oder mehrere Katzen, gerne auch schlecht sozialisierte beziehungsweise ängstliche oder sehr selbstständige Katze/n
– mit viel Zeit und wenig Platz	eine oder zwei (dann aber gut harmonierende) anhängliche Katze/n, auf Verträglichkeit mit eventuellen Mitbewohnern achten, in ruhigem Haushalt auch scheue Katze/n

Hilfe! Plötzlich ist alles anders

Die ersten Tage – Miezes Eingewöhnung in ihr neues Zuhause

Sie haben sich nun ausführlich über Katzen informiert, und die Entscheidung ist gefallen: Sie wollen eine Samtpfote als neue Mitbewohnerin bei sich aufnehmen. Spätestens wenn Sie auch die zu Ihnen und Ihrem Leben passende Katze gefunden haben, wird es Zeit, sich über deren »Einstand« Gedanken zu machen.

Hilfe! Plötzlich ist alles anders

Für fast jede Katze bedeutet ein Umzug aus der vertrauten Umgebung und ein Wechsel der Sozialpartner eine kleine Katastrophe. Sie muss sich erst in ihrem neuen Zuhause zurechtfinden, sich an Sie und alle anderen Mitbewohner gewöhnen. Um Missverständnisse und einen schlechten Eindruck zu vermeiden, sollten sowohl Wohnungseinrichtung wie auch Transport, Ankunft und die ersten Tage der Katze gut geplant werden.

Die Vorbereitungen

Ausstattung: Bei Futter- und Wassernäpfen können Sie sich noch eine Zeit lang mit Vorhandenem behelfen, eine Katze frisst und trinkt ebenso aus einem Tellerchen. Auch Schlaf- und Ruheplätze lassen sich vorerst improvisieren. Kratzgelegenheiten und Katzenklos jedoch müssen Sie auf jeden Fall schon vor Miezes Ankunft einrichten.
Schritt für Schritt: Vor allem junge und ängstliche Katzen können sich durchaus in einer Wohnung verlaufen, in einem Haus erst recht. Die Gefahr ist in diesem Fall groß, dass sie nicht rechtzeitig die neue Toilette finden. In dieser Not sucht sich das Kätzchen dann vielleicht einfach eine

Ecke ... Wehret den Anfängen! Zur optimalen Eingewöhnung lassen Sie Mieze zunächst nur in einem Zimmer, bis sie sich dort sicher fühlt. Dort sollten auch Sie sich gerne aufhalten, Mieze bei Bedarf aber ebenso alleine lassen können. Gefahrenquellen, etwa Stromkabel oder giftige Zimmerpflanzen (→ Seite 66), müssen natürlich beseitigt werden. Und denken Sie an die Gefahr eines gekippten Fensters! Ihre Katze wäre nicht die erste, die am Tag ihres Einzugs schon wieder ausziehen möchte – nehmen Sie es nicht persönlich.

Sie muss ihre neue Umgebung mit allen Sinnen erkunden, bevor sie sich wohl und sicher fühlt.

DER BEGINN EINER FREUNDSCHAFT

Ein nettes Spiel am neuen Kratzbaum, bei dem sie ungehindert auch die Krallen einsetzen kann, macht Mieze ihr eigenes Möbelstück sehr sympathisch.

Lieber vorbeugen als schimpfen: Junge Katzen, vor allem, wenn sie nicht in einem Haushalt aufgewachsen sind, sondern vielleicht im Tierheim, müssen erst noch lernen, dass zum Beispiel Vorhänge oder die große Birkenfeige nicht zum Klettern da sind.
Sichern Sie Ihre liebsten Güter daher in den ersten Tagen, dies ist die beste Vorbeugung gegen Ärger. Denn Sie sollten gerade jetzt Mieze nicht oft schimpfen, wenn Sie eine gute Beziehung zu ihr aufbauen möchten. Nach und nach können Sie sie später mit den sensiblen Accessoirs Ihrer Wohnung bekannt machen.
Konsequent sein: Überlegen Sie sich im Vorfeld, was Mieze darf und was nicht. Alles, was Sie ihr in den ersten Tagen erlauben, wird sie später als selbstverständlich einfordern, und je länger sie damit durchkommt, desto schwieriger wird es, sie wieder davon abzubringen.

Alle – wenigen – Verbote und Tabuzonen müssen mit sämtlichen Personen im Haushalt abgesprochen werden. Mieze lernt leichter die Grundregeln des Zusammenlebens, wenn zumindest in der ersten Zeit alle an einem Strang ziehen.

Die Ankunft

- Manche Züchter bringen ihre Kätzchen persönlich in deren neues Zuhause, das sie sich bei dieser Gelegenheit gleich gründlich anschauen. Natürlich können Sie Ihre neue Katze auch selbst abholen, einen Transportkorb müssen Sie ohnehin kaufen.
- Die ersten Tage gestalten Sie am besten eher ruhig. Laden Sie noch keinen Besuch ein, Mieze soll sich in Ruhe einleben können, erst recht, wenn sie ein eher ängstlicher Typ ist.
- Der Moment, in dem der Transportkorb geöffnet wird, ist immer sehr spannend. Oft genug verhalten Katzen sich dann doch anders, als man dachte, die mutige bleibt drin sitzen, und die vorsichtige springt direkt heraus. Die meisten Katzen schauen sich interessiert um und beschnuppern ihre neue Umgebung ausgiebig. Eine selbstsichere Katze erklimmt auch schon gerne erhöhte Aussichtsplätze sowie Kratzbäume und andere Möbel, während eine ängstliche sich erst einmal unterm Schrank verkriecht. Geben Sie ihr Zeit, dann wird auch sie Vertrauen zu Ihnen fassen (→ Seite 153).
- Zum ersten Kontakt strecken Sie Ihrer neuen Katze die Hand entgegen und blinzeln Sie ihr mehrmals zu. Eine selbstsichere Katze wird herbeikommen und nach dem Schnuppern den Kopf an Ihrer Hand reiben. Einer ängstlicheren Katze helfen Sie, indem Sie sich auf den Boden knien oder setzen. Sprechen Sie freundlich mit ihr, gerne in Frageform (→ Seite 191), und blinzeln Sie ihr zu (→ Seite 91). Sie können ihr dann auch gerne einige Leckerlis reichen, um sich bei ihr rascher beliebt zu machen.

Hilfe! Plötzlich ist alles anders

- Das Katzenklo haben Sie wahrscheinlich nicht mitten im Zimmer aufgestellt, sondern – wie es sich gehört – abseits von Fress-, Spiel- und Schlafplätzen (→ Seite 86). Sofern Mieze es nicht nach ihren ersten Runden schon selbst gefunden hat, sollten Sie es ihr zeigen. Aber setzen Sie sie nicht hinein, sondern besser davor, oder locken Sie sie dorthin.
- Vergessen Sie nicht Miezes gewohntes Futter zur gewohnten Zeit, das verhindert Verdauungsstörungen. Möchten Sie beides umstellen, gehen Sie auch dies langsam an.
- Mit einer aufgeschlossenen Katze können Sie dann spätestens vor der Nachtruhe noch ausgiebig spielen. Dann wird sie nach all der Aufregung nachts auf jeden Fall gut schlafen.

Eine ängstliche Katze wird die Nacht hingegen nutzen, sich endlich umzuschauen. Wenn Sie selbst im »Katzenzimmer« in Bodennähe übernachten, hat Mieze Gelegenheit, sich auch Sie näher anzusehen. Dies erleichtert das Zusammenleben ungemein.

Die ersten Tage

- Sobald Ihre Katze sich in ihrem »Anfangszimmer« wohlfühlt und es in normaler Körperhaltung durchquert, können Sie ihr den Rest der Wohnung zur Ansicht freigeben, normalerweise schon am nächsten Tag. Bei jungen Katzen in großen Häusern hat es sich bewährt, sie das Haus Tag für Tag etagenweise kennenlernen zu lassen.
- Beobachten Sie Ihre Katze ruhig auf ihren Erkundungstouren durch die Wohnung, aber verfolgen Sie sie dabei nicht. Wenn Sie sie dagegen eher »zufällig« treffen und aus den Augenwinkeln anschauen, fühlt sie sich unbeobachtet und verrät viel mehr von sich selbst, als wenn sie direkt angestarrt wird.
- Als Berufstätige sollten Sie am besten einige Tage zu Hause bleiben, damit Ihre Katze und Sie sich besser kennenlernen können. Gerade am Anfang der Beziehung sollten Sie die individuellen Vorlieben und Abneigungen des Tiers ergründen und, wenn immer möglich, auf sie eingehen.
- Natürlich eignen sich Spiel- und Schmusestunden besonders gut zum Kennenlernen. Bittet Mieze um Streicheleinheiten, spricht auch dagegen nichts. Im Laufe der nächsten Wochen können Sie sich auf eine für beide angenehme Dosis und Häufigkeit einigen, aber zunächst sollten Sie ihr entgegenkommen, vielleicht besteht hier Nachholbedarf. Aber belästigen und belagern Sie Ihre Katze nicht, sondern lassen Sie ihr auch ihre Ruhe, wenn sie dies möchte. Sind Sie nicht sicher, ob die ruhende Mieze einer Streicheleinheit offen gegenübersteht, gehen Sie blinzelnd zu ihr, lassen Sie sie an Ihrer Hand schnuppern und streichen ihr die Wange entlang. Dreht sie den Kopf weg, möchte sie nur ruhen. Spüren Sie aber einen leichten Gegendruck, dürfen Sie weiterstreichen (→ Seite 123).

WAS EINE NEUE KATZE MITBRINGEN SOLLTE

Jedes Kätzchen im Abgabealter sollte einen eigenen Impfausweis besitzen, besser noch einen EU-Pass und individuellen Microchip, Rassekatzen auch Papiere. Sinnvoll ist es, wenn Mieze eine ihrer gebrauchten Liegedecken, gerne auch ein Spielzeug mitgegeben wird. Das vermittelt ihr in der Fremde Sicherheit und Geborgenheit. Gerade bei jungen Katzen hat es sich außerdem bewährt, etwas gebrauchte Streu aus ihrer Heimat ins neue Kistchen zu geben. Diese birgt die passenden Erinnerungen, mehr noch als die bislang bekannte Streumarke, die im neuen Zuhause am besten beibehalten wird.

Alltag und Erziehung

Florence und Fiona balgen sich vergnügt in ihrem Transportkorb. Die beiden Schwestern ahnen noch nicht, dass sie in wenigen Wochen ihr Zuhause verlassen werden. Der Umzug wird ihnen jedoch nicht viel ausmachen, denn die Freundinnen bekommen eine ausgesuchte »Dienerschaft« und sind gut auf ihr zukünftiges Leben vorbereitet. Den Transportkorb haben sie zum Beispiel schon früh als angenehmen Schlaf- und Spielplatz kennengelernt. Natürlich sind sie auch darauf herumgeturnt. Frauchen hat den Korb dann festgehalten, damit er nicht umfallen kann. Schließlich sollen die ersten Erfahrungen damit nur guter Natur sein. Die Kätzchen finden den Korb so toll, dass sie auch auf dem Weg zum Tierarzt gelassen bleiben und sogar anschließend unbekümmert wieder hineingehen. Der Korb ist prima. Dass man mit ihm manchmal an komischen Orten landet, ist aus ihrer Sicht eine ganz andere Geschichte.

Üben, üben, üben

Transport, Pflegehandgriffe und andere **notwendige Übel**

Anders als Florence und Fiona brechen recht viele Katzen beim Anblick eines Transportkorbs in Panik aus und lassen dadurch jeden Tierarztbesuch zu einem Drama werden. Auch das Kämmen und Bürsten genießt nicht jede Katze, manche ergreifen schon die Flucht, sobald sie nur einen Kamm sehen. Ähnliches beobachten wir, wenn Zecken entfernt oder die Krallen geschnitten werden müssen. Bei massiver Ablehnung bleibt dann nur der Gang zum Tierarzt – und damit besagtes Drama.

Üben, üben, üben

Wie Ihre Katze auf Transport oder Manipulationen reagiert, hängt von ihren allerersten Erfahrungen damit ab (→ Seite 138). Musste man sie zu einer unangenehmen Behandlung zwingen, wird die Katze in der nächsten ähnlichen Situation deutlich unleidlicher reagieren. Da aber kaum eine Katze in ihrem Leben vom Tierarztbesuch oder einer »Sonderbehandlung« verschont bleibt, sollten Sie sich und Ihrem Liebling das Leben durch ein wenig Übung leichter machen. Am schnellsten geschieht dies bei jungen Kätzchen, die noch keine schlechten Erfahrungen mit Behandlung und Zubehör gemacht haben.

Der Transportkorb

Um Ihre Katze an einen einigermaßen stressfreien Transport zu gewöhnen, sind erste, angenehme Erfahrungen unerlässlich. Sehr vorteilhaft ist es, den Transportkorb als einen von Miezes festen Liegeplätzen einzurichten, mit weichen Decken und mit offener Tür. Bei »Frontladern« ist dies einfach, »Toplader« mit einem oben liegenden Deckel legt man dazu stabil auf die Seite. Je häufiger die Katze sich in ihrem Transportkorb aufhält, desto weniger Vorbehalte hat sie später dagegen, dass die Tür gelegentlich verschlossen wird.

• Das Schaukeln beim Transport lässt sich gut spielerisch üben, indem Sie Mieze ein Spielzeug in den Korb legen und – während sie sich damit beschäftigt – den Korb kurz anheben, wieder absetzen und sie sodann ausgiebig loben. Die Tragedauer können Sie anschließend langsam steigern. Hilfreich ist es auch, den Korb an ihr angenehmen Plätzen abzusetzen.

• Lassen Sie Ihre Katze wieder aus dem Korb, wenn sie sich ruhig verhält. Schließlich stellt das Öffnen des Korbs eine Belohnung für ihr momentanes Verhalten dar (→ Seite 141).

• Nicht nur, wenn Sie mit Mieze öfter verreisen möchten, sondern auch für Fahrten zum Tierarzt sollten Sie – genauso langsam – auch den Aufenthalt im Auto üben, erst im stehenden Auto, dann mit laufendem Motor, schließlich bei kurzen, zuletzt bei längeren Fahrten.

Vertrauen und Toleranz

Als Grundlage für einen stressfreien Umgang müssen Sie die Katze daran gewöhnen, sich festhalten und manipulieren zu lassen. In der Praxis bedeutet das, beides ganz langsam und in kleinen Schritten mit ihr zu üben.

• Halten Sie Ihre Katze nur so lange auf dem Arm, wie sie auch ruhig bleibt, und setzen Sie sie anschließend dort ab, wo sie sich gerne aufhält.

DER BEGINN EINER FREUNDSCHAFT

Nach einigen Wiederholungen lernt sie, dass sie nichts Schlimmes zu befürchten braucht, und Sie können Miezes Aufenthalt auf Ihrem Arm allmählich immer mehr verlängern.
• Genießt Ihre Katze es, über Kopf und Rücken gestreichelt zu werden, lassen Sie gelegentlich – erst nur kurze – Berührungen an ihren Beinen und am Bauch einfließen, um sie dann gleich wieder dort zu streicheln, wo sie es mag. Wenn Sie es geschafft haben, dass sie dies toleriert, können Sie den Berührungskontakt langsam ausdehnen, bald auch jedes ihrer Beine in die Hand nehmen sowie ihre Krallen und das Bauchfell kontrollieren.

Bürsten und Kämmen

Haben Sie Ihre Katze erst einmal an Berührungen und leichte Manipulationen am ganzen Körper gewöhnt, ist es nicht mehr schwer zu erreichen, dass sie auch das Bürsten und Kämmen akzeptiert. Vor allem für Langhaarkatzen ist diese Fellpflege unerlässlich, da ihr Fell sonst verfilzt und Mieze dann oft nur noch durch eine Schur von den behindernden Filzplatten befreit werden kann – vom Tierarzt und meist unter Narkose.
• Trainieren Sie das Bürsten Ihrer Katze, wenn Mieze möglichst ruhig und entspannt, also schmuse- und streichelmotiviert ist.
• Legen Sie sich zum Üben eine weiche Bürste bereit, sehr gut eignen sich Kinderbürsten. Die Bürste bleibt erst nur neben der Katze liegen, die Sie währenddessen intensiv streicheln, damit der Anblick nicht zu einem Signal für eine wenig angenehme Prozedur wird.
• Erst wenn sich Ihr Sofatiger die ausgiebige Beschäftigung mit seinem Fell anstandslos gefallen lässt, nehmen Sie während des Streichelns die Bürste zur Hand und benutzen Sie diese ein- bis zweimal anstelle Ihrer Hand an einem »harmlosen« Körperteil, etwa am Rücken. Anschließend streicheln Sie sofort wieder weiter mit der Hand.

Bleibt die Katze dabei ruhig, können Sie einige Tage später drei bis vier Bürstenstriche in Ihrer Streicheleinheit unterbringen und noch später auch einzelne an Schulter und Flanke. Das Bürsten von heiklen Stellen wie Beinen, Bauch und »Hose« wieder erst nur mit vereinzelten Bürstenstrichen üben und sofort mit freundlichem Lob und angenehmem Streicheln am Kopf belohnen.
• Dehnen Sie die Übungen nicht unnötig aus, sondern beenden Sie sie, solange Ihre Katze sie noch ruhig hinnimmt.
• Bürsten Sie Mieze nicht jedes Mal, wenn sie sich zu einer Streicheleinheit auf oder neben Sie legt, sonst wird sie sich bald einen ruhigeren Platz suchen. Und begnügen Sie sich gelegentlich mit nur einzelnen Bürstenstrichen über ihren Rücken, die Ihre Katze genießt und von der Erwartung abbringt, jeder Kontakt mit dem seltsamen Gerät würde schlimmer als der vorige.

Noch ist ihr die Bürste nicht ganz geheuer. Es erfordert Geduld und Feingefühl, um eine junge Langhaarkatze an die tägliche Fellpflege zu gewöhnen.

Ein bisschen Erziehung
kann nicht schaden

Natürlich lernen Katzen viel mehr, als unseren Umgang mit ihnen zu tolerieren, schon alleine dadurch, dass sie ihre Umwelt und uns beobachten und Zusammenhänge herstellen. Ihr gutes Lernvermögen beweisen uns manche Katzen auch damit, dass sie ausgeklügelte Verhaltensweisen entwickeln, mit denen sie uns manipulieren können. Da ist es durchaus angenehm und praktisch, umgekehrt auch die Katze ein wenig zu erziehen.

Katzen zu erziehen ist gar nicht so schwer

Entgegen der landläufigen Meinung, Katzen könne man nicht erziehen, ist dies gar nicht so fürchterlich schwer, vorausgesetzt, man berücksichtigt einige lernbiologische Grundlagen und Zusammenhänge (→ Seite 140).

Der Ton macht die Musik

Ein harscher Kommandoton ist geeignet, Katzen auf Distanz zu halten oder zu verscheuchen. Wollen Sie jedoch das Gegenteil erreichen, ist ein liebenswürdiger Ton angebracht; sehr gut reagieren Katzen darauf, gefragt zu werden. Das hat weniger mit Höflichkeit zu tun als mit dem angenehmen, ansteigenden Tonfall, der dem freundlichen Begrüßungsmaunzen der Katzen entspricht.

Der Appell

Vielleicht möchten Sie Ihrer Katze gerne beibringen, auf »Mieze, komm!« zu Ihnen zu kommen. Am schnellsten lernt sie dies, wenn Sie ihr jedes Mal und sofort etwas Angenehmes bieten, sobald sie auf Sie zuläuft – spätestens innerhalb von zwei Sekunden, nachdem sie bei Ihnen angekommen ist. Es muss und sollte nicht immer dieselbe Belohnung sein, viel wichtiger ist es, dass Ihre Katze sich jeweils darüber freut. Ihr Schlüsselwort »Komm?« sagen Sie zunächst nur dann, wenn sie schon auf dem Weg zu Ihnen ist (→ Seite 193). Nach einigen Wiederholungen wird Ihre Katze freudig zu Ihnen laufen, sobald sie das Signal hört. Belohnen Sie ihr Kommen von nun an gar nicht mehr, wird sie Ihr Kommando allerdings ebenso schnell wieder vergessen, wie sie es gelernt hat. Dagegen können Sie den Lernerfolg gut im Gedächtnis Ihrer Katze verankern, indem Sie Futter oder Spiel zuerst nur gelegentlich auslassen (und stattdessen verbal loben), dann immer häufiger. Aber auch später sollten Sie Ihrer Katze immer wieder einmal einen Preis fürs Befolgen des Appells überreichen, sie hat es verdient.

Warten

Um die Ausdauer Ihrer Katze zu trainieren, zum Beispiel beim Warten, ist ein anderes Belohnungsschema zweckmäßig. Machen Sie ihr zunächst einen bestimmten Platz »schmackhaft«, indem Sie Mieze sofort belohnen, wenn sie sich dort hinsetzt – mit Futter oder Streicheleinheiten. Anschließend wird die Zeit bis zur Belohnung zunehmend verlängert. Verliert Ihre Katze zwischendurch die Geduld und geht ohne Erfolg weg, ignorieren Sie sie. Beim nächsten Üben reagieren Sie ihrerseits dann wieder etwas eher mit der Belohnung.

Persönliche Verbote

Katzen, die alles dürfen, sind nicht zwangsläufig die glücklichsten, werden aber schnell »größenwahnsinnig« und fordern im Lauf der Zeit immer mehr Rechte ein. So ist es für Sie als »Überkatze« (→ Seite 43) prinzipiell durchaus in Ordnung, Ihrer Katze manche Plätze im Haushalt zu verbieten. Da Mieze aber jede Bestrafung, bei der Sie persönlich mitwirken, sei es lautes Schimpfen oder ein Nasenstüber, mit Ihrer Person verknüpft, sollten Sie solche Maßnahmen nur mit äußerster Vorsicht einsetzen, damit Ihr Schüler sich nicht künftig vor Ihnen fürchtet.

• Am besten können Sie Ihrer Katze zum Beispiel den Zugang zum Esstisch verwehren, indem Sie schon den Versuch hochzuspringen durch eine flache Handfläche vor Miezes Nase unterbinden, ihr also den Erfolg versagen.

• Natürlich kann auch ein Verbot mit einem Signalwort verknüpft werden, zum Beispiel einem energischen »Nein!«. Sie erleichtern Ihrer Katze das Lernen ungemein, wenn Sie auf jedes »Nein!« auch – sofort! – eine unangenehme Konsequenz folgen lassen, zum Beispiel einige Wasserspritzer aus der Blumenspritze, lautes Händeklatschen oder die Hand vor ihrem Kopf, die ein Weiterkommen verhindert. Solche Maßnahmen können später, wenn Mieze schon allein auf Ihr Kommando reagiert, natürlich wegfallen. Wiederholten »Neins«, die ohne Folgen bleiben, gehorcht Ihre Katze jedoch früher oder später gar nicht mehr, weil sie sich daran gewöhnt hat.

• Reagieren Sie sofort wieder freundlich, sobald Ihre Katze Ihrem persönlichen Verbot gefolgt ist. Dann verbindet Mieze Ihre Unfreundlichkeit nur mit ihrer Tat, und sie beeinträchtigt nicht die Beziehung.

• Durch Ihren körperlichen Einsatz lernt die Katze allerdings nur, dass Sie ihre Anwesenheit an dieser Stelle nicht dulden – und wird ruhig abwarten, bis Sie den Raum verlassen haben. Letztendlich stellt jedes persönliche Verbot eine kleine Herausforderung für Ihre Katze dar und bietet ihr ein tolles Erfolgserlebnis, wenn sie es schafft, während Ihrer Abwesenheit doch eine Weile etwa auf dem Tisch liegen zu können.

• Setzen Sie persönliche Strafen nicht bei ängstlichen und unsicheren Katzen ein oder bei neu aufgenommenen. Hier ist die Gefahr groß, dass Sie selbst negativ belegt werden und die Katze Sie in Zukunft meidet. Auch angstmotivierte Verhaltensweisen dürfen nie bestraft werden, zum Beispiel, wenn Ihre Katze sich gezwungen sieht, sich gegen einen Artgenossen oder einen aufdringlichen Menschen zu verteidigen. Ganz außer Frage stehen drastische Strafen wie Schläge, Tritte oder Miezes Nase in ihr »Bächlein« zu tunken. So etwas führt zwar zu schnellen Lernerfolgen, doch ist es äußerst fraglich, was oder wen die Katze mit der Strafe verknüpft. Im Zweifelsfall Ihre Person. Ganz zu schweigen davon, dass es Tierquälerei ist.

Mit genussvollen Streicheleinheiten kann man eine Katze wunderbar für erwünschtes Verhalten belohnen. Solche angenehmen Folgen wird sie sich merken.

Katzen zu erziehen ist gar nicht so schwer

Prinzipielle Verbote

Schlechte Erfahrungen, mit denen der Mensch nicht direkt etwas zu tun hat, zum Beispiel plötzliche, laute Geräusche oder ein unangenehmer Geschmack, gelten für Katzen als anonym. Mit einer solchen Bestrafung »aus heiterem Himmel« können echte Tabuzonen etabliert werden, also Orte, die Ihre Katze definitiv nicht betreten, oder Gegenstände, die sie nicht »anknabbern« soll. Beschränken Sie solche Tabus auf möglichst wenige Stellen, denn jede Katze hat ein Recht darauf, ihr Erkundungsverhalten artgerecht auszuleben. Allerdings kann zum Beispiel das Spiel mit der Weihnachtsbaumbeleuchtung für sie tödlich enden, ebenso wie eine generelle Vorliebe für Elektrokabel. Hier gilt es, Grenzen zu setzen.

- Bei dieser Form der Bestrafung ist es wichtig, nicht selbst in Erscheinung zu treten oder zu reagieren, damit Mieze auch bei Ihrer Abwesenheit das Verbot nicht übertritt. Die verbotenen Orte oder Gegenstände werden dabei vorübergehend präpariert, bis die Katze sie gewohnheitsmäßig meidet. Zur Abschreckung kann alles benutzt werden, was sie als unangenehm empfindet, was jedoch kein Trauma oder Schmerzen verursacht. Zum Schutz gegen Anfressen eignen sich zum Beispiel scharfe Gewürzpasten. Das Betreten von Tabuzonen gewöhnen Sie Ihrer Katze ab, indem Sie dort mit Kieselsteinen gefüllte Dosen platzieren, die furchtbar scheppern, wenn sie sie anstößt. Eine mit doppelseitiger Klebefolie bestückte Pappe, etwa auf der Küchenarbeitsplatte, erfüllt den gleichen Zweck, jedoch sollten Sie Ihre Katze damit nicht ganz alleine lassen. Falls die Pappe an ihr kleben bleibt, müssen Sie rasch reagieren und sie wieder befreien.
- Müssen Sie einmal sehr schnell tätig werden, weil Ihre Katze Sie zum Beispiel mit einer Turnübung am Damastvorhang überrascht oder die Ming-Vase anspringt, sollten Sie Ihre Beteiligung vor dem Tier möglichst vertuschen. In einer ruhigen Wohnung reicht oft ein fester, knallender Handschlag auf den Tisch, um die Katze von ihrem Vorhaben abzubringen. Bei ohnehin lauteren Hintergrundgeräuschen kann eher eine Blumenspritze weiterhelfen. Wenn Sie einen völlig desinteressierten Eindruck machen, während Ihre Katze flieht, empfindet sie Sie als unschuldig an ihrem Dilemma und meidet den »bösen« Ort auch, wenn Sie nicht anwesend sind. »Fliehen« Sie gar auch selbst, können Sie Miezes Schrecken noch bestätigen.

Praktische Schlüsselwörter

In der Praxis zeigt sich, dass Katzen erstaunlich viele Signale lernen und auch Schlüsselwörter, wenn wir ihnen die Gelegenheit dazu geben.

> Vor allem Wohnungskatzen sollten nur mit sehr wenigen Tabuzonen und Verboten leben müssen.

- Am schnellsten lernen Tiere, wenn sie in derselben Situation immer genau dasselbe Signal hören, verbunden mit gleichartigen Folgen. Läuft Ihre Katze freudig mit Ihnen in die Küche, sagen Sie etwa fragend »Komm mit?« und geben ihr dort ein Leckerli; stürzt sie sich gerade auf ihr Spielzeug, fragen Sie »Spielen?«. Sehr praktisch ist auch ein »Iss«-Kommando beim Fressen von Leckerlis für den Fall, dass sie einmal unbekanntes Futter probieren soll.
- Verwenden Sie während der Lernphase die neuen Schlüsselwörter alleine, nicht mitten in einem Satz, sonst gehen sie darin unter. Und verwirren Sie Ihre Katze nicht mit Variationen wie »Bitte mach jetzt endlich …« oder »Würdest du die Güte besitzen …«. Wenn Sie erst ein eingespieltes Team sind, können Sie die Schlüsselwörter problemlos in ganze Sätze einbauen. Auch Ihre Katze wird dazulernen.

WERDEN SIE SPIELEMANAGER

Junge und jung gebliebene Katzen finden schnell ein geeignetes Spielzeug, ob Fellmäuschen oder herumliegende Papierschnipsel. Ist Ihre Katze aber schon im gesetzten Alter, etwas anspruchsvoll oder eher ängstlicher Natur, kann es manchmal schwierig sein, sie zu Aktivitäten zu bewegen. Das Spiel einer sehr aktiven Katze muss hingegen oft in geordnete Bahnen gelenkt werden.

Spielzeugmanagement

Stellen Sie Ihrer Katze nur jeweils einige wenige Spielzeuge zur gleichen Zeit zur Verfügung. Sie können ihr etwa einige Katzenminze- oder Baldrianspielzeuge nur während der Nacht ins Wohnzimmer legen und sie morgens gegen Bälle und Spielmäuse eintauschen. Zur aktiven Spielzeit mit Mieze räumen Sie auch diese weitgehend fort und beschäftigen den Stubentiger stattdessen mit der Angel oder sonstigen bewegten Spielen. Aber nicht jede Katze findet auf Dauer an immer demselben Spiel oder Spielzeug Gefallen. Wechseln Sie es daher, sobald es Mieze sichtlich zu langweilig wird. Einzelne Spielzeuge können Sie auch für die Dauer von einigen Wochen verräumen und Mieze nur zu besonderen Anlässen überreichen. Sie können zur Abwechslung auch einen Karton – mit oder ohne Inhalt – für Vergnügungen aller Art ins Zimmer stellen. Er kann zum Beispiel Spielzeuge, Seidenpapier, geschreddertes Papier, Laub oder Gras enthalten.

Umgang mit neuen und großen Spielzeugen

Kleine Wesen oder Spielzeuge, die sich von der Katze entfernen, fallen in ihr Beuteschema und werden in der Regel gerne verfolgt. Unbekannte und verhältnismäßig große Spielzeuge, die sich schnell auf Mieze zubewegen, werden von ihr jedoch oft als bedrohlich eingestuft, vor allem, wenn sie auf Neues generell ängstlich reagiert. Solche neuen Errungenschaften stellen Sie Ihrem Stubentiger am besten als unbedenklich vor, indem Sie ihn zunächst das unbewegte Objekt untersuchen lassen. Legen Sie das neue Spielzeug auf den Boden, und warten Sie, bis Ihre Katze es sorgfältig beschnuppert und es vielleicht auch mit den Pfoten »begriffen« hat. Erst dann bringen Sie etwas Bewegung ins Spiel und locken Mieze damit zur Verfolgung. Es versteht sich von selbst, dass die Katze keinen Spaß am neuen Spielzeug findet, wenn Sie sie Ihrerseits damit verfolgen.

Werden Sie Spielemanager

Spiele mit ängstlichen Katzen und »Couch-Potatos«

Beide Katzenpersönlichkeiten sind nur mit einigen Schwierigkeiten dazu zu bewegen, sich auf ein Spiel mit uns einzulassen – die ängstliche, weil sie sich nicht traut, die faule, weil sie es nicht für nötig hält. Schnelle und ausgreifende Bewegungen werden beide nicht aktivieren, hier sind kleine Spielzeuge und eine gute Taktik angebracht. Oft reicht ein Knoten am Ende einer Kordel, der vor Miezes Nase ein Beutetierchen simuliert. Wenn Sie das andere Ende der Kordel drehen, wird sich auch der Knoten am Ende leicht bewegen und einen unverfänglichen, aber »reizenden« Eindruck machen. Schon einzelne Pfotenschläge sollten Sie als Erfolg verbuchen, erst recht, wenn Mieze ihre Beute dadurch tatsächlich fängt. Am nächsten Tag ist sie sicher für ein wenig mehr Bewegung zu haben. Die können Sie ihr auch verschaffen, indem Sie ihr nacheinander einzelne Trockenfutterstückchen zum Jagen ins Zimmer werfen, der ängstlichen Katze besser nur mit dem Finger schnipsen.

Spiele mit aktiven und aggressiven Katzen

Hier ist Bewegung angesagt, etwa in Form von Rennspielen, die sich am besten mit einer langen Katzenangel und viel Platz einrichten lassen. Einen Haselnusszweig und ein Stück Paketschnur können Sie gut auf die benötigte Länge bringen, um (auf dem Sofa sitzend) mehrere Meter Aktionsradius zu erreichen. Sehr gut eignet sich etwa eine Rennstrecke zwischen zwei Kratzbäumen oder zwischen Kratzbaum und Beobachtungsplatz. Viele Katzen lassen sich auch von einem Laserpointer begeistern, dessen Lichtpunkt sie verfolgen. Achten Sie aber darauf, Mieze mit dem Licht nicht ins Auge zu treffen, und beenden Sie das Laserspiel bei einem ihrer Spielzeuge oder einem Leckerli, wodurch ein Erfolgserlebnis entsteht. Aggressive Katzen nehmen auch gern große Spielzeuge zum Verprügeln an. Hierfür eignet sich zum Beispiel ein Plüschtier oder eine ausgestopfte alte Socke. Zumindest bei den ersten Kontakten müssen Sie den »Prügelknaben« aktivieren und auch während des Spiels noch bewegen. Tragen Sie am besten Handschuhe, um entspannt und ohne Verletzungsgefahr mitspielen zu können.

DIE AUTORINNEN

Mircea Pfleiderer

Dr. Mircea Pfleiderer (hier mit Kater Riaan) schloss ihr Studium der Naturwissenschaften in Innsbruck in den Fächern Zoologie, Entomologie und Astronomie ab. Als langjährige Assistentin von Prof. Dr. Paul Leyhausen, einem der bekanntesten Katzenforscher, trug sie aktiv zu bedeutenden Erkenntnissen über das Verhalten von Feliden bei. Frau Dr. Pfleiderer betreibt auf einer Farm in Südafrika Forschungen zum Thema Katzenverhalten und Ökologie an wilden und in Gefangenschaft lebenden südafrikanischen Kleinkatzen wie zum Beispiel der Falbkatze (Ahnfrau aller Hauskatzen) oder dem Karakal. Wenn sie nicht gerade in Südafrika ist, lebt sie auf einem ehemaligen Bauernhof in der ländlichen Umgebung des Allgäus.

Birgit Rödder

Schon seit ihrer frühen Kindheit auf dem elterlichen Bauernhof im Westerwald pflegt Frau Rödder Kontakte zu Hauskatzen. Sie absolvierte ihr Diplom-Studium der Biologie in Bonn mit dem Schwerpunkt Ethologie (Verhaltensforschung) und ergänzte ihren Abschluss um den Grad des Bachelor of Veterinary Psychology (»Diplom-Tierpsychologin«). Heute lebt Frau Rödder (hier mit Katze Christa) in der Eifel. Seit 1997 ist sie als Tierverhaltenstherapeutin mit Schwerpunkt Katzenverhalten tätig, beschäftigt sich intensiv mit dem Lernverhalten von Katzen, das sie in ihren Seminaren auch interessierten Katzenhaltern vermittelt, und verfolgt seit einigen Jahren zusammen mit Frau Dr. Mircea Pfleiderer eigene wissenschaftliche Studien.

Nachwort

Ist die Frage, was Katzen wirklich wollen, nun vollständig beantwortet? Sicher nicht, denn dazu reicht die gesamte Hauskatzenliteratur der Welt nicht aus. Das liegt zum einen daran, dass Katzen ihre Geheimnisse wohl zu wahren wissen, zum anderen, dass Katzen Individualisten sind. Jede Katze ist anders; sie hat eine Persönlichkeit, deren Beschreibung allein schon ein ganzes Buch füllen könnte.

Stellen wir also noch eine weitere Frage: Was wollen Katzenhalter wirklich? Ganz unterschiedliche Dinge. Die einen halten Mieze für unentbehrlich im Kampf gegen schädliche Nagetiere, andere mögen Katzen als Haustiere, weil sie reinlich und vergleichsweise anspruchslos in der Haltung sind. Naturfreunde schätzen die wilde Ursprünglichkeit der Katze, Ästheten bewundern den geschmeidigen Schritt und kraftvollen Sprung des anmutigen Körpers. Man liebt das »niedliche« runde Gesicht mit den großen, ausdrucksvollen Augen. Viele finden Katzen einfach nur liebenswert: schnurrende, anschmiegsame Wesen, die einsame Stunden versüßen. All diese unterschiedlichen Wünsche und Anforderungen an unser geliebtes Haustier lassen sich letztlich auf den gemeinsamen Nenner eines bekannten Werbespruchs reduzieren: »Ist die Katze gesund, freut sich der Mensch.«

Ihre

Dr. Mircea Pfleiderer

Birgit Rödder

Danksagung

An dieser Stelle möchten wir uns bei all unseren kätzischen »Mentoren« bedanken, die uns auf unserem Lebensweg begleiteten oder noch an unserer Seite sind und die uns einen Einblick in das unkomplizierte bis kapriziöse, aber stets faszinierende Wesen der Katzen gewährten.

Allgäuer und Tiroler Hauskatzen: Aja, Cilja, Drago, Milan, Minerva, Musette, Šandor, Brutus, Zsazsa, Miro
Südafrikanische Hauskatzen: Nuša, Bastiaan, Riaan
Westerwälder Bauernhofkatzen: Minka, Mecki, Blacky, Peter I, Mitzi, Peter II, Pussi, Wombel I, Timmy, Tommi, Wombel II
Bonner Stadt- und Wohnungskatzen: Tory, Kater, Punk, Zorro
Voreifel- und Eifelkatzen: Micky, Ali, Easy, Christa, Mir, Eddie, Floh, Leon, Bobby
Falbkatzen: Dani, Stoffel, Aleš, Metka, Xaver, Oskar, Frik, Faan, Manuel, Eddie, Gerrie, Ilse, Ida, Ivy, Ulrich, Nols, Barton, Steynhoek
Schwarzfußkatzen: Jock, Maja, Klein-Jock, Attila, Draco, Damir, Nina, Lutz, Jan, Magriet, Namenlos, Trelawney, Mielies, Brak
Servale: Arno, Bonnie, Flash, Caro, Heino, Otto, Dion, Dino, Ellie
Karakals: Ruby, Mara, Krampus, Cuno, Isabell, Flip
Löwen:
Kohlekasten und seine drei Damengruppen

GLOSSAR

ANSITZ
Bei der Ansitz- oder Lauerjagd warten Tiere ruhig und gut getarnt auf Beute, die sie schließlich überraschen und überwältigen. Diese Jagdtechnik ist im Gegensatz zur Hetzjagd energiesparend.

ART
Grundeinheit der biologischen Systematik. Ähnliche Arten werden zu einer Gattung zusammengefasst, ähnliche Gattungen zu einer Familie.

AUSDRUCKSBEWEGUNG
Gemütsbewegung; mimische und gestische Bewegung, die als soziale Signale zur Verhaltensbeeinflussung anderer, arteigener oder artfremder Tiere dienen, etwa das Blinzeln oder Fauchen.

EVOLUTION
Veränderung der vererbbaren Merkmale von Individuen im Laufe der Generationen. Durch Selektion (→ dort) treten diese Merkmale innerhalb einer Population oder Art häufiger oder seltener auf, was letztendlich auch zur Artspaltung und Entstehung neuer Arten führen kann.

FANGZÄHNE
Die vier langen und sichelartigen Eckzähne von Raubtier-Gebissen. Sie dienen hauptsächlich zum Festhalten und Töten von Beutetieren.

FELIDAE
Wissenschaftliche Bezeichnung der Familie der »echten« Katzen (d. h. ohne die Schleichkatzen).

HEIM ERSTER ORDNUNG
Kernzone eines Katzenreviers, das meist Schlaf-, Beobachtungs- und Futterplätze enthält und der Katze als sicheres Rückzugsgebiet dient. Bei wild lebenden Katzen rechnet man die Futterplätze nicht zur Kernzone des Reviers, da sie naturgemäß weit auseinander und an wechselnden Orten liegen (Beutetiere!). Zudem wechseln wild lebende Katzen häufig ihre Schlafplätze, daher besitzen sie meist mehrere Heime erster Ordnung. Bei Hauskatzen mit Freigang umfasst das Heim erster Ordnung das Haus oder die Wohnung, in der sie leben, gelegentlich auch die direkte Umgebung. Bei Gruppenhaltung reiner Wohnungskatzen besteht die Kernzone eines Reviers oft nur aus einem kleinen Teil von Haus oder Wohnung, der gegebenenfalls auch gegen Gruppenmitglieder verteidigt wird.

INSTINKTHANDLUNG
Angeborene, einfache Verhaltensweise, die bei entsprechender Handlungsbereitschaft (Motivation) durch einen sogenannten Schlüsselreiz ausgelöst werden kann (zum Beispiel die Folgereaktion auf kleine, sich entfernende Objekte). Eine Instinkthandlung setzt sich in der Regel aus mehreren Instinktbewegungen zusammen.

MUTATION
Veränderung des Erbguts in Körper- oder Keimzellen. Im letzteren Fall wird sie auch an die Nachkommen vererbt. Mutationen treten spontan bei der Zellteilung auf oder werden durch äußere Einflüsse (zum Beispiel Strahlung oder schädigende Chemikalien) ausgelöst. Ihre Auswirkungen auf den Organismus können sehr unterschiedlich sein. Veränderte Gene können den Organismus besser an seine Umwelt anpassen und sind damit eine der Grundlagen für die Evolution. Sie können aber auch als Defektmutationen negative oder tödliche Auswirkungen auf den Organismus haben, etwa durch verkürzte Gliedmaßen oder Schädeldefor-

mationen. Auch neutrale Mutationen ohne äußerlich merkbare Veränderungen sind möglich.

NASENSPIEGEL
Haarloser Schleimhautbereich um die Nasenlöcher herum; kommt bei Säugetieren mit gut ausgeprägtem Geruchssinn vor

OLFAKTORISCH
Den Geruchssinn betreffend

PHEROMONE
Chemische Botenstoffe, die der Kommunikation zwischen den Individuen innerhalb einer Art dienen. Sie werden von Drüsen gebildet, an die Umgebung abgegeben und meist über die Luft verbreitet. Beim Empfänger werden sie dann über die Nase oder das Jacobson'sche Organ (→ Seite 14) wahrgenommen und führen zu unwillkürlichen Reaktionen, die Sexualpheromone etwa zur Fortpflanzungsbereitschaft.

POTENTER KATER
Intakter, das heißt nicht kastrierter und daher noch fortpflanzungsfähiger Kater

PRÄGUNG
Schnelles Erlernen und dauerhaftes Speichern wichtiger Informationen, die nicht vererbt werden (können). Lernprozesse, die während der Prägung oder prägungsähnlichen Vorgänge in sensiblen Phasen in der frühen Jugend der Tiere stattfinden, dienen der optimalen Anpassung an spezielle Lebensbedingungen. Erlerntes wird dabei in angeborene Verhaltensprogramme eingebaut. Man unterscheidet verschiedene Formen von Prägung, etwa Umwelt- und Milieuprägung, Objekt- oder Nahrungsprägung.

RANZZEIT
Waidmännischer Ausdruck für die Paarungszeit der Katzen

RASSE
Bezeichnung für unterschiedliche Formen einer Haustierart. Die Angehörigen einer Rasse unterscheiden sich mehr oder weniger deutlich durch vererbbare, hauptsächlich äußerliche Merkmale, wie Körperbau, Felltextur und -farbe etc., und entstehen nach menschlichem Ermessen durch gezielte Verpaarungen von Wildtieren oder Tieren vorhandener Rassen. Neue Katzenrassen entstanden etwa durch die Einkreuzung von Wildkatzen, wie Bengalkatze (Bengal) und Serval (Savannah), oder aus Mutationen, zum Beispiel Langhaarigkeit (Perser), Haarlosigkeit (Sphynx) und Schwanzlosigkeit (Manx), nach systematischer Weiterzucht der bevorzugten Merkmale.

REISSZÄHNE
Besonders kräftige Backenzähne der Raubtiere, die dem Abschneiden von Futterstücken dienen. In jeder Kieferhälfte sind dies der letzte obere Vorbackenzahn und der untere (einzige) Backenzahn.

REVIER
Anderer Ausdruck für Territorium; Gebiet einer Katze oder einer Katzengruppe, das gegen (fremde) Artgenossen verteidigt wird. Hauskatzenreviere bestehen aus einer Kernzone, dem »Heim erster Ordnung« (→ dort), sowie einem Streifgebiet (→ dort), das vor allem bei dichter Besiedelung mit mehreren Katzen geteilt wird. Das Revier wird regelmäßig kontrolliert und mit optischen (Kratzmarken) und geruchlichen (Harnmarken) Markierungen gekennzeichnet. Die Selbstsicherheit einer Katze ist in ihrer Kernzone am größten und nimmt zur Streifgebietsgrenze hin ab.

ROLLIGKEIT
Zeitraum der Paarungsbereitschaft bei Katzen, in den gemäßigten Klimazonen meist zweimal jährlich, im zeitigen Frühjahr und Herbst. Weibliche Katzen produzieren in dieser Zeit vermehrt Sexualpheromone (→ Pheromone), durch die Kater ange-

lockt werden, wälzen (rollen) sich häufig auf dem Boden und sind meist sehr anhänglich. Kater legen oft große Strecken zurück, um rollige Kätzinnen aufzusuchen und sich mit ihnen zu paaren.

SELEKTION
Auslese und Auswahl im Zuge der Evolution (→ dort). Durch sexuelle Fortpflanzung und Mutation (→ dort) entstandene, vererbbare Unterschiede zwischen Individuen einer Art (Population) führen zu unterschiedlichen Überlebens- und Reproduktionsraten ihrer Träger. Bei der natürlichen Selektion werden verschiedene Selektionsdrücke wirksam, wie Temperatur, Parasiten oder Nahrung, bei der sexuellen Selektion die Auswahl von und durch Paarungspartner, bei der künstlichen Selektion der Mensch beziehungsweise dessen gezielte Verpaarungen von Tieren.

SOLITÄR LEBEND
Einzelgängerisch, das heißt nicht in der Gruppe lebend. Die meisten Katzen leben solitär, nur zur Fortpflanzungszeit trifft man Kater und Kätzin(nen) gemeinsam an, außerdem jede Kätzin mit ihren Jungen bis zu deren Abwanderung aus ihrem Geburtsrevier.

SOZIALISATION
Darunter versteht man das Erlernen des Ausdrucksverhaltens und des Umgangs mit anderen Lebewesen sowie die Anpassung an das Leben in einer Gemeinschaft. Vor allem in den ersten Lebenswochen eines Tiers wird durch Interaktionen mit der sozialen Umwelt die Entwicklung seiner Persönlichkeit ebenso beeinflusst wie seine Bindungsfähigkeit zu anderen, gruppeneigenen oder -fremden Individuen.

STREIFGEBIET
Revier zweiter Ordnung, bestehend aus einem Wegenetz innerhalb eines Gebiets, das regelmäßig kontrolliert und markiert wird. Seine Größe hängt bei Kätzinnen vom Nahrungsangebot ab (das Gebiet muss sie und gegebenenfalls ihren Nachwuchs ernähren können), bei potenten Katern von Nahrung und Kätzinnen. Sind nur wenige Katzen ansässig, werden Streifgebiete oft exklusiv, also nur von einer Katze genutzt, bei großer Katzendichte teilen sich mehrere Individuen ein Streifgebiet durch abwechselnde Nutzung.

TAPETUM LUCIDUM
Stark reflektierende Zellschicht hinter der Netzhaut des Katzenauges. Licht, das beim Eindringen ins Auge nicht auf die Sinneszellen trifft, wird durch diese Schicht zurückgeworfen und ihnen erneut zugeführt. Dank des Tapetum lucidums leuchten Katzenaugen (wie übrigens die Augen fast aller dämmerungs- und nachtaktiven Tiere) bei Lichteinfall im Dunkeln auf, zum Beispiel im Strahl einer Taschenlampe. Das Prinzip wurde auf Reflektoren im Straßenverkehr übertragen (»Katzenauge«).

TELEMETRIE
Funkübertragung von Messwerten von einem Sender auf eine Messstelle, wodurch zum Beispiel die von Tieren zurückgelegten Strecken verfolgt oder ihr Aufenthaltsort ermittelt werden können, ohne die Tiere direkt zu beobachten. Dazu werden den Katzen Sender an einem Halsband angelegt, die Messwerte werden durch Funkpeilung oder als GPS-Signal empfangen.

WECHSEL
Waidmännischer Begriff; von Tieren einer oder mehrerer Arten regelmäßig benutzter und ausgetretener Pfad durch dichte Vegetation. Oft sind nur kurze Strecken zwischen verschiedenen, großräumigen Funktionszonen sichtbar, etwa am Waldrand zwischen diversen Schlaf- und Fressplätzen.

REGISTER

Halbfette Seitenzahlen verweisen auf Fotos.

A

Aberglaube 30, 31, 47
Abstammung 21
Aggression, umgerichtete 157
Aggressivität 155
Akromelanismus 33
Aktivitätsrhythmus 79
Alopezie 177
Aneinandergewöhnung 117–119
Angst **90,** 153
– abbauen 137
– vor anderen Katzen 154
– vor gefährlicher Beute 57
– vor Unbekanntem 154
Angstaggression 154, 157
Ansitzjagd 19, 198
Anstarren 92
Appell 191
Augen 13, **15,** 35
–, Signalwirkung der **90,** 91
Augenzwinkern 91
Ausdrucksbewegung 198
Ausscheidungsverhalten 84, 85

B/C

Baden 75
Baldrian **98,** 99
BARFen 65
Begattung **110**
Beobachtungsplatz 82, **105**
Betteln 168, 169
Beutefang 54, 55, **62**–64
Beutespektrum 64
Beutetiere 59, 64
Blinzeln 91, 186
Bruderschaften der Kater 102, 115
Bürsten 190
Catnip 99

D

Dämmerungssehen 13
Depression 179
Desensibilisierung 137
Domestikation 24–27, 32–39
Drohhaltung 94

E

Eifersucht 121, 124, 156
Eingewöhnung 185–187
Einzäunung des Gartens 107
Erfolg als Lernhilfe 141, 142
Erkundungsverhalten 61, 106
Erleichterungsspiel 58
Erziehung 188, 191–193
Essen stehlen 168, 169

F

Falbkatze **20,** 21–23, **23,** 34, **35,** 80, 85
Fangzähne 17, 198
Farbensehen 14
Fauchen **90,** 95
Felltextur 34
Festkrallen 122
Flehmen 16
Flüstern 123
Fressen von ungeeigneten Stoffen 178
Freundespaare 115–117
Furchtspiel 58
Futterplatz 67
Fütterung 65–67, 170, 171
–, falsche 66
– mit Rohfleisch 65
–, richtige 65, 67

G

Gähnen 76, 77
Gäste 125
Geburt 112
Gehirn 13
Gehör 14
Gepard 19, 31
Geruchskontrolle 122
Geruchssinn 14, **15**
Geschichte der Hauskatze 28–31
Geschlechtstypisches Verhalten 109
Gestik 92, 100
Gewöhnung 136
Giftige Zimmerpflanzen 67, 205
Glückskatze **30,** 32
Gras fressen 64, **67**

H

Handaufzucht als Problem 158
Harnmarkieren 162, 163
Hauptruf 38, 96
Heim erster Ordnung 102, 198
Hunde und Katzen **128,** 129
Hyänenstellung 94, 100

REGISTER

I
Ignorieren 141
Impfausweis 187
Individualität 40, 41
Intelligenz 133

J
Jacobson'sches Organ 14
Jagdtrieb 58
Jagdverhalten 61
Jagen 54
Jugendentwicklung 113

K
Kälteschlaf 81
Kämmen 190
Karakal 14, **18**, 31, 71, 86
Kastration 111
Katerjaulen 97, 100
Katerwerbung 110
Katze
–, aggressive 155–157
– als Familientier 48
– als Gesellschafterin 48
– als Nutztier 46–48
– als Statussymbol 46, 49
–, ängstliche 153
–, scheue 153
–, überanhängliche 158
– und andere Heimtiere **130**, **131**
– und Hunde **128**, 129
Katzenbuckel **93**, 94, 100
Katzengras **67**
Katzengruppen 115, 120
Katzenminze **98**, 99
Katzenmöbel **105**
Katzenpaare 115
Katzenpsychologe 178
Katzenstreu 86
Katzentagebuch 151
Katzentoilette 85–**87**, 161, 162
Katzenverhaltenstherapeut 178
Kinder 125, **126**
Kleinkatzenstellung 80
Kleinkind und Katze 126, 127
Knurren 95
Komfortverhalten 70–77
Kommandos lernen 139
Kommunikation unter Katzen 88, 89
Konditionierung 138, 140
Köpfchengeben 99
Kotmarken 98

Krallen 18
Krallenpflege 76, 165
Krallenwetzen 76
Kratzbaum 164, 175
Kratzen 164, **165**
Kratzmarkierungen **99**
Küsschen 122

L
Lautsprache der Katzen 94–97
Leber 170
Leine für die Katze 107
Lernen 55, 133
– durch Einsicht 143
– durch Erfolg 140
– durch Nachahmung 143
– eines Signals 138
Löwe 71, 80

M
Mäkeligkeit 170, 171
Markieren 160, **163**,
Maunzen, übermäßiges 166, 167
Mensch als »Überkatze« 43
Miauen 38, 96
Milch 68
Milchtritt 112, 122
Mimik 89, 101
Misserfolg als Lernhilfe 142

N
Nahrungsbedürfnisse 65
Name der Katze 138
Nasenspiegel 199
Neophobie 170
Nerven 13
Neugeborene 112
Neugierde 106

O
Ohren 14, **15**, 34
–, Signalwirkung der 89, **90**

P
Paarungsbereitschaft 109
Pfoten 18
Pheromone 199
Pica 178
Prägung 134, 199
Psychopharmaka 179
Putzen, sich 71–74
– als Übersprunghandlung 73
–, gegenseitiges **74**

– nach Streicheln 74
Putzverhalten 71–74
–, übersteigertes 177

R
Rangordnung 103, 104
Rassekatzen 35, **36**, 46, 47, **49**, 57, 183, 187, 199
Reifehemmung durch Domestikation 33, 38, 43
Reißzähne 17, 62, **64**, 199
Revier 102–105, 199
Rohfütterung 65
Rolligkeit 109, 200
Rückenlinie als Ausdrucksmittel 94
Ruhen 82

S
Säugling und Katze 126, 127
Scheckungsgen 32
Schlafen 79–82
Schlafplatz 81
Schlüsselwörter 193
Schnattern 96
Schnurren 94
Schnurrhaare 16
Schütteln, sich 75
Schwangerschaft 126
Schwanz als Ausdrucksmittel **92**, **93**
Schwanzgruß **92**, 93
Schwanzjagen 179
Schwarzfußkatze **18**, 72, 85
Sehen
– in der Dämmerung 13
–, räumliches 14
– von Farben 14
Selbstdomestikation 27
Serval 71, 85
Siamfärbung 33
Signale 138
Sinneshaare 16, 17
Sinnesorgane 13, **15**
Sozialisation 134, 135, 200
Spiel, gehemmtes 59
Spiele 61, 124, 125, 194, 195
Spielen 56, **57**, **58**, **60**, 61, **83**, **119**, **179**
Spielgesicht 101
Spielzeug 56, 194, 195
Spritzmarkieren 97
Spucken **90**, 95
Sterilisation 111
Strafen **142**, 192
–, richtiges 142
Strecken, sich **73**, 77
Streicheln 75, 123, 187, **192**

Streifgebiet 102, 200
Stress 179

T
Tapetum lucidum 13, 200
Tasthaare als Ausdrucksmittel 92
Tastsinn 16
Tötungsbiss 56, 57
Transportkorb 189
Trauerzeit 179
Träumen 80
Treteln 122
Trinken 68–69
– von Milch 68

U
Übersprunghandlung 73
Übersprungputzen 73
Unruhe, nächtliche 172, 173
Unsauberkeit 160–162

V
Vandalismus 174, 175
Verbote
–, persönliche 192
–, prinzipielle 193
Verhalten
–, geschlechtstypisches 109
–, problematisches 148, 149
–, selbstbelohnendes 141
–, störendes 147
Verhaltensauffälligkeiten 148–151
Verhaltensstörungen 147, 176
Verhaltenstherapeut 178
Verstärker
–, negativer 141
–, positiver 141
Vögel als Beutetiere **62**, 63

W
Wahl der richtigen Katze 183, 184
Wälzen, sich 76, **77**
Wangenreiben **96**, 99
Warten üben 191
Wegerecht im Revier 83
Wildtier in der Hauskatze 52, 53
Wohnungskatze 60, 61, 65, 79, 82, 104, 175

Z
Zähne **16**, 17
Zeitgefühl 83
Zunge **15**, 71
Zweitkatze 175

ADRESSEN UND LITERATUR

VERBÄNDE/VEREINE

Bei Fragen zu Haltung, Verhalten und Gesundheit von Katzen

Gesellschaft für Tierverhaltensmedizin und -therapie e. V. (GTVMT), Saselbergweg 32, 22395 Hamburg, www.gtvmt.de (mit bundesweiter Liste praktizierender Tierverhaltensmediziner)

Verband der Tierpsychologen und Tiertrainer e. V., Achtern Dieck 6, 24576 Bad Bramstedt, www.vdtt.org (mit bundesweiter Therapeutenliste)

Institut für Tierschutz und Verhalten, Tierschutzzentrum, Bünteweg 2, 30559 Hannover, www.tierschutzzentrum.de

Tierärztliche Vereinigung für Tierschutz e. V. (TVT), Geschäftsstelle: Bramscher Allee 5, 49565 Bramsche, www.tierschutz-tvt.de

Industrieverband Heimtierbedarf (IVH) e. V., Emanuel-Leutze-Str. 1b, 40547 Düsseldorf, www.ivh-online.de

Akademie für Tiernaturheilkunde (ATN), CH–8630 Rüti, Bandwiesstr. 5, Schweiz, www.atn-ag.ch

Schweizer Tierschutz (STS), Dornacherstr. 101, CH–4008 Basel, www.tierschutz.com, Beratungsstelle Tel. 0041/61/3659999

Österreichischer Tierschutzverein, A–1210 Wien, Berlagasse 36, Tel. 0043/1/89 73 34 6-0, www.tierschutzverein.at

Fragen zur Haltung von Katzen beantworten

Ihr Zoofachhändler und der Zentralverband Zoologischer Fachbetriebe Deutschlands e. V. (ZZF), Tel. 0611/44755332 (nur telefonische Auskunft möglich: Mo 12–16 Uhr, Do 8–12 Uhr), www.zzf.de

Bei Fragen zu Rassekatzen

Fédération Internationale Féline (FIFe)
17 Rue du Verger, L–2665 Luxembourg, www.fifeweb.org

Deutsche Rassekatzen-Union e. V. (D.R.U.), Geschäftsstelle: Hauptstr. 56, 56814 Landkern, www.dru.de

Fédération Féline Helvetique (FFH)
Alfred Wittich (Präsident), Büntacher 22, CH–5626 Hermetschwil, www.ffh.ch

Österreichischer Verband für die Zucht und Haltung von Edelkatzen (ÖVEK), A–1090 Wien, Liechtensteinstr. 126, www.oevek.at

REGISTRIERUNG VON KATZEN

Deutsches Haustierregister, Deutscher Tierschutzbund e. V., Baumschulallee 15, 53115 Bonn, www.deutsches-haustierregister.de

TASSO e. V., Abt. Haustierzentralregister, 65784 Hattersheim, Tel. (06190) 93 73 00, www.tasso.net, E-Mail: info@tasso.net

Adressen und Literatur

Internationale Zentrale Tierregistrierung (IFTA), Nördliche Ringstr. 10, 91126 Schwabach, Tel. (00800) 43 82 00 00 (kostenlos), www.tierregistrierung.de

Wer sich vor dem Verlust seiner Katze schützen will, kann sie hier registrieren lassen.

KRANKENVERSICHERUNG

Uelzener Versicherungen, PF 2163, 29511 Uelzen, www.uelzener.de

AGILA Haustierversicherung AG, Breite Str. 6–8, 30159 Hannover, www.agila.de

Allianz, Königinstr. 28, 80802 München, www.katzeundhund.allianz.de

Für Haftpflichtfälle: Katzen sind generell in Ihrer Privathaftpflichtversicherung beitragsfrei mitversichert.

KATZEN IM INTERNET

www.catility.de Homepage der Autorin Birgit Rödder
www.edelkatze.de Rassekatzen
www.feline-senses.de Verhalten und Bedürfnisse von Katzen
www.haushueter.de Angebote zur Betreuung von Haus und Tier
www.katzen.de Themenbereiche: Aufzucht, Erziehung und Haltung von Katzen
www.miau.de Umfangreicher Service mit Tipps für den Katzenalltag

www.netz-katzen.de Service und Gesundheit, interaktiver Treffpunkt für Katzenfreunde
www.tierarztblog.com Wissensportal für Katzenfreunde
www.tierheimlinks.de Linkliste der Tierheime und Tierschutzvereine
www.tierklinik.de Tiermedizin
www.welt-der-katzen.de Katzen von A bis Z. Neben Haus- und Rassekatzen werden auch wild lebende Katzen vorgestellt.
www.katze-und-du.at Informationen über Katzen und Katzenhaltung in Österreich

Informationen über giftige Pflanzen erhalten Sie unter:
www.botanikus.de/Botanik3/Tiere/Katzen/katzen.html
www.giftpflanzen.ch

ZEITSCHRIFTEN

die edelkatze. Illustriertes Fachmagazin für Katzenfreunde, Verbandszeitschrift des 1. Deutschen Edelkatzenzüchterverbands

katzen. Zeitschrift der Deutschen Rassekatzen-Union (→ Adressen)

Katzen extra. Gong Verlag, Ismaning

our cats. Minerva Verlag, Mönchengladbach

Geliebte Katze. Gong Verlag, Ismaning

Ein Herz für Tiere. Gong Verlag, Ismaning

LITERATUR UND WICHTIGER HINWEIS

BÜCHER

Arzt, Volker, und Birmelin, Immanuel: **Haben Tiere ein Bewusstsein?** Goldmann Verlag

Ballner, Maryjean: **Streichelmassage für Katzen.** Kosmos Verlag

Benecke, Norbert: **Der Mensch und seine Haustiere.** Theiss Verlag

Bluhm, Detlef: **Katzenspuren.** Bastei Lübbe Verlag

Brunner, Ferdinand: **Die unverstandene Katze.** Natur Buch Verlag

Hofmann, Helga: **Katzsprache.** Gräfe und Unzer Verlag

Hofmann, Helga: **Meine Katze macht, was sie will.** Gräfe und Unzer Verlag

Johnson, Pam: **Katzenpsychologie.** Kosmos Verlag

Leyhausen, Paul: **Katzen, eine Verhaltenskunde.** Parey Verlag

Leyhausen, Paul: **Katzenseele.** Franckh-Kosmos Verlag

Linke-Grün, Gabriele: **Katzenspiele – pfiffig, spaßig, spannend.** Gräfe und Unzer Verlag

Linke-Grün, Gabriele: **Wohnungskatzen.** Gräfe und Unzer Verlag

Ludwig, Gerd: **Das große GU Praxishandbuch Katzen.** Gräfe und Unzer Verlag

Morris, Desmond: **Catwatching. Die Körpersprache der Katze.** Heyne Verlag

Tabor, Roger: **Die Sprache der Katze.** Ulmer Verlag

Tellington-Jones, Linda: **TTouch für Katzen.** Kosmos Verlag

Turner, Dennis, und Bateson, Patrick (Hrsg.): **Die domestizierte Katze.** Müller Rüschlikon

WICHTIGER HINWEIS

Alle Darstellungen, Beschreibungen und Prophylaxe- bzw. Therapieempfehlungen sind nach bestem Wissen und Gewissen dargestellt. Die Autorinnen haben sich bemüht, dem Leser sämtliche Sachverhalte entsprechend dem derzeit aktuellen wissenschaftlichen Stand zu vermitteln. Trotz aller Sorgfalt und Genauigkeit können weder Verlag noch Autorinnen Garantien oder Haftungen für Personen-, Sach- oder Vermögensschäden übernehmen, die möglicherweise durch die Anwendung der vermittelten Sachverhalte und Methoden entstehen. Der Abschluss einer Tierkrankenversicherung kann sinnvoll sein (erkundigen Sie sich aber über die Versicherungsbedingungen). Obwohl Katzen generell über eine Privathaftpflichtversicherung mitversichert sind, ist eine allgemeine Gefahrenprophylaxe in der Öffentlichkeit stets zu empfehlen, auch der Gesundheit Ihrer Katze zuliebe.

Freude am Tier

GU Tierratgeber – damit Ihr Heimtier sich wohlfühlt

ISBN 978-3-7742-7373-3
288 Seiten

ISBN 978-3-8338-1717-5
144 Seiten

ISBN 978-3-8338-0943-9
192 Seiten

ISBN 978-3-8338-2103-5
128 Seiten

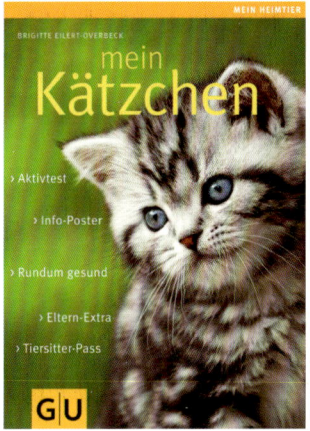

ISBN 978-3-8338-1937-7
144 Seiten

ISBN 978-3-7742-8835-5
256 Seiten

Das macht sie so besonders:

Rat vom Experten – bestens informiert
Gut versorgt – von Anfang an
Tolle Ideen – mit Wohlfühlgarantie

Willkommen im Leben.

Änderungen und Irrtum vorbehalten.

BILDNACHWEIS

AKG: 29-1; **Animals-Digital:** 15-1, 15-3, 36-2, 36-3, 36-4, 49, 58, 74, 92, 105-1, 108, 154, 174; **Ardea:** 163, 165, 168; **Blickwinkel:** 20, 23, 57; **Bridgman Art:** 29-2; **Corbis:** 84; **Getty:** 35-1, 123, 126; **Oliver Giel:** 60, 64, 70, 80, 83, 88, 96, 106, 119 (2), 130, 132, 146, 149, 171, 176, 179, 185, 186, 190, 194 (2), 195 (2), U4-3; **Imago:** 45, 135; **Juniors:** 15-2, 15-4, 36-1, 50, 73 (2), 90 (2), 93, 105-2, 105-3, 110, 117, 131, 140, 173, 192, U4-2; **Masterfile:** 10; **Mauritius:** Cover, 61, 62; **Dr. Mircea Pfleiderer:** 12, 18 (2), 85, 100, 101; **Okapia:** 26; **Photolibrary:** 2, 24, 39, 42, 47, 54, 69, 95, 125, 128, 180; **Picture-Alliance:** 40; **Schanz-fotodesign.de:** 87; **Superbild:** 139; **Tierfotoagentur.de:** 52, 77, 98, 103, U4-1; **Jana Weichelt:** 9, 32, 67, 113, 114, 120, 136, 142, 144, 152, 159, 160, 167, 182, 188; **Zoonar:** 4, 16, 30, 31, 33, 35-2, 78, 99, 150, 157.

Syndication:
www.jalag-syndication.de

IMPRESSUM

© 2010 GRÄFE UND UNZER VERLAG GmbH, München. Alle Rechte vorbehalten. Nachdruck, auch auszugsweise, sowie Verbreitung durch Bild, Funk, Fernsehen und Internet, durch fotomechanische Wiedergabe, Tonträger und Datenverarbeitungssysteme jeder Art nur mit schriftlicher Genehmigung des Verlages.

Projektleitung: Cornelia Nunn
Lektorat: Dr. Helga Hofmann
Bildredaktion: Daniela Jelinek, Petra Ender (Cover)
Umschlaggestaltung und Layout: independent Medien-Design, Horst Moser, München
Herstellung: Susanne Mühldorfer
Satz: Ludger Vorfeld
Reproduktion: Longo AG, Bozen
Druck: Firmengruppe APPL, aprinta druck, Wemding
Bindung: Firmengruppe APPL, m.appl, Wemding

Printed in Germany

ISBN 978-3-8338-1715-1

1. Auflage 2010

Unsere Garantie

Alle Informationen in diesem Ratgeber sind sorgfältig und gewissenhaft geprüft. Sollte dennoch einmal ein Fehler enthalten sein, schicken Sie uns das Buch mit dem entsprechenden Hinweis an unseren Leserservice zurück. Wir tauschen Ihnen den GU-Ratgeber gegen einen anderen zum gleichen oder ähnlichen Thema um.

Liebe Leserin und lieber Leser,

wir freuen uns, dass Sie sich für ein GU-Buch entschieden haben. Mit Ihrem Kauf setzen Sie auf die Qualität, Kompetenz und Aktualität unserer Ratgeber. Dafür sagen wir Danke! Wir wollen als führender Ratgeberverlag noch besser werden. Daher ist uns Ihre Meinung wichtig. Bitte senden Sie uns Ihre Anregungen, Ihre Kritik oder Ihr Lob zu unseren Büchern. Haben Sie Fragen oder benötigen Sie weiteren Rat zum Thema? Wir freuen uns auf Ihre Nachricht!

Wir sind für Sie da!
Montag · Donnerstag: 8.00 – 18.00 Uhr;
Freitag: 8.00 – 16.00 Uhr
Tel.: 0180 - 5 00 50 54*
Fax: 0180 - 5 01 20 54*
E-Mail:
leserservice@graefe-und-unzer.de

*(0,14 €/Min. aus dem dt. Festnetz/Mobilfunkpreise maximal 0,42 €/Min.)

P.S.: Wollen Sie noch mehr Aktuelles von GU wissen, dann abonnieren Sie doch unseren kostenlosen GU-Online-Newsletter und/oder unsere kostenlosen Kundenmagazine.

GRÄFE UND UNZER VERLAG
Leserservice | Postfach 86 03 13 | 81630 München

Ein Unternehmen der
GANSKE VERLAGSGRUPPE